AI+AIoT 概論

寫給大學生看的 AI 通識學習

蔡宗翰教授與裴有恆老師致力於 AI 與 AIoT 的教學研究及服務，這本書《AI+AIoT 概論：寫給大學生看的 AI 通識學習》乃探討人工智慧的概念、類型、技術和應用，是一本相當棒的 AI 入門書籍。

人工智慧是一門研究如何使機器具有智慧的學科，目標是使機器具有像人類一樣的智慧。人工智慧可分為弱人工智慧、強人工智慧和專家系統三種類型。人工智慧的技術有機器學習、自然語言處理、電腦視覺等。人工智慧的應用廣泛，包括自動駕駛、智慧家居、語音辨識、語音合成、醫療、客服等。本書將透過舉例來解釋人工智慧的各種技術和應用，並探討人工智慧的局限性和潛在挑戰。同時，本書也將討論人工智慧的道德和倫理問題，包括人工智慧決策的透明度和可追溯性、人工智慧的偏見和歧視、人工智慧對就業市場的影響等。

最後，本書將展望人工智慧的未來發展，並探討如何在科技的發展和人類的福祉之間取得平衡。本書分為基礎理論和各類應用兩部分，基礎理論包含人工智慧、機器學習和深度學習，各類應用包括人文與法律應用、醫療應用、金融應用、行銷與零售應用、工業應用、農業應用以及永續、元宇宙和 AI 產業化進階的未來展望。

看完此書您一定會有 AI 的任督二脈被打通的舒暢感覺，看官不妨屏氣凝神好好邁向 AI 的新時代。

謝邦昌

天主教輔仁大學副校長

輔大 AI 人工智慧發展中心主任

台灣人工智慧發展學會 (TIAI) 理事長

中華市場研究協會 (CMRS) 榮譽理事長

中華資料採礦協會 (CDMS) 榮譽理事長

這是一本國內少有針對人工智慧教學的科普著作。適合給入門的讀者提供基礎的人工智慧知識，也適合作為學校科普教學用的書籍。作者累積多年在人工智慧的產業實務經驗，希望藉由人工智慧理論基礎及產業應用，讓讀者可以在短時間內熟悉此一領域。讓人工智慧知識不再是高不可攀，可以飛入平常百姓之家。對於剛入門的讀者可以先從第四章的實務應用開始閱讀到第九章，再回頭看前面有關人工智慧的理論基礎，學習會更有趣，收穫也會多更快。對於此書，因為有系統地介紹人工智慧，本人也誠摯地推薦可做為科普教學之用。

張順教

臺灣科技大學企管系教授

蔡宗翰教授是一位充滿熱誠，興趣廣泛的電腦科學家，曾聽他在演講中分享，從小就喜愛閱讀，內容遍及科學、歷史、人文、財經等各領域。他國中一年級被學校派去參加程式營，從此與資訊結下不解之緣，高中就讀建中科學班，但總是會找到一些喜歡文史同學來發掘相關的電腦應用。他在台灣大學資訊工程學系攻讀學士至博士學位期間，一路專注研究人工智慧，現在他分別在中央研究院和中央大學擔任研究員及教授，獲獎無數。只要翻開他的 Facebook，我們就能看到他深入淺出的歷史事件分析，見解都十分獨特新穎。目前他在「歷史 +AI」及「中文 +AI」兩方面的研究非常傑出，充分結合了他從小的興趣和長大之後的專長。

近年來，蔡教授專注於人工智慧教育，他所著的《寫給中學生看的 AI 課》更是名列博客來網站暢銷書第二名。由於使命感的驅動，他在繁忙的研究工作中，仍然奮力地和裴有恆老師完成這本《AI+AIoT 概論：寫給大學生看的 AI 通識學習》，將最新的 AI 科技和案例以淺顯易懂的方式傳播給讀者。由於我曾撰寫過 MATLAB 的教學書籍，我深知這是一項艱辛的工作。他們的貢獻使得這本書成為讀者理解和適應這種變革的重要工具，也讓我們更加明白 AI 和 AIoT 的潛力和可能性。

這本書的第一至第三章介紹了人工智慧、機器學習及深度學習，可以讓門外漢在不需要任何數學基礎的情況下，得以一窺 AI 的歷史、技術原理、應用、侷限等重要議題，同時也瞭解機器學習及深度學習的各項重要模型。而第四至第十章，則是重點式地介紹在各個領域的典型應用，包含人文與法律、醫療、金融、行銷零售、工業、農業等，可以讓各領域的專業人士瞭解 AI 及 AIOT 在特定領域的應用方式與目前的進程。

蔡宗翰教授和裴有恆老師的合作，將引領我們進入 AI 和 AIoT 的世界，幫助我們理解它們如何塑造我們的未來，讓我們一同期待並擁抱 AI 所帶來的變革，並以此為契機，開創更加繽紛多彩的未來。

張智星

玉山金控科技長

國立臺灣大學資訊工程學系 / 資訊網路與多媒體研究所教授

感謝蔡宗翰教授與裴有恆理事長編撰此書，可用於通識教育學習人工智慧的基礎教材，提供了全面性的學理介紹與產業應用。

人工智慧（Artificial Intelligence，AI）是當今科技界最引人注目的熱門話題之一，這種技術不僅已經在多個產業領域得到廣泛的應用，而且正在推動整個社會的變革，進入到我們的日常生活之中。本書介紹了人工智慧的基礎理論到應用實例，將複雜的概念講解得淺顯易懂，並全方位地提供了生動的案例和實踐，為讀者展現了人工智慧的無限潛力。

本書的章節安排分為原理基礎和各種應用兩個部分。在原理基礎部分，作者從人工智慧、機器學習、深度學習等方面講解了各種演算法的運作原理，讓讀者對人工智慧的技術有深刻的理解。在各種應用部分，作者從人文與法律、醫療、金融、行銷零售、工業、農業、永續等多個領域中，挑選了代表性的案例進行了分析和解讀，讓讀者了解人工智慧在不同領域中的應用現狀和未來趨勢，同時也呈現出各行業導入人工智慧可能面臨的限制與挑戰。尤其是道德倫理、隱私、安全、歧視和就業市場變革等這些敏感議題，作者也提出了一些觀點，給讀者帶來了深刻的啟示。

在人工智慧浪潮下，近日有許多話題圍繞著，人工智慧可能會取代哪些職業或工作？科技是帶來人類社會的進步還是邁向滅亡？又或人工智慧也帶來了許多倫理道德與隱私安全的焦慮等等。其實，本書的作者也給了些許提示「某些人的工作內容可能會被生成式 AI 完全取代，而其他功能更有可能從人類和機器之間的密集迭代創意週期中獲益。科學家們對生成式 AI 的期許是將創造和知識工作的邊際成本降至零，從而產生巨大的勞動生產率和經濟價值。」事實上，近日 ChatGPT 的推出襲捲全球，OpenAI 執行長 Sam Altman 在接受訪問時提到：「OpenAI 的目標是創造一種新秩序，在這秩序中，機器可以讓人們更充裕地做更多具創造性的事情。」國科會主委吳政忠也表示「AI 不會取代人類，但不會 AI 的人類會被取代」。由此可知，其真正的關鍵並不在於誰取代誰、或誰被誰取代，而是試著去認清 AI 是一種工具，能提昇個人與組織工作生產力的一種媒介。而科技所帶來的問題，或許也僅能靠科技的進步來逐步解決。

未來的組織團隊中 ，除了人之外，還有機器人，「人機協作」的教與學，是為必經之路。透過 AI 的使用，將人的思考腦袋、雙手雙腳、時間空間等從忙碌的工作與學習環境中空閒了出來，能夠做真正有價值的事情。換言之，AI 試圖引出人的潛力（potential），將人置放於更能發揮潛力的生活環境中。透過本書，對 AI 基礎原理與各行各業應用做個通盤性的瞭解，釐清各地的需求與挑戰，才能真正地「定位」您能發揮潛力與創造價值的地方。

在台灣正值推動「產業 AI 化」與「AI 產業化」的政策方向，協助 AI 人才培育與產業發展是主要的核心任務，相信本書對於初步踏入人工智慧領域的學習者來說，能帶來全面且通盤的視野。

李家岩

國立臺灣大學資訊管理學系教授

癸卯，仲夏

文組人在 AI 時代的必備指南

這本書是文組人必讀的一本書。

過去在中央研究院的網站、書店的暢銷書架、圖書館公開講座的海報，以及臉書的粉絲專頁上，常可看見 AI 李白—蔡宗翰老師的大名，知道蔡老師是一位資工出身又兼具人文素養的優秀學者。直到今年蔡老師當選臺灣數位人文學會理事長，在前輩的引薦下，才有機會正式深談。席間蔡老師以歷史為喻，談到 AI 將對人類產生的影響，心裡深深感佩蔡老師具有「樂以天下、憂以天下」的仁人志士情懷。後來得知蔡老師寫給大學生看的 AI 通識學習新書即將出版，希望人文背景的我幫忙寫推薦序。我二話不說的答應，除了滿足粉絲搶先看的私心，也樂於成為蔡老師推廣 AI 科普教育的一點助力。

我是一位中文系出身的人，接受的學術訓練包括文字、聲韻、訓詁、文獻、修辭。當年為了蒐集論文研究古籍資料，跑到各大圖書館一字一句輸入電腦。取得學位後，碰到古籍全文數據公開的熱潮，發現過去自己花一個月打字的古籍，文字辨識技術幾分鐘就可完成，實在有「字字看來皆是血，十年辛苦不尋常」的感嘆。痛定思痛，開始惡補各種數位人文研究方法。在跨領域閱讀過程中，很多資工專業詞彙像「有字天書」。遇見瓶頸時，就覺得如果有個理工人能幫文組的我們翻譯一下該有多好啊！幾年過去，陸續做出一些成果，看到人機合作的廣大世界；去年寫了《超數位讀國學》，希望邀集更多文組人勇敢跨出舒適圈。如今看到 AI 李白的登高一呼，希望能引起更多人重視數位知能。

什麼是監督式學習？什麼是多模態深度學習？卷積神經網路又是什麼？現在看不懂沒關係，AI 李白老師會用深入淺出的文字、舉例和圖像讓你理解。我想「絕對文組」的我都看得懂，正在翻閱此書的你，只要跟著李白老師文字和圖解的階梯，就能走進 AI 的世界。

過去文組人花費了很多時間在文獻整理，做的是「工人智慧」；在 AI 人工智慧的幫助之下，我們可以優化研究流程，不只事半功倍，甚至是事什功百。人文學在 AI 時代的價值因為不可取代的獨特性被標榜，理解 AI 是必經的過程。文組的我們不必學會寫程式，但必須理解演算法邏輯，發想問題，跨領域團隊合作，有效溝通，精煉人文價值。「以史為鏡，可以知興替」，活字印刷造成媒介革命，引發後續文藝復興、宗教改革、啟蒙時代和科學革命。在 AI 人機合作的數位時代，您我都不能置身事外。因時制宜，讓我們一起入門 AI，迎接新時代的來臨！

邱詩雯

國立臺灣師範大學華語文教學系助理教授

兼國語教學中心研發組組長

親愛的讀者，

在 2020 年的時候，因為台灣人工智慧學校昇瑋執行長的突然去世，我和裴老師來到了我在中央大學的辦公室相會，因為我們的文章都展現出對昇瑋的深深感念。當時我們並不熟。但那次見面，我們聊得很開心。我們才發現原來我們是學弟學長的關係，我一直在台大資工做 AI 研究，而裴老師在台大機械畢業後赴美深造，也在研究 AI。我們都認為，昇瑋的人工智慧普及教育理念必須繼續推進。

接下來的兩年，我出版了《寫給中學生看的 AI 課》這本書，也在博客來資訊類和親子教養類排行榜上拿到了不錯的名次。而裴老師也在 AIoT 領域發表了一系列受到熱烈歡迎的書籍。我們都在自己的領域中不懈努力，期待能對台灣的 AI 教育做出貢獻。

2022 年底，當我正忙著寫《寫給小學生看的 AI 課》這本書的時候，裴老師打來電話，邀請我和他共同創作一本針對大學生的 AI+AIoT 通識讀本。我負責 AI 基礎原理部分，他負責 AI+AIoT 的應用部分。我當時擔心自己沒時間，不過最後還是被裴老師的熱誠說服，決定一起寫這本書。

回頭看看我自己的大學生涯，我第一次接觸 AI 就是在大一的時候，那時候我在許永真教授的計算機概論課中寫了一支 AI 程式。那時的研究過程讓我充滿成就感，也為我未來在 AI 領域的研究埋下了種子。

但學習 AI 並不容易。您可能會遇到很多困難，可能會覺得自己不能理解，甚至可能會想放棄。但我希望您能夠堅持下去。因為 AI 的魅力不在於它的高深複雜，而在於它如何能解決我們生活中的問題，如何能提升我們的生活品質。

所以我們決定寫這本《AI+AIoT 概論：寫給大學生看的 AI 通識學習》，希望它能像一本指南，帶領您在 AI 的世界中尋找方向，也讓您了解到 AI 和 AIoT 的應用可以如何影響我們的生活。我們還希望，透過這本書，讓大學生有更多的機會接觸 AI，也讓台灣的 AI 教育能更上一層樓。

寫這本書的過程非常愉快，也非常有挑戰，但我們都非常滿意我們的成果。我們希望這本書能對您有所幫助，也希望您能享受學習 AI 的過程。歡迎大家追蹤我的 fb 粉絲團「AI 界李白」，持續收到最新的 AI 新知與資源。有任何問題或邀約也可以透過這個管道。

祝學習愉快！

AI 界李白 **蔡宗翰 老師**

AI 界李白 FB

2016 年，我推出第一本物聯網商機的書籍：《改變世界的力量、台灣物聯網大商機》；2017 年，在碁峯資訊的協助下，完成了第二本書：《物聯網無限商機—產業概論 x 實務應用》；2018 年，完成了《AIoT 人工智慧在物聯網的應用與商機》第一版。這是我的第三本書，它還出到了第三版。2019 年之後，我每年出一本 AIoT 數位轉型的書籍，在 2022 年，我在碁峯資訊出版了我的第七本書《從穿戴運動健康到元宇宙，個人化的 AIoT 數位轉型》。

就如 AI 界李白蔡宗翰老師在他的作者序所言，我們在 2020 年台灣人工智慧學校陳昇瑋執行長突然過世的時候，因為感佩這樣一位 AI 界好戰友的過世而相聚，並訂下了發揚昇瑋遺願，讓人工智慧教育普及的共同志願。而在 2022 年，碁峰資訊跟我熟稔的產品企劃發現坊間沒有適合大學用的 AI 通識書籍，因為多年的合作，她便找上我希望我能協助，我就想起之前跟蔡老師談的共同推廣人工智慧教育普及的志願，認為如果有蔡老師在 AI 基礎理論的深耕，以及在人文及醫學方面 AI 多年的專案經驗，再加上蔡老師寫了《寫給中學生看的 AI 課》這本對中學生很棒的科普書籍，結合我在 AI 及 AIoT 各應用領域的多年深耕，兩個人合作出書一定可以讓大學生對 AI 原理與各類應用，有清楚而適合的了解，也因此我在跟蔡老師一起規劃課程內容時，除了前三章的基礎 AI 理論，在應用面考慮到各產業的需求，從第四章到第九章，針對人文與法律、醫療、金融、零售、工業、農業來談各種 AI 或 AIoT 的應用案例，而第十章，就針對 AI 的未來展望來談對 ESG、元宇宙，以及產業 AI 化進階來討論發展可能性。畢竟，AI 的浪潮來勢洶洶，特別是在 ChatGPT 廣被應用之後，相信大家更能深刻感受到，現代人如果不學 AI，很快就會被時代淘汰掉，而我們合著的這本科普書籍《AI+AIoT 概論：寫給大學生看的 AI 通識學習》，正是幫助帶學生及各行各業的人對 AI 原理及各類應用有清晰而完整的科普知識。

這本書能夠出版，首先要感謝蔡宗翰老師願意在百忙中撥冗完成相關的內容部分，接著特別要感謝我的博士班指導教授張順教教授、輔仁大學謝邦昌副校長、台大資管系李家岩教授，以及台大資工系教授暨玉山金控科技長張智星老師願意協助提供推薦序，也非常感謝全家便利商店數位轉型部副本部長林翠娟、台灣金融科技協會監事林玲如、台灣大學農藝學系劉力瑜教授、臺北護理健康大學語言治療與聽力學系翁仕明副教授、國立臺灣師範大學華語文教學系邱詩雯助理教授，以及台大創新領域學士學位學程袁千雯專任副教授的願意推薦此書，這也表明了這本書是為了各行業人了解 AI 的科普書籍。

也歡迎各位讀者透過 Google 查詢「Rich 老師的創新天堂」找到部落格、臉書粉絲專頁或我的公司「昱創企管」官網跟我聯繫。如果想開始了解如何用 AIoT 完成數位轉型，也歡迎購買我出的《白話 AIoT 數位轉型》、《AIoT 數位轉型策略與實務》，兩本書以做更深入的了解。而針對製造業，另外，我也跟獲得磐石獎的新呈工業董事長陳泳睿合出了《AIoT 數位轉型在中小製造企業的實踐》這本講述智慧工業各國標準，加上台灣中小製造業案例的書籍，這是讓製造業的中小企業對 AIoT 數位轉型有深入的概念。另外我的 YouTube 頻道「數智創新力」可以幫助大家對 AIoT 綠色轉型及數位轉型建立基礎概念，歡迎大家去訪問。

裴有恆 Rich

中華亞太智慧物聯發展協會創會理事長

好食好事基金會業師

臉書社團：i 聯網、智慧健康與醫療創辦者

昱創企管顧問有限公司總經理

i 聯網

昱創企管顧問有限公司

Rich 老師的創新天堂

在本書中，我們將探討人工智慧的概念、類型、技術和應用。人工智慧是一門研究如何使機器具有智慧的學科，它的目標是使機器具有像人類一樣的智慧。人工智慧可以分為弱人工智慧、強人工智慧和專家系統三種類型。人工智慧的技術有機器學習、自然語言處理、電腦視覺等。人工智慧的應用廣泛，包括自動駕駛、智慧家居、語音辨識、語音合成、醫療、客服等。在本書中，我們將透過舉例來解釋人工智慧的各種技術和應用，並探討人工智慧的局限性和潛在挑戰。同時，我們也將討論人工智慧的道德和倫理問題，包括人工智慧決策的透明度和可追溯性、人工智慧的偏見和歧視、人工智慧對就業市場的影響等。最後，我們將展望人工智慧的未來發展，並探討如何在科技的發展和人類的福祉之間取得平衡。

本書的章節安排有兩個部分，第一部分為一到三章，談的是基礎理論，包含人工智慧、機器學習與深度學習，接下來第二部分的各章談各類 AI 應用，包含第四章 人文與法律應用、第五章 醫療應用、第六章 金融應用、第七章 行銷與零售應用、第八章 工業應用、第九章 農業應用，以及第十章談永續、元宇宙，與 AI 產業化進階等未來展望。

PART I AI 的原理基礎

PART II AI 的各種應用

PART I

AI 的原理基礎

本書的前三章將介紹人工智慧（AI）的原理基礎。第一章將從概念和應用方面介紹 AI，並探討其局限性和道德倫理問題。第二章將深入介紹機器學習（ML）的基本概念和技術，以及在現實世界中的應用和發展趨勢。第三章將探討深度學習（DL）的基本知識和在解決複雜問題上的應用。透過這三章的學習，讀者可以獲得一個全面的 AI 技術概觀，以便更清楚其在不同領域的應用和未來發展趨勢。

第一章：人工智慧

本章介紹人工智慧的概念、類型，並透過實例說明技術和應用，探討其局限和挑戰。同時也討論人工智慧的道德和倫理問題，包括透明度、偏見和就業影響等，最後展望未來發展和平衡科技和人類福祉。

第二章：機器學習

本章深入介紹機器學習的基礎概念，包括不同演算法、關鍵詞彙和技術。同時也舉例展示機器學習在現實中的應用和對社會造成的影響。

第三章：深度學習

深度學習是機器學習領域裡的一個分支，透過訓練神經網路自主學習和做出決策，在圖像、語音、自然語言等方面取得了不少傲人的成果。這一章會深入探討深度學習的基本概念，以及在解決各種複雜問題上的實際應用。

大家可以針對自己有興趣的部分開始閱讀吧！

CHAPTER

1 人工智慧

在這一章中，我們將認識人工智慧的概念、類型，透過舉例來解釋人工智慧的各種技術和應用，以及探討人工智慧的局限性和潛在挑戰。接著，我們也將討論人工智慧的道德與倫理問題，包括人工智慧決策的透明度和可追溯性、偏見和歧視、對就業市場的影響等。最後，我們將展望人工智慧的未來發展方向，並探討如何在科技發展和人類福祉之間取得平衡。

1.1 什麼是人工智慧（Artificial Intelligence）？

創造能夠「思考與行動」的智慧型機器，開發能分析和理解資料、從經驗中學習並根據知識做出決策的演算法和系統，是人工智慧科學家的共同目標。簡單來說，人工智慧是一門「研究如何使機器具有『像人類一樣』的智慧」的學科。

自萌芽以來，人工智慧科學已經歷了顯著的發展和演變，因此定義也十分多元，人工智慧領域先驅者比較廣為人知的定義有以下幾種：

定義者	定義內容
艾倫．圖靈（Alan Turing）	機器展現類似於人類的智慧行為的能力。
約翰．麥卡錫（John McCarthy）	
大衛．哈雷爾（David Harel）	研究如何使電腦做「人現在勝過電腦」的事情。

定義者	定義內容
約翰．麥卡錫（John McCarthy）	使電腦表現得像人類的電腦科學分支。
斯圖爾特．羅素（Stuart Russell） 彼得．諾維格（Peter Norvig）	創建智慧型機器（尤其是智慧電腦程式）的科學和工程。
馬文．明斯基（Marvin Minsky）	使機器做人類需要智慧才能完成的事情的科學。
吳恩達（Andrew Ng）	致力於創建能夠推理、學習和自主行動的智慧代理的電腦科學和工程領域。

除了艾倫．圖靈（Alan Turing）和約翰．麥卡錫（John McCarthy）最早提出的定義，後來有些學者的定義較為廣泛，涵蓋了**機器完成需要人類智慧才能完成的任務的能力**，本書則把人工智慧定義為**研發能夠執行需要人類等級智慧的任務（例如學習、解決問題和做決策）的電腦系統**，包含各種人工智慧技術，如機器學習、自然語言處理和電腦視覺……等。其目標在於使機器擁有「做出人類智慧所能及之事」的能力，例如做決策、解決問題、學習、解謎、對話、辨識物體、辨識聲音、辨識圖像等。一言以蔽之，人工智慧就是**幫助人做事**的機器。

如今，人工智慧雖然還沒辦法剖析所有人類智慧，但人工智慧已肩負起「幫助人做事」的任務，並且正在改變我們的生活和工作方式。例如將任務自動化以使任務執行更有效率，以及提供新的見解和解決複雜問題的方案。隨著這一領域的不斷發展，仔細探究人工智慧對道德和社會影響，並確保以負責任和透明的方式研發和使用人工智慧，將至關重要。

1.2 人工智慧的歷史

初聲

約在 1940 年代，研究者們萌生了創建智慧型機器的想法。著名的資訊科學家艾倫．圖靈在 1950 年代提出了一個問題：

「能否設計一種電腦程式，讓它能像人類一樣思考？」這就是人工智慧的起源。

1956 年夏天，人工智慧領域最早也最有影響力的事件之一——「**達特茅斯會議**（Dartmouth Summer Research Project on Artificial Intelligence)」在美國的達特茅斯學院舉行。這次會議聚集了包括約翰·麥卡錫、馬文·明斯基在內的一群頂尖研究人員（下圖左為原合照，右為 AI 將左圖自動上色的結果），期間，這群科學家熱烈地討論了人工智慧的發展潛力，而「人工智慧（Artificial Intelligence)」一詞更在這次會議正式誕生。

圖片來源：Photograph taken by Gloria Minsky

1950 和 60 年代

人工智慧研究集中在創建能夠執行特定任務的程式，例如下棋或解決數學問題。這些早期人工智慧程式，稱為「專家系統」，在能力方面有限，只能在限定的專業領域內執行任務。在 1970 和 80 年代，研究人員開始致力於開發能夠學習和適應新情況的人工智慧系統。這導致機器學習演算法的發展，這些演算法可以分析資料並提高其性能。在這段時間，人工智慧研究也開始分支出許多不同的次領域，包括自然語言處理、電腦視覺和機器人技術。這些次領域繼續發展並變得越來越重要，並對許多產業產生了重大影響。

1990 年代和 2000 年代

人工智慧研究再度興起，部分原因是電腦硬體的進步和大量資料的可用性。這一時期出現了深度學習演算法，這些演算法已被用於在圖像和語音辨識等許多領域實現最先進的性能。此期間的一個關鍵事件是 ImageNet 的出現，這是一個大型圖像資料庫，用於訓練和評估機器學習演算法。

2010 年代初期

人工智慧領域取得了重大進展，開發了新的演算法和技術，對各種應用產生了重大影響。

其中一個關鍵發展是使用「預訓練模型」。這些模型是已經使用大量資料訓練過的機器學習模型，可以微調使用在特定任務上。

2017 年以來

近年來，人工智慧領域最重要的發展之一是 2017 年「Transformer」的出現。這種神經網路架構，徹底改變了自然語言處理（NLP）領域，更被應用於電腦視覺和音樂處理，顯著推進了這些領域的研究。另一個獲得注意的新興研究領域則是使用大量未標註資料訓練機器學習模型的「自監督學習」，這種方法已被用於在圖像和語音辨識[1]等許多領域上，並展現了最先進的性能。

總之，過去十年機器學習演算法和技術的發展，使人工智慧在各領域應用的廣度與深度都有所突破，不過人工智慧的潛力遠大於現今我們所看到的。人類仍有很多研究工作要做，才能完全理解和利用它的潛力。

1.3 人工智慧的類型

人工智慧可以依不同的角度分類，主流區分方式有二：依能力區分、依目的區分。

若按照**能力**分類，可分為三種類型：弱人工智慧、強人工智慧和專家系統。

弱人工智慧（Weak AI）

也稱為「特定型人工智慧」。弱人工智慧並不具有人類般的智慧，而是專注於解決某特定問題的能力。例如，智慧客服系統就是一個弱人工智慧的例子，它專門用於回答顧客的問題，像是家電故障排解、預約特定服務等，但無法與顧客聊天或整合資訊。現今所見到人工智慧系統幾乎都屬於弱人工智慧。

---

1 Yang, S. W., Chi, P. H., Chuang, Y. S., Lai, C. I. J., Lakhotia, K., Lin, Y. Y., ... & Lee, H. Y. (2021). Superb: Speech processing universal performance benchmark. Interspeech 2021.

強人工智慧（Strong AI）

也稱為「通用型人工智慧」。強人工智慧可以解決任何問題，並且具有與人類同等的學習能力和思考能力，真正擁有人類智慧。不過即便是目前最優秀人工智慧系統，仍沒能達到強人工智慧的境界。

專家系統（Expert System）

一種弱人工智慧的應用。也不具有人類般的智慧，而是透過收集專家的知識，將知識存儲在電腦中，使電腦能夠模擬專家的決策過程。專家系統通常用於解決特定領域複雜的問題，例如醫療診斷、金融決策等。

若按照**目的**區分，可分為兩種類型：預測式和生成式。

預測式人工智慧（Predictive AI）

也被簡稱為「分析 AI」。人類擅長分析事物，但機器因為能夠一次分析人類無法消化的數據量而更出色。機器可以分析一組數據，找出模式，並用於輔助決策，例如：分析股市數據、改進網站設計、提高生產效率。機器在這些任務中變得越來越聰明，技術也已經大量進入商用領域。

生成式人工智慧（Generative AI）

人類不僅善於分析事物，也善於創造，例如寫詩、設計產品、製作遊戲和編寫程式等。不過最近機器開始與人類競爭創造性工作了，甚至創造了比許多人類作品更有意義和美麗的傑作，也就是說，機器開始能**獨立生成新東西**了。這種「生成式 AI」，不僅會演變得越來越快捷便宜，而且在某些情況下成果也可能將比人類更出色，接下來，從社群媒體到遊戲，從廣告到建築，從編碼到平面設計，從產品設計到法律，從行銷到銷售，每個需要人類創造原始作品的產業都將受到衝擊。某些人的工作內容可能會被生成式 AI 完全取代，而其他功能則更有可能從人類和機器之間的緊密迭代創意過程中受益。科學家們對生成式 AI 的期望，就是要將創造力和知識工作的邊際成本降到最低，進而帶來顯著的勞動生產力提升和經濟價值。

1.4 人工智慧的技術

常見的人工智慧的技術有下列四種：

機器學習（Machine Learning）

讓機器透過學習經驗來改善自己的表現。機器學習分為監督學習、非監督學習、半監督學習和增強學習四種：

- 監督學習是指機器透過訓練資料學習如何解決問題，訓練資料包含了「輸入資料」和「對應的正確答案 」。
- 非監督學習是指機器透過分析大量的資料來發現資料之間的關聯，而無須給定正確答案。
- 半監督學習是指機器同時使用有標註資料和無標註資料來學習。
- 增強學習是指機器透過反覆嘗試和獲得經驗來改善自己的表現。

自然語言處理（Natural Language Processing, NLP）

用於電腦能夠理解人類的自然語言，並能夠使用自然語言[2]和人類互動。這個領域中還有「自然語言理解」和「自然語言生成」兩個子任務：

- 自然語言理解（Natural Language Understanding, NLU）透過分析語法、語義、情感和其他資訊來讓電腦能夠理解人類自然語言的意義。
- 自然語言生成（Natural Language Generation, NLG）透過分析數據、撰寫報告或生成回應等方式，讓電腦能夠使用人類自然語言生成文本。

NLP 技術可以應用許多非常仰賴語言的領域，如聊天機器人、語音辨識、翻譯、文本摘要、情感分析、自然語言查詢等。

2　自然語言是指人類之間溝通所使用的語言。

影像處理（Image Processing）

用於處理和分析圖像和影像數據。在影像處理中，常見的任務包括圖像分類、圖像分割、物體識別、圖像生成和圖像風格轉換：

- 「圖像分類」是將圖像分類為不同的類別的過程，通常是通過訓練一個模型將圖像的特徵與類別標註相關聯。如 AI CUP 2022「蘭花種類辨識與分類競賽」[3]，就是一個典型的圖像分類任務。
- 「圖像分割」則是將圖像中的不同區域分類為不同的類別，通常是通過訓練一個模型將圖像中的每個圖元分類為特定的類別。如 AI CUP 2022「肺腺癌病理切片影像之腫瘤氣道擴散偵測競賽 II：運用影像分割做法於切割 STAS 輪廓」[4]，就是一個典型的圖像分割任務。
- 「物體識別」是在圖像中檢測和定位特定物體的過程，通常是通過訓練一個模型可以在圖像中檢測出特定物體，並給出每個物體的位置。如 AI CUP 2022「肺腺癌病理切片影像之腫瘤氣道擴散偵測競賽 I：運用物體偵測做法於找尋 STAS」[5]，就是一個典型的圖像分割任務。
- 「圖像生成」則是使用人工智慧技術生成新圖像的過程，通常是訓練一個模型根據給定的模式或條件生成新圖像。
- 「圖像風格轉換」是將圖像的風格轉換為另一種風格的過程，通常是通過訓練一個模型可以將輸入圖像的風格轉換為另一種指定的風格。

此外，還有許多相關的輔助型任務，例如圖像品質評估、圖像去噪、圖像增強等。

語音處理（Speech Processing）

用於處理、分析、合成和辨識語音訊號。其中，「語音辨識（Speech Recognition）」可以讓機器辨識人類語音並將其轉換成文字，「語音合成（Speech Synthesis）」則可以讓機器將文字轉換成語音訊號，並通過喇叭或耳機等輸出。這兩項技術已經在手機、語音 / 翻譯軟體、汽車和家庭自動化系統隨處可見，可說是現階段最貼近人類生活的人工智慧技術之一。

---

3 https://www.aicup.tw/ai-cup-2022

4 https://www.aicup.tw/ai-cup-2022

5 https://www.aicup.tw/ai-cup-2022

1.5 人工智慧的應用

人工智慧（AI）在各個領域有廣泛的應用，包括健康照護、金融、教育、交通和娛樂。一些 AI 應用的例子如下：

製造業

AI 在製造中被用於幫助企業通過大數據分析和機器學習技術提高生產效率和品質。例如，AI 可以幫助企業監測生產流程，檢測異常狀態並自動調整參數以提高產品品質。此外，AI 還可以幫助企業通過預測分析提高生產效率，例如預測物料需求量以更有效地調度生產資源。另外，AI 還可以用於自動化一些製造流程，例如透過自動驅動車輛或機器人完成物料搬運或加工任務。這有助於減少人力成本，提高生產效率。

健康照護

AI 在健康照護中可協助提高患者護理和治療結果。例如，AI 驅動的系統可以分析患者資料，如醫療史和檢測結果，以確定潛在的健康風險並提供個性化的預防或治療建議。AI 還可以用於輔助診斷，例如透過使用機器學習演算法分析醫學圖像來檢測異常。

文史研究

AI 可以透過自然語言處理（NLP）和圖像識別技術幫助學者研究文學、歷史。文獻方面，AI 能對大量文本資料進行自動化分析，提取關鍵字，並建立關係圖譜，幫助學者更快速地瞭解歷史背景和文本之間的關聯性。圖像方面，AI 可以幫忙識別手稿或古代圖紙中的文字。最終整合以上技術，幫助學者文獻管理和生成參考文獻，從而提高研究效率。

金融

AI 在金融行業中被用於提高風險管理，欺詐檢測和客戶服務。例如，AI 驅動的系統可以分析大量金融資料，以確定可能存在潛在風險或欺詐活動的模式和趨勢。AI 還可以用於為客戶提供個性化的金融建議，並自動化某些任務，如金融交易的處理。

教育

AI 在教育中被用於提供學生個人化學習體驗。例如，AI 驅動的系統可以分析學生的進度、批改作業，並根據需要調整內容和學習進度、提供回饋與學習建議。

交通

AI 在交通中被用於提高安全性和效率。例如，用於自動駕駛汽車，使其能夠即時導航道路並做出決策。亦或是用於物流和供應鏈管理，優化送貨車的路線和時間表。

娛樂

AI 在娛樂行業中被用於推薦個性化內容，生成音樂和藝術作品，並協助製作電影和影像遊戲中的特效等。

客服

AI 可以透過自然語言處理（NLP）技術說明客服人員解決客戶的常見問題。例如，客戶可以透過線上聊天或電子郵件中發送問題，而 AI 系統可以自動識別問題的關鍵字並提供相應的答案。此外，AI 還可以說明分析客戶的語言和情緒，為客服人員提供更有針對性的回應。另外，AI 還可以用於自動化一些客服流程，例如處理退貨申請或訂單變更。這有助於減少客服人員的工作負荷，提高客服效率。

電商

AI 可以幫助電商公司提高客戶體驗，提升銷售額。例如，AI 可以幫助電商公司提供個性化的推薦和廣告。透過分析客戶的歷史購買記錄和流覽行為，AI 可以為客戶提供個性化的商品推薦。此外，AI 還可以說明電商公司進行資料分析，優化商品排序和促銷策略，從而提高銷售額。另外，AI 還可以用於自動化客服流程，例如透過線上聊天機器人解決客戶的常見問題。這有助於提高客戶滿意度，降低客服成本。

以上只是 AI 在各個領域中應用的一些例子。隨著 AI 技術的不斷發展，AI 應用的數量和種類將會繼續增長，也協助推進各領域的研究突破。

1.6 人工智慧的局限

雖然人工智慧有許多潛力和應用，但它也有一些局限。例如：

人工智慧還沒有達到和人類一樣的智慧水準

雖然人工智慧在許多領域取得了顯著的成就，但它還有許多方面與人類的智能相差甚遠。人工智慧的智慧水準通常是透過人工智慧演算法在某些特定任務上的表現來衡量的。例如，人工智慧在自然語言處理、圖像識別、棋類遊戲等領域取得了顯著的成就，但是它們在其他領域的表現就可能不如人類。此外，人工智慧目前還缺乏許多人類所擁有的能力，例如情感理解、推理能力、創造力等。這些能力在人類日常生活中非常重要，但是對於人工智慧來說仍然是個挑戰。

人工智慧非常依賴大量的資料來學習

如果資料不足，那麼模型就可能無法學習到足夠的知識和特徵，導致模型在預測或分類時表現不佳。此外，如果資料品質不高，那麼模型也可能會學到不正確的知識和特徵。例如，如果資料中存在許多不一致或矛盾的資料，那麼模型就可能會學到不正確的知識。

人工智慧的結果可能會受到資料的偏見影響

一般而言，人工智慧模型是根據訓練資料來學習和做出預測的。因此，如果訓練資料中存在某種偏見或不平等，那麼模型的結果就可能會受到影響。例如，如果訓練資料中缺少某種族裔的資料，那麼人工智慧模型就可能不能正確地辨識這種族裔。這可能會導致模型在處理和這種族裔相關的任務時表現不佳，甚至可能造成不公平的待遇。此外，如果訓練資料中存在其他的偏見，例如性別、年齡、地區等，那麼模型的結果也可能會受到影響。

人工智慧可能會有演算法、設計、計算能力缺陷

演算法可能有演算法局限，導致無法解決某些特定的問題，或是被設計得過於簡單而無法解決複雜的問題，也可能有計算能力局限，導致在處理大量資料時效率低下，最終產出不理想甚至錯誤的結果。

人工智慧的成本可能很高，尤其是在資料收集、訓練、部署等方面。

資料收集是開發人工智慧的基礎環節，也是成本增加的主要原因之一。資料收集

需要花費大量時間和金錢，包括資料搜集、清洗、轉換等步驟，越高品質的資料就會耗費越多資源。

而在訓練人工智慧模型時，需要大量的計算資源，包括記憶體、CPU 核心數量等，成本隨著模型大小、複雜程度而有所變動，如果需要訓練多個模型；或者訓練模型的次數較多，成本將會更高。

最終部署人工智慧應用時，需要購買或租用計算資源，包括伺服器、雲端服務等，也可能需要支付軟體許可費和維護費用。而最不可或缺的資料科學專家、顧問、工程師等人力資源，更是最大的成本。

可解釋性問題

許多人工智慧演算法是運作方式不易理解的黑箱模型。這種模型通常是由工程師或資料科學家訓練出來的，並能很好地解決問題，但對於非專家來說，很難理解模型是如何得出結果的。而如果需要審核、調整或修復演算法的表現，這個特性常常是個挑戰，讓人很難判斷哪裡出了問題，也很難知道如何改進。

泛化能力問題

泛化能力是指模型對未曾見過的資料的適應能力。如果人工智慧模型只能在訓練資料上表現良好，但對於新的問題可能會表現得較差，便是泛化能力不足。這通常是因為模型學習到的是訓練資料的細節，而非真正的潛在規律，所以無法對新的資料做出正確的預測。

公平性問題

公平性問題指的是人工智慧模型在處理不同群體資料時，可能存在的偏見或不公平的結果。這可能是因為訓練資料集有偏見，或模型本身學習到的不公平規律。例如，若訓練資料中缺少少數族裔資料，則人工智慧模型可能會對少數族裔造成不公平待遇。

安全性問題

人工智慧模型可能會遭受攻擊，導致模型產生錯誤的輸出並被濫用或用於不當用途。模型攻擊可分為兩類：直接攻擊（對模型本身進行攻擊）和間接攻擊（透過對訓練資料進行攻擊或對模型進行欺騙）。例如，攻擊者可能會輸入特定的有害資訊到自然語言生成模型，導致模型產生不當的輸出，因而傷害使用者或導致模型被濫用。

1.7 人工智慧的未來：生成式 AI 帶來的機會之窗

長久以來，預測式 AI 的發展與應用落地狀況都領先於生成式 AI。然而，到了 2022 年情勢已經漸漸改變——由 OpenAI 開發的 ChatGPT 聊天機器人，因其能夠產生類似人類文字的能力而引起了關注，並為開發更多通用人工智慧系統的門戶打開了大門。未來，從客戶服務、解決疑難雜症到教育、娛樂等，聊天機器人可能會成為我們日常生活中不可或缺的一部分，幫助我們處理複雜的任務和情況，並提供給我們個性化的建議。

隨著 Dalle-E、Stable Diffusion、Midjourney 等 AI 藝術創作技術的推出，人工智慧已越來越多地被應用於藝術創作領域，包含生成音樂、繪畫和其他形式的藝術。未來人工智慧還可能被用來分析和評價藝術品，並為藝術家提供靈感和反饋，成為人類藝術家改進作品的幫手之一。

根據紅杉資本在 2023 年發布的報告[6]指出，生成式 AI 能提升數十億知識工作和創造性工作人口的效率（至少 10%）和創造力，因此，生成式 AI 有可能產生數萬億美元的經濟價值。下面的圖表列舉了一些能支持各種類別（如圖像、程式碼、文字、聲音）的平台層，以及可能在其上構建的潛在應用程式類型。

該報告也依照不同的模態來分析生成式 AI 發展的狀況。

文本（Text）

目前處於領先地位。然而，在自然語言處理中要獲得精準結果相當具有挑戰性，輸出品質尤為重要。現在，這些模型已經能夠相當熟練地生成一般的短篇至中篇文本，這些文本也常被用作人類寫作的初稿。隨著模型不斷進步，我們可以期待看到更高品質的輸出、篇幅更長的內容，以及更專業的領域調整。

生成程式碼

有可能在短期內大大提高工程師的生產力，就像 GitHub CoPilot 所展示的那樣，而且還有可能使非工程師更有機會利用程式碼實現自己的創意。

---

6 https://www.sequoiacap.com/article/generative-ai-a-creative-new-world/?fbclid=IwAR1JQ3Ab4cYu73FJDWv5Ord8CYT3GCjUGrEUVS6XRjEFmB8FdPnezgIqcAg

The Generative AI Application Landscape

	TEXT	CODE	IMAGE	SPEECH	VIDEO	3D	OTHER
APPLICATION LAYER	Marketing (content)	Code generation	Image generation	Voice Synthesis	Video editing / generation	3D models / scenes	Gaming
	Sales (email)	Code documentation	Consumer / Social				RPA
	Support (chat / email)	Text to SQL	Media / Advertising				Music
	General writing	Web app builders	Design				Audio
	Note taking						Biology & chemistry
	Other						
MODEL LAYER	OpenAI GPT-3	OpenAI GPT-3	OpenAI Dall-E 2	OpenAI	Microsoft X-CLIP	DreamFusion	TBD
	DeepMind Gopher	Tabnine	Stable Diffusion		Meta Make-A-Video	NVIDIA GET3D	
	Facebook OPT	Stability.ai	Craiyon			MDM	
	Hugging Face Bloom						
	Cohere						
	Anthropic						
	AI2						
	Alibaba, Yandex, etc.						

圖片來源：https://www.sequoiacap.com/wp-content/uploads/sites/6/2022/09/genai-landscape-8.png

圖像生成

最近炙手可熱，一般人在社群媒體平臺（如 Twitter）上已可看到許多精美的成品。我們還看到了具有個別藝術風格的圖像模型出現，用於編輯和修改生成圖像的技術亦隨之愈加成熟。

語音

生成人類般的**語音**品質並不容易，特別是在電影和 podcast 等高要求的應用中。要達到這個目標，需要克服許多挑戰，包括消除機器音、生成流暢的語句、保留語音細節和自然的朗讀等。不過，跟圖像類似的是，現有的模型已經為進一步改進或實際應用中的最終輸出提供了一個基礎。

影像和 3D

生成模型正在迅速發展，許多研究機構正在積極發佈基礎 3D 和影像模型。產業界普遍看好對這些模型潛在開發電影、遊戲、虛擬實境、建築和產品設計等行業的創意市場。

更值得期待的是，過往較少出現在大眾眼前其他領域生城式 AI，如音訊和音樂、生物學和化學，也持續研發中。

下圖（AI 基礎模型的進展時間線）展示了我們可能期望看到的基礎模型的進展時間線，以及隨之而來的潛在應用程式。（請注意，2025 年及以後的預測僅為推測。）

	PRE-2020	2020	2022	2023?	2025?	2030?
文字	垃圾郵件偵測 翻譯服務 基本問答	基礎文案撰寫 初稿	長文創作 二稿	精密調整以達到高品質（例如科學論文等）	最終稿比人類平均水準更好	最終稿比專業作家更出色
程式		單行自動完成	多行生成	更長的形式 更好的準確性	將文本轉換成產品（草稿）	將文本轉換成產品（最終版），比全職開發人員更好
圖片			藝術創作 商標設計 攝影	模型製作（產品設計，建築等）	最終稿（產品設計，建築等）	最終稿比專業藝術家、設計師、攝影師更出色
影片 / 3D/ 遊戲			初步發展 3D 與影片生成式模型	第一版 3D 與影片生成式模型	第二版	AI Roblox 電玩遊戲與電影成為個人化的夢幻世界

大模型可用情況： 初步嘗試 接近可用 準備就緒

該報告也列出了一些非常有潛力的生成式 AI 商業實務應用：

撰寫文案

隨著社群平台、網站和電子郵件承載的銷售任務越來越多元，需要使用語言模型的應用也越來越多。文案團隊經常需要在緊繃的時間和成本壓力下，製作短小且風格強烈的文字內容，因此對自動化、提升產出文字品質的需求是非常明顯的。

專業寫作助手

現在大部分的寫作助手都是橫向協助，也就是重點在於幫助使用者撰寫流暢且結構嚴謹的文章。不過，在法律合約撰寫或劇本創作等特定領域，有機會開發出更好的內容生成應用程式，在取得基本資訊後直接產生內容，最後由人類專家進行最終審核。專業寫作助手與現有的橫向寫作助手產品的區別在於，專業寫作助手會針對特定工作流程的模型和 UX 模式進行細緻調整，以便更有效地協助使用者完成任務。

程式碼生成

目前，程式碼生成軟體已經能大幅提升開發人員的生產力，例如 GitHub CoPilot 在安裝的專案中已能產生近 40% 的程式碼。然而，更大的商機藍海將是向普通消費者開放，讓不懂程式語言的人只需用人類語言向 AI 提供提示（prompt）來傳達需求，AI 就能直接生成程式碼，從而降低開發門檻。

藝術生成

整個藝術史和流行文化已經被編碼到這些大型模型中，使任何人都可以隨意探索主題和風格，這些主題和風格以前可能需要一生才能掌握，但現在只要提供關鍵字與提示就能不斷嘗試新風格與創作。

遊戲

人們一直渴望能使用自然語言來創建複雜的場景或可配置的模型，使遊戲更加精緻與富有沈浸感。雖然遊戲因為結合了美術、音樂、文本等藝術形式，遠比單一媒材複雜許多，我們還有很長的路要走，但是近期也有一些初步成果，比如生成紋理、角色等，這些成果證明人工智慧技術在遊戲產業擁有很大的潛力。

媒體 / 廣告

使用人工智慧技術自動化代理工作和即時優化廣告文案和創意，可以為消費者帶來更好的體驗。特別是能將銷售資訊與額外視覺內容結合起來的生成式 AI，無疑將帶來無窮的商業機會。

1.8 人工智慧的道德和倫理

人工智慧（AI）的出現為人類帶來了許多方便和好處，但也帶來了許多倫理和道德上的問題。隨著 AI 技術的持續發展，人們愈來愈關注 AI 如何影響人類的生活和未來。在 AI 應用的各個領域，例如自動駕駛、健康照護、金融服務等，人們都希望 AI 能夠遵循一定的道德準則，以確保人們的安全和利益。然而，在道德和倫理方面，AI 面臨著許多棘手的問題。例如，AI 系統可能會基於錯誤或偏見的數據做出決策，造成不公正或不合理的後果。此外，AI 技術的持續演進可能會導致就業市場的變化，甚至可能替代人類的工作。因此，在發展和使用 AI 技術時，我們必須謹慎面對因應而生的諸多問題。在本節中，我們將從技術、社會和個人三個層面，來探討 AI 的道德和倫理問題，並提出一些解決方案。

技術層面：如何確保 AI 系統的正確性和公正性？

正確性指的是 AI 系統能夠正確地執行其設計用途，而公正性則指的是 AI 系統在執行其設計用途時，不存在偏見或歧視的情況。

確保 AI 系統正確性的方法包括：

- 建立測試和驗證機制。
- 定期維護和更新 AI 系統。
- 建立監管機制，以確保 AI 系統在執行中符合法律和業界標準。

確保 AI 系統公正性的方法包括：

- 在訓練 AI 模型時，謹慎選擇不存在偏見的資料集。
- 在設計 AI 系統時，加入反偏見機制，以防止 AI 系統在執行時出現歧視。
- 建立監管機制，以確保 AI 系統在執行中符合道德準則和倫理原則。

社會層面：如何確保 AI 系統對社會的影響是正向的？

例如促進經濟發展、族群平權、維護公眾利益等。

解決人工智慧對社會的影響的方法包括：

- 在研發和使用 AI 技術時，對其可能造成的社會影響進行全面評估。

- 建立監管機制，以確保 AI 系統在執行中符合社會利益。
- 透過公眾參與和溝通，讓社會大眾對 AI 技術的發展和使用有所參與和瞭解。
- 在研發和使用 AI 技術時，需保護隱私和人身安全。

個人層面：如何確保 AI 系統對個人的影響是正向的？

例如幫助人們解決個人問題、提高生活品質、促進個人職涯發展等。

解決人工智慧對個人的影響的方法包括：

- 在使用 AI 系統時，注意保護個人隱私。
- 在使用 AI 系統時，注意保護個人人身安全。
- 透過倫理教育和個人技術與識讀能力培養，讓人們能夠獨立地使用 AI 技術，並對其有所瞭解和掌握。

因涉及到技術、社會和個人等多個層面，人工智慧道德和倫理是一個複雜而重要的議題。解決這些問題的方法包括建立監管機制、謹慎選擇資料集、加入反偏見機制、進行全面評估、保護隱私和人身安全、推廣倫理教育和培養個人識讀能力等。然而，要真正解決人工智慧道德和倫理問題，需要業界、學界和政府的共同努力，並需要因應技術變革不斷地反思和檢討。

1.9 小結

人工智慧是一門研究如何使機器具有智慧的學科，它的目標是使機器具有像人類一樣的智慧。以下歸納本章的三個重點：

人工智慧分類

可以分為弱人工智慧、強人工智慧和專家系統三種類型。

人工智慧的技術

有機器學習、自然語言處理、電腦視覺等。人工智慧的應用廣泛，包括自動駕駛、智慧家居、語音辨識、語音合成、醫療、客服等。

人工智慧的局限

例如尚未達到人類智慧水準、需要大量資料來學習、可能受到資料偏見的影響、結果可能出現意料之外的缺陷、成本可能很高等。

人工智慧的未來前景廣闊，除了預測式 AI 持續發展深化，生成式 AI 也開啟了另一扇機會之窗。然而，在 AI 快速發展的同時，也產生了許多道德和倫理問題，因此，我們需要對人工智慧的發展進行負責任的管理，確保人工智慧確實能夠為人類帶來福祉，而非適得其反。

CHAPTER

2 機器學習

機器學習是人工智慧領域的一個分支，專注於開發出能夠使機器根據資料學習來做預測或決策的演算法和統計模型。現今，它已成為重要的技術領域，並且廣為應用在科學、金融、健康照護和市場行銷等各種領域。

機器學習的目標是：人類不需改寫程式，機器就能自動學習並適應新的資料。要能做到這點，機器運作的演算法必須能分析資料並從資料中學習，進而執行預測或決策。有許多不同類型的機器學習演算法，包括監督式學習、非監督式學習、半監督學習和強化式學習。每種類型都有自己獨特之處，適用不同的應用場景。

在本章中，我們將深入探討機器學習的基礎概念，包括不同類型的演算法、常用的關鍵詞彙和技術。我們也會舉例展示機器學習在現實世界中的應用，並討論它對社會造成的影響。

2.1 什麼是機器學習？

機器學習是人工智慧的一個分支領域，主要致力於開發能夠使機器根據資料學習，並且能進一步做出預測或決策的演算法和統計模型。Google Brain 副總裁（前百度首席科學家）吳恩達（Andrew Ng）將其定義為「使電腦在沒有明確程式設計的情況下執行的科學」。卡內基梅隆大學機器學習系主席湯姆·米契爾（Tom Mitchell）將其定義為「研究讓電腦如何透過經驗自動改進的領域」。人工智慧和機器學習領域先驅亞瑟·撒母耳（Arthur Samuel）將其定義為「讓電腦在沒有人力修改程式的情況下學習的領域研究」。華盛頓大學電腦科學教授兼《演算法大師》作者佩卓·多明哥（Pedro Domingo）將其定義為「由經驗自動改進其性能的演算法的設計」。谷歌 X 聯合創始人兼 Uda City 前副總裁兼首席科學家塞巴斯蒂安·特倫（Sebastian Thrun）將其定義為「電腦由資料中學習改進其在特定任務上的能力，無需人力修改程式」。總之，機器學習就是在資料集上訓練演算法，並讓它們從資料中學習，以便做出準確的預測或決策。

2.2 機器學習的類型

機器學習有幾種不同的類型，每種都有其獨特的特徵和應用。這些類型可以大致分為四類：監督式學習、非監督式學習、半監督式學習和強化式學習。

一、監督式學習（supervised learning）

監督式學習是把一整批大量的「資料」和「答案」給機器，希望機器能在訓練過程中，透過一次次的嘗試，逐漸學得將任意的「資料」對應到「答案」的方法，而可能的答案就是機器曾看過的「答案」。因此，若要將任何問題套用監督式學習來處理，這個問題必須有大量的「資料」和「答案」的配對。

例如：我們要讓機器學習判斷一張圖片的主角是不是紅貴賓犬，那麼我們要準備的「資料」就是大量的「圖片」，「答案」則只有兩種「是紅貴賓犬」及「不是紅貴賓犬」。

在「圖片」方面，我們要準備下面兩種資料：一種是以紅貴賓犬為主角的圖片，並標上「紅貴賓犬」的答案（如圖一左）；一種不以紅貴賓犬為主角（例如以貓為主角）的圖片，並標上「不是紅貴賓犬」的答案（如圖一右）。在訓練過程中，我們期待機器能藉由一次次的嘗試，學會將圖一左這樣的照片對應到「紅貴賓犬」；圖一右這樣的照片對應到「不是紅貴賓犬」的方法。

當然，在訓練的階段中，機器學得的判斷方法也可能會預測錯誤，這時演算法就會將機器預測的答案與真正的答案進行比對，並修正機器的判斷方法，接著再進入下一輪的學習。這可以類比為人類學習的模式：當學生學完某單元後，老師也會對學生進行考試，學生則根據自己答錯的題目修正自己的觀念。

這不是紅貴賓犬

狗
(紅貴賓)
(捲毛)
(棕色)

貓
(橘虎斑)
(短直毛)
(橘色)

圖一

在下一輪的推論階段時，再給機器一張它從未見過的新圖片（如圖二右），機器就會根據在訓練階段中學到的方法，從圖片中想辦法判斷答案是「紅貴賓犬」或是「不是紅貴賓犬」。

已知資訊

加入新資料

這是紅貴賓犬

這不是紅貴賓犬

這是紅貴賓犬嗎？

狗
(紅貴賓)
(捲毛)
(棕色)

貓
(橘虎斑)
(短直毛)
(橘色)

狗
(比熊)
(捲毛)
(白色)

圖二

傳統監督式學習模型

接著我們來介紹一些流行的傳統機器學習模型。

- **線性迴歸（linear regression）**

  用於預測連續值的簡單模型。它假設預測變數與回應變數之間的關係是線性的。

- **邏輯迴歸（logistic regression）**

  用於預測二元結果的模型。它是一種回歸分析，用於預測二元結果（例如：成功或失敗）的機率。

- **決策樹（decision tree）**

  基於樹結構做出決策的模型。樹中的每個節點表示一個決策，而分支表示該決策的可能結果。決策樹常用於分類任務。

- **隨機森林（random forest）**

  由許多決策樹組成的集成模型。它的工作方式是在訓練資料的不同子集上訓練多個決策樹，然後對它們的預測進行平均。

- **支持向量機（support vector machines，SVM）**

  使用超平面將資料分類為不同類別的模型。它在高維空間中特別有效。

- **單純貝氏分類器（naïve Bayes classifier）**

  基於貝氏定理預測事件機率的模型。

限於篇幅，我們以「邏輯回歸」為例，來說明傳統機器學習的運作方式。邏輯迴歸（logistic regression）是一種常用於二元分類的監督式學習演算法。假如您是銀行的貸款主管，負責判斷是否核准客戶的貸款申請。您有過去申請資料可供參考，包括申請人的信用分數、收入和貸款金額。但是案件很多，如果您想要讓機器幫忙做這件事，您可以建立一個邏輯迴歸 AI：根據申請人的「信用分數」、「收入」和「貸款金額」，預測他／她違約貸款的可能性。

這 AI 的輸入變數為「信用分數」、「收入」和「貸款金額」，AI 會用邏輯迴歸函數將它們轉換為 0~1 之間的機率。這個機率代表申請人違約貸款的可能性。您可以設定機率的門檻值，例如違約的機率大於 0.7，則拒絕申請人的貸款申請，否則核准貸款。

但是，要怎樣獲得每個變數的權重呢？您可以用過去的資料，訓練 AI 學習「輸入變量」和「輸出變量」（違約或非違約）之間的關係。一旦 AI 訓練完成，您就可以使用它來預測新的貸款申請。舉例來說，AI 有以下過去貸款申請的資料：

信用分數	收入	貸款金額	違約 (0/1)
700	50,000	10,000	0
650	60,000	20,000	1
720	55,000	15,000	0
680	48,000	12,000	1
740	62,000	18,000	0

AI 使用此資料學習「輸入變量」（信用分數、收入和貸款金額）的權重（w_1, w_2, w_3）以最大化觀察到的資料的可能性。這可以使用名為梯度下降的最佳化方法來完成。一旦學習了權重，演算法就可以使用它們來計算新貸款申請的違約機率。例如，假設新申請人的信用分數為 720，收入為 55,000 和貸款金額為 15,000。AI 可以使用以下邏輯迴歸函數來計算違約機率：

$$p = \frac{1}{1 + e^{-w_0 - w_1*720 - w_2*55000 - w_3*15000}}$$

假設演算法已經學習了以下權重：$w_0 = 5$, $w_1 = 0.0002$, $w_2 = 0.00003$ 和 $w_3 = 0.0001$，然後我們可以將這些數值插入邏輯迴歸函數：

$$p = \frac{1}{1 + e^{-5 - 0.0002*720 - 0.00003*55000 - 0.0001*15000}}$$

$$= \frac{1}{1 + e^{-5 - 1.44 - 1.65 - 1.5}}$$

$$= \frac{1}{1 + e^{-8.59}} = 0.0004$$

AI 將輸出 0.0004 的機率，小於門檻值 0.5，所以演算法將核准貸款。

就像這個例子，AI 使用邏輯迴歸函數和學習過的權重來計算新貸款申請的違約機率，並根據門檻值決定是否核准或拒絕貸款。

邏輯迴歸是一種很強大的二元分類工具，但它有一些限制。其中一個主要限制是：它假設輸入變量和輸出變量之間有線性關係，但實際上並非所有情況都是如此，且邏輯迴歸只能做出二元預測，不能處理多個類別的問題。

總之，邏輯迴歸是一種常用於二元分類的監督式學習演算法，它使用邏輯迴歸函數將輸入變量轉換為 0~1 之間的機率，藉此表示申請人違約貸款的可能性，然後使用過去的資料來訓練模型，學習輸入變量和輸出變量之間的關係，最後，可以用來預測新的貸款申請。

這些只是傳統機器學習模型的一些例子，但還有許多其他模型。此外，神經網路模型也屬於監督式學習模型，我們將在第三章「深度學習」中介紹。

動手操作

假設我們想訓練一個機器學習模型，讓它能在圖像中辨識出不同類型的動物。以下是使用 Teachable Machine 做到這件事的步驟：

❶ 在網頁瀏覽器中打開 Teachable Machine 網站（https://teachablemachine.withgoogle.com/）。

❷ 點擊「Get Started」按鈕開始。

❸ 選擇「Image Project」選項，因為我們想訓練一個能在圖像中辨識動物的模型。

❹ 選擇「Standard image model」選項。

❺ 按照提示收集訓練資料。我們會被要求收集不同動物（例如貓、狗、鳥等等）的照片並對它們進行標註。請確保每種動物都收集了足夠多的照片，讓模型能夠充分了解它們的樣子。選擇 Webcam 就是用網路攝影機拍攝的方式收集照片，而選擇 upload 就是用上傳的方式收集照片。

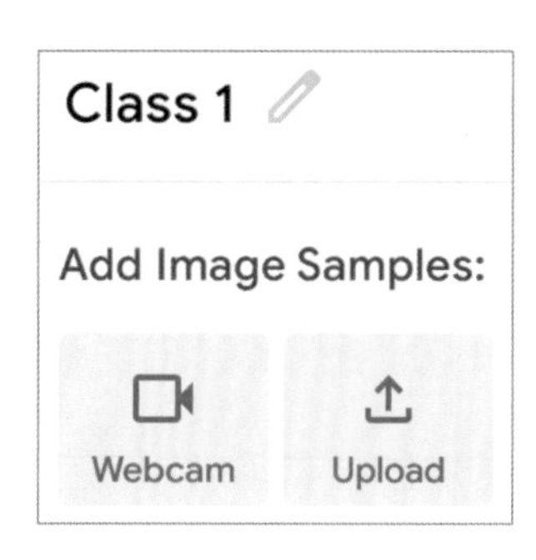

❻ 收集了足夠的訓練資料後，點擊 Training 中的按鈕開始訓練模型。

❼ 我們可以監控訓練過程的進度，並看到模型在訓練資料上的表現如何。

❽ 訓練完成後，我們可以使用模型來分類新的動物圖像。例如，如果我們有一張貓的照片，我們的模型應該能夠將它分類為「貓」。

二、非監督式學習（unsupervised learning）

非監督式學習是把大批資料輸入進機器，希望機器能在訓練過程中，根據模型設計者所定義的資料相似度演算法，一次次嘗試，逐漸學出將相似的資料分在同一堆的方法。在非監督式學習中，通常用戶必須指定所要分的堆數，但後來學界也發展出一些自動尋找堆數的演算法。

例如，若要使用非監督式學習演算法將下面圖片分堆，模型設計者必須定義好兩圖片間的相似度函數計算方式，之後，使用者必須指定要分的堆數（假設是兩堆），機器在訓練過程中會一次次產生不同的分堆，直到前一次的分堆跟這次的分堆並無明顯區隔為止。

分完堆後，人類可以去檢視每一堆是否可以直接對應到一個類別，如果大致上可以，這就可以用來產生供監督式學習所需的訓練資料。例如，假設上面的圖片在訓練階段結束後分成兩堆，我們可以將左邊的那堆對應到「炸雞」，右邊那一堆對應到「紅貴賓犬」。這兩堆資料可以合起來去訓練出一個足以分辨輸入圖片主角究竟是「炸雞」或是「紅貴賓犬」的監督式學習模型。

機器：我發現這些東西有共同特徵！（辨識分群）但我不知道這些是什麼

人類告訴機器 (標註資料)：這些是炸雞！

機器：我發現這些東西有共同特徵！（辨識分群）但我不知道這些是什麼

人類告訴機器 (標註資料)：這些是紅貴賓犬！

那麼，非監督式學習的「推論」階段究竟是怎麼做到的呢？當機器收到一筆全新的、從未見過的資料，它會將這筆資料與各堆資料做比較，並把這筆資料歸於最近似的某一堆。以上面的例子來說，今天如果收到下面這張圖片，訓練成功的機器應該會將其分到右邊那堆。

備註

以上是將兩種機器學習的概念簡化，以淺顯易懂的方式說明，實際的學習過程會更繁複。

動手操作

Naftali Harris（SentiLink 的執行長）在他的部落格裡製作了一系列機器學習的視覺化頁面，其中包括了 K-Means。透過在 Google 搜尋輸入「Naftali Harris Visualizing K-Means Clustering」就可以找到這個網頁[1]。網頁的目的是幫助使用者了解 k-means 演算法的運作原理，並了解可以與演算法一起使用的不同初始化策略。以下是如何使用這個網站的步驟：

❶ 首先，從網站提供的選項中選擇一種策略，以決定群集中心點的初始位置如何被選擇（如下圖）。建議可以選擇第一個「I'll Choose」，表示我們將自己來初始每個群集的中心點。

How to pick the initial centroids?

I'll Choose | Randomly | Farthest Point

1 https://www.naftaliharris.com/blog/visualizing-k-means-clustering/

❷ 接著，要選擇測試資料的產生方式。我們可以先選擇「Uniform Distribution」，也就是資料均勻分布。

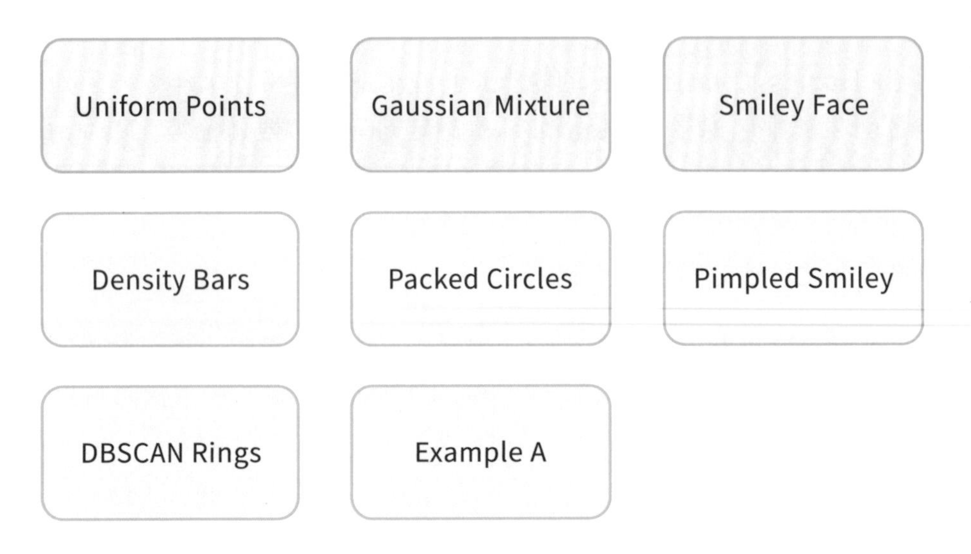

❸ 接著，我們將看到資料點的散佈圖（如下圖左），而游標將呈現紅色圓點；我們可以將其點在任意地方，做為紅色群集的初始中心點，點完後所有區域底色為粉紅色，代表所有點均屬於紅色群集（如下圖右）。

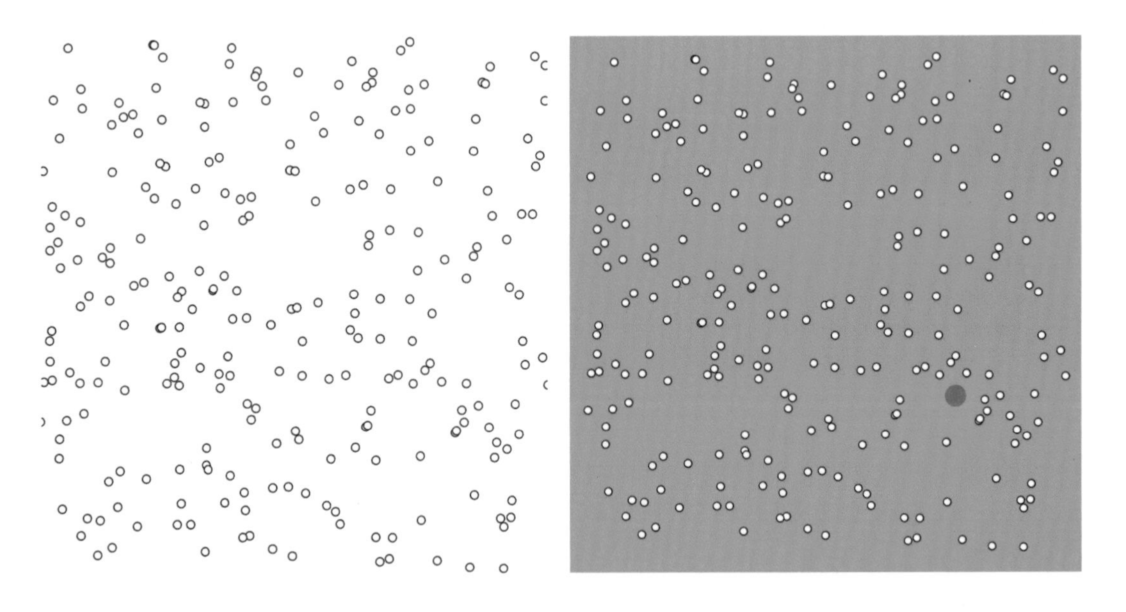

此時，游標呈現藍色圓點，我們可以將其點在任意地方，作為藍色群集的初始中心點，點完後較靠近藍色群集中心點的區域底色變為深藍色（如下圖左）；接著，點擊下方的「GO!」按鈕，位於紫藍色區域的資料點將變為藍色，而位於粉紅色區域的資料點將變為紅色（如下圖右）。這樣就完成了紅、藍兩群集的初始動作。

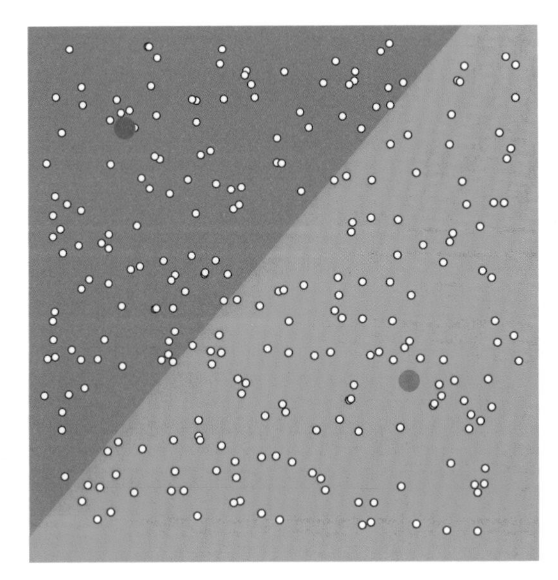

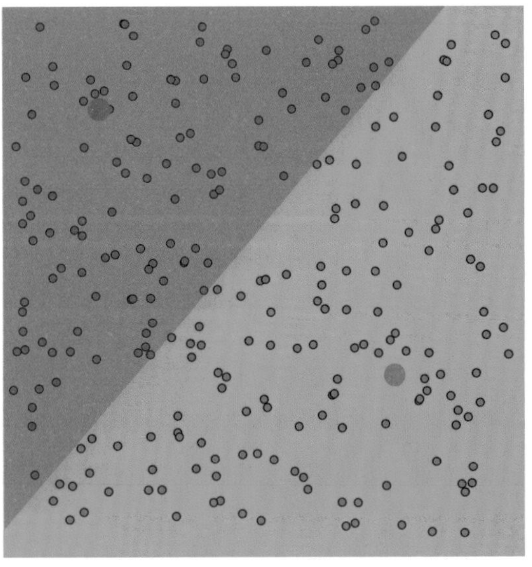

4. 接著點擊「Update Centroids（更新群集中心點）」，我們可以看到紅群集中心點往左上，也就是紅群集現在真正的中心點移動；藍群集中心點往右下，也就是藍群集現在真正的中心點移動（如下圖左），我們可以看到紅藍兩群集的邊界發生變化，紫藍色範圍擴大以至於包含了紅點。接著按下「Reassign Points（將資料點重新分配到距離最近的新中心點群集）」，紫藍色範圍內的紅點就變成了藍點（如下圖右）。

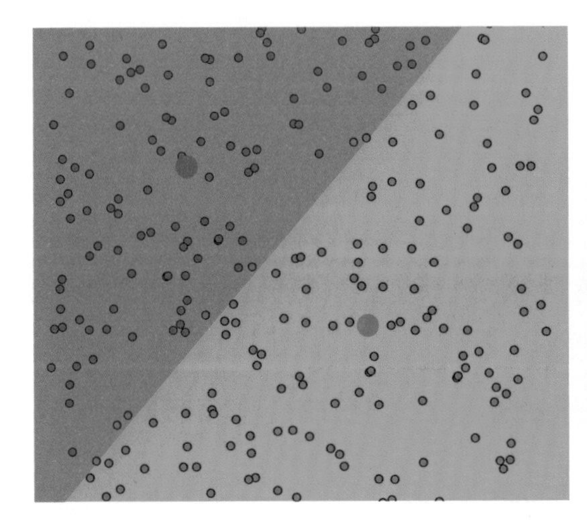

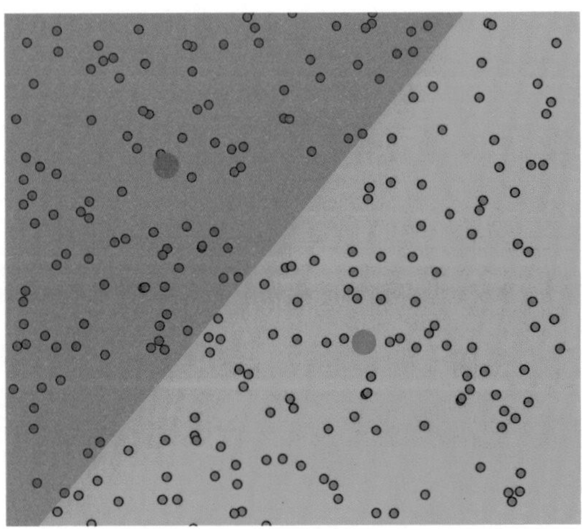

5. 持續重複步驟 4，直到分界線不再變動為止，代表 k-means 收斂。

6. 透過我們使用網站的過程，可以幫助我們了解演算法的運作方式以及不同的初始化方式對結果的影響。我們也可以使用這個工具來了解在什麼情況下 k-means 群聚分析可能不是最適合的，或是它的局限性。

三、半監督式學習（semi-supervised learning）

半監督式學習是一種機器學習方法，它結合了標註資料和未標註資料。當訓練資料的標註數量有限，但是還有大量未標註資料可以使用時，半監督式學習就會派上用場。半監督式學習演算法可以同時從標註資料和未標註資料學習，通常能夠取得比僅使用監督式學習或非監督式學習演算法更好的效果。

假設我們在一家大公司工作，負責組織和分類公司的文件。我們已經收到了一些需要分類到不同類別的文件，例如財務、人力資源、法律、市場行銷等等，雖然我們有一小部分的文件有標籤，但大多數的文件卻沒有標籤。在這樣的困境下，這是使用半監督式學習的完美時機，因為我們有一些已標註的資料可以用來訓練模型，並且有大量未標註的資料可以用來提高模型的準確性。

若要使用半監督式學習來完成這項任務，我們可以從已標註的文件開始訓練分類器。這個分類器可以是簡單的邏輯回歸模型或更複雜的深度學習模型，取決於任務的複雜程度和標註資料的數量。一旦訓練完分類器，我們就可以使用它來對未標註的文件進行預測。當然，這些預測一開始不會非常準確，但我們可以使用它們來「教」模型資料結構，並提升準確性。例如，我們可以選擇模型最有信心的前 10% 的文件，接受模型標註的標籤，然後將這些標籤加回訓練集並重新訓練模型。我們可以重複此過程幾次，直到模型在未標註資料上的準確性達到令人滿意的水準。以下是半監督式學習操作流程：

1. 對標註資料進行初始訓練。
2. 對未標註資料進行預測。
3. 將模型信心值最高的一部份資料加入訓練資料中。
4. 在擴大的標註資料集上重新訓練分類器。
5. 重複步驟 2 ～ 4，直到達到所需的準確度。

動手操作

以下是半監督式學習的流程圖：

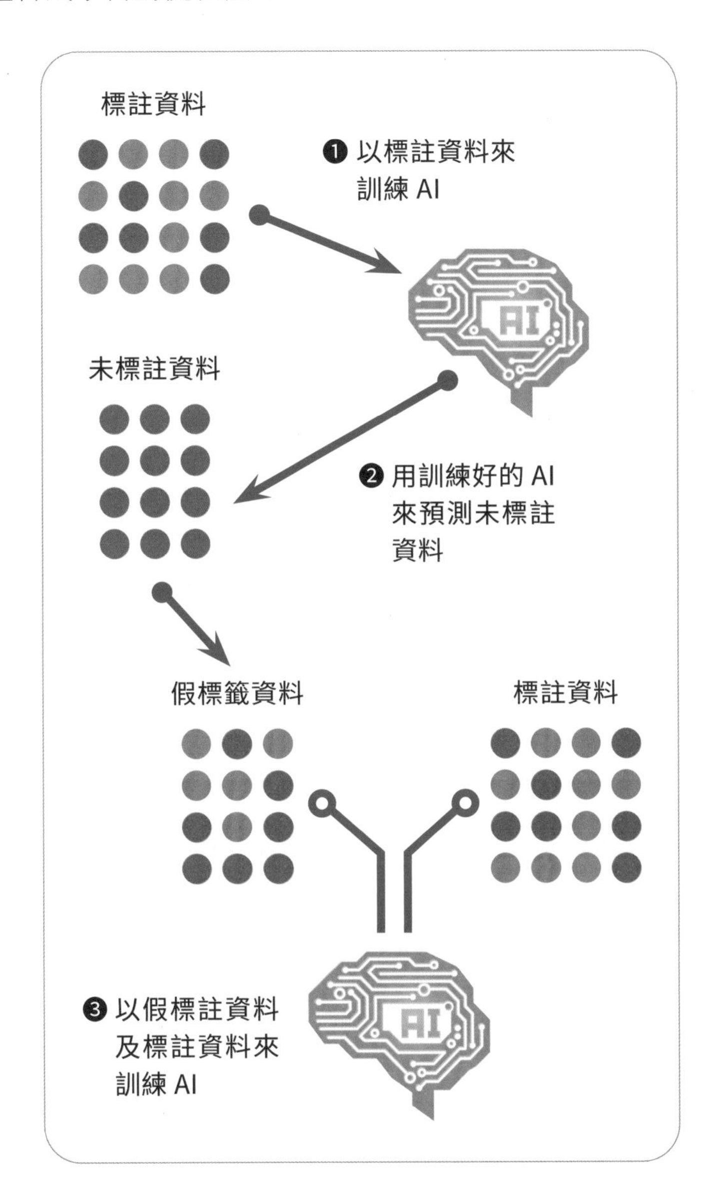

若對實作有興趣的讀者，請參考這篇〈Pseudo-labeling a simple semi-supervised learning method〉[2] 的介紹。

---

2 https://datawhatnow.com/pseudo-labeling-semi-supervised-learning/

四、強化學習（reinforcement learning）

強化學習是一種機器學習演算法，它透過不斷地進行模擬和測試來學習如何在給定的環境中決策，以達到最大化獎勵的目標，適用於自主系統，例如自動駕駛車或機器人，因為它可以在沒有明確的教師給出正確答案的情況下學習。在強化學習中，模型會根據其行為接收獎勵或懲罰的反饋，並根據這些反饋來調整決策過程。例如，假設我們想要建立一個可以玩 Super Mario 的 AI，我們可以使用遊戲內部狀態（例如 Mario 的位置、敵人的位置、物品的狀態等等）來訓練模型，讓它能夠選擇最佳的動作（例如向左移動、向右移動、跳躍等等）以最大化分數。這是一個典型的強化學習問題，模型藉由遊戲來學習採取哪種動作可獲得最高的獎勵。因此，我們必須設定一個獎勵函數來表示我們的目標，例如：我們可以設置獎勵函數是「Mario 收集每一個硬幣會獲得正獎勵，若 Mario 死亡則會獲得負獎勵，完成關卡會獲得更高的正獎勵」。

接下來，我們將建立一個神經網路來學習玩遊戲。它將遊戲內部狀態當作輸入，輸出要採取的動作。再用強化學習方法（如 Q-learning 或 SARSA）訓練模型，讓它玩遊戲並從中學習。模型玩遊戲時會學習如何採取最佳動作來獲得最大獎勵。隨著時間推移，它會變得越來越強並獲得高分數。

以下是強化學習的操作流程：

❶ 定義獎勵函數。

❷ 建立學習模型：將 [遊戲狀態] 輸入 [模型] 後，模型會推薦一個 [動作]。

❸ 使用強化學習訓練模型：AI 執行步驟 2 的 [動作]，環境會給予 [獎勵]，用來更新模型參數。

❹ 重複步驟 2 和 3，直到模型表現良好。

現在，我們用自駕車這個與生活更貼近的例子，來說明如何應用強化學習。假設我們想要建立一輛能夠在城市街道上導航，並且能遵循交通規則的自動駕駛汽車，我們可以訓練一個模型，使其能夠採取動作（如左轉、右轉、加速、剎車等等），安全地將汽車導航到環境中。這是一個典型的強化學習問題，因為模型必須先學習採取動作，進而從環境中獲得獎勵。為了解決這個問題，我們首先要定義一個代表任務目標的獎勵函數，例如設置獎勵函數為「汽車保持在車道內並遵循交通規則即可獲得正獎勵」，「汽車偏離軌道或違反交通規則則是獲得負獎勵」。接著，我們需要建構一個神經網路來表示將要學習駕駛汽車的模型，神經網路將汽車的感測器（如攝影機、雷達和雷射雷達）資訊作為輸入，並輸出一組要採取的動作。最後，我們可以使用強化學習演算法（如 Q-learning 或 SARSA）來訓練這個模型，讓它在類比環境中駕駛車輛，並從獲得的獎勵中學習。訓練過程中，模型將不斷進行學習，並更新其行為策略，以適應不同的駕駛情境。最終，當訓練完成後，我們就可以使用這個模型來控制自駕車在城市街道上安全行駛。

以下是是強化學習的操作流程：

1. 定義獎勵函數。
2. 建立學習模型：將 [感測器資料] 輸入 [模型] 後，模型會推薦一個 [動作]。
3. 使用強化學習訓練模型：AI 執行步驟 2 的 [動作]，環境會給予 [獎勵]，用來更新模型參數。
4. 重複步驟 2 和 3，直到模型表現良好。

動手操作

透過在 Google 搜尋輸入「reinforcement learning playground maze」就可以找到這個網頁[3]，如下圖：

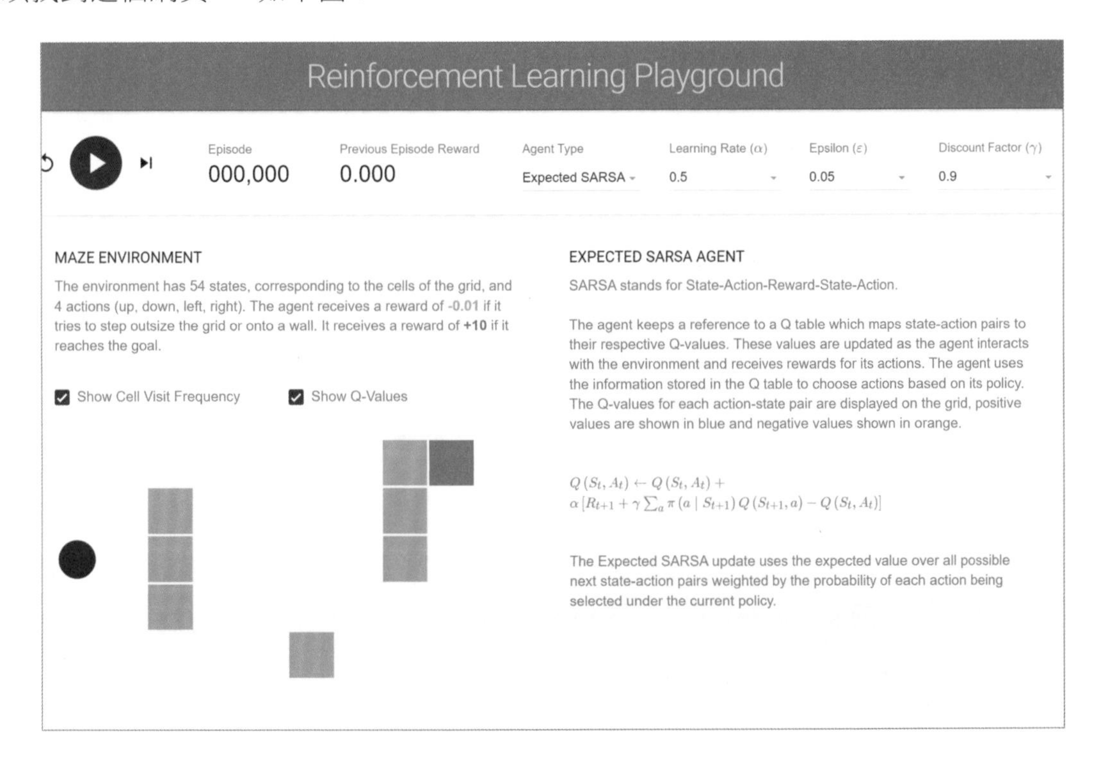

3 https://www.naftaliharris.com/blog/visualizing-k-means-clustering/

在網頁中，我們可以看到一個 6×9=54 格的迷宮環境，黃色代表牆體，藍色代表終點，黑色圓圈代表 AI，AI 在每格都可以執行「上、下、左、右」四個移動動作。AI 對環境一無所知，也沒有地圖，AI 的目標就是：要學會怎麼由出發點經過最少的格子走到終點。為了達成這個目的，我們設計了獎勵：若 AI 走到牆體的格子或是走到 6×9 的格子之外，就得到 -0.01 分的獎勵；若 AI 走到終點，就得到 10 分。

接著，我們按下左上角的播放鍵，AI 就開始從跌跌撞撞中學習。我們可以看到在過程中，AI 有時候會運氣好走到終點，有時候則停在中間左右上下擺動，學習的速度非常的慢。因此，建議持續點擊「播放鍵」右方的「快轉鍵」，每點一次，Episode 數值就會加一。等到看到 AI 能順利從起點直接走捷徑到終點（此時 Episode 已經超過 100），沒有一絲耽誤，這就表示 AI 學會了在這個迷宮中，如何以經過最少的格數，由起點走到終點。

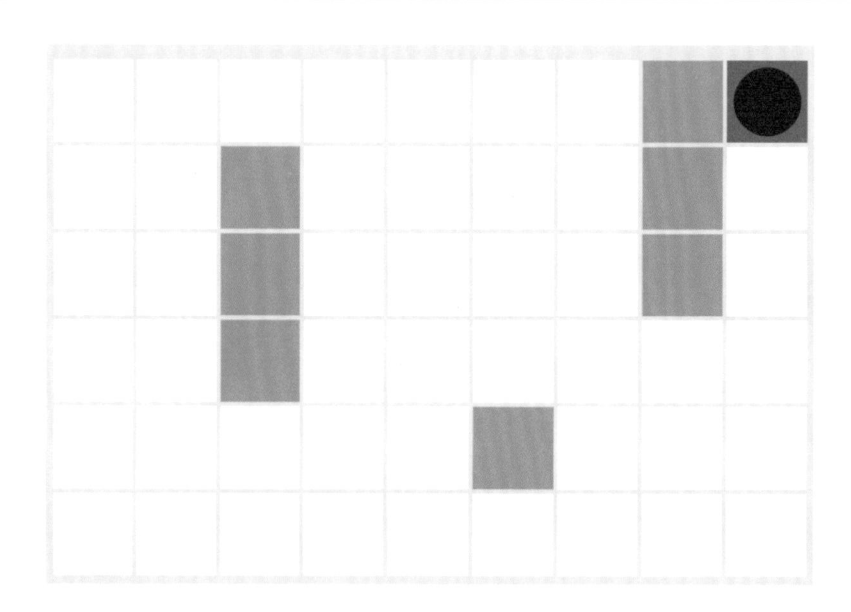

透過這個例子，我們再介紹關於強化學習的一些專有名詞：

Episode

就是 AI 完成一個回合。完成的條件通常是達成任務，或是 AI 達到出局的條件（例如：失分過多、耗時過久等等）。在這個例子中，一個 Episode 就是走到終點一次。

Agent

這裡的 Agent 指的是那隻正在迷宮裡學習的 AI，代表由 AI 驅動，具有智慧的個體。臺灣通常譯為「代理人」；而在簡中環境內，通常譯為「智能體」。拉下

Agent Type 選單，我們看到有三種可以選：Expected SARSA、Q-Learning、Dyna-Q。每一種都是一種強化學習演算法，有興趣的讀者可以自行去查詢演算法的定義。

以下是這例子的超參數：

epsilon (ε)，探索率

人類在決策時，通常有兩種選擇：一種是根據經驗選擇預計獎勵最高的動作；另一種是隨機選擇任何一個動作，其實 AI（Agent）也是一樣。ε 就是對應到選擇隨機動作的機率，又稱之為探索率，1-ε 則是對應到選擇預計獎勵最高動作的機率。如果 ε 很高，表示這個 AI 有較高的機率探索已知最好選擇之外的其他選擇。在訓練過程中，當 AI 已經在整個空間中探索夠久後，我們就可以將 ε 降低。

learning rate (α)，學習率

是指 AI 更新值時，新資訊影響的程度。α 為 0，代表新資訊完全沒造成影響，新值依舊等於原值；α 接近 1，代表新值幾乎全部由新資訊所決定。

discount factor (γ)，折扣因子

γ 代表 AI 對未來獎勵的重視程度。γ 為 0，代表 AI 會努力最大化目前的獎勵（比較短視）；而 γ 接近 1，則代表 AI 會根據長期獎勵來做決策。

2.3 機器學習的應用

隨著數位轉型被引進各種行業及領域，這些大量累積的數據對決策結果有莫大的幫助與影響，因此，機器學習已被廣泛地應用在各行各業與各方領域。以下描述一些機器學習在特定行業上的應用案例。

健康照護

機器學習演算法可以分析大量患者資料，找出人類分析師可能看不出的模式，這有助於醫生做出更準確的診斷和治療建議。在第五章中，我們將對這方面的應用做更深入的介紹。

金融市場

機器學習可用於即時識別欺詐交易，讓金融機構能立即採取行動防止經濟損失。它還可以用於評估信用風險，幫助貸款機構更好地瞭解、掌握哪些申請人可以獲得貸款。

零售管理

機器學習可用於「客戶個性化」，輔助零售商了解客戶興趣，進而提高銷售額及留存客戶忠誠度。它還可以用於優化定價和庫存管理，使零售商能更好地滿足客戶的需求。

運輸系統

機器學習可用於優化送貨卡車的路線，降低燃料消耗和交貨時間。它還可以用於預測車輛的維護需求，幫助運輸公司減少停機時間並節省費用。

設備製造

機器學習可用於優化生產流程，提高運作效率並減少浪費。它還可以用於預測設備故障，讓製造商能提前防範、採取預防措施以避免生產中斷。

農業技術

機器學習可用於優化灌溉系統，節約水資源並提高農作物產量。它也可以用於識別農作物中的害蟲和疾病，使農民能夠及時採取行動防止損害。機器學習還可以用來分析空拍機照片中，農作物的植株數。AI CUP 2021「水稻無人機全彩影像植株位置自動標註與應用」就是這樣的競賽，讀者若有興趣可以跟 AI CUP 計畫辦公室索取資料集與實作教學課程，實際體驗建置這種機器學習模型的過程。

精進教育

機器學習可用於個性化學習體驗，分析學生的個人優勢和劣勢以供參考。它還可以用於預測學術成功，讓教育工作者能夠為那些可能落後的學生提供具體性的幫助。

自然語言處理

機器學習可用於理解和解釋人類語言，為虛擬助手和語言翻譯系統的開發提供了強而有力的支援。這有助於提高全球人群的交流和獲取資訊的能力，攜手開創出一個嶄新的地球村時代。

2.4 機器學習的發展趨勢

近年來，機器學習領域出現了許多令人振奮的發展。我們應該知道關鍵趨勢包括有：

深度學習（Deep learning）

這是一個機器學習的次領域，著重使用多層神經網路來學習複雜的資料模式。在多種任務上，深度學習已經實現最先進的性能，例如圖像和語音辨識、自然語言處理，甚至遊戲。我們將在第三章進一步探討。

轉移學習（Transfer learning）

這是一個可以使用大量資料訓練的模型在具體任務中進行微調，而它所需要的資料量不用太多即可表現良好的過程。例如，如果我們有一個訓練好的圖像分類模型，它可以辨識不同類型的動物。我們可以使用這個模型的權重作為初始權重，然後訓練一個新的模型來辨識不同類型的植物。由於我們使用了預先訓練好的權重作為初始權重，新模型將會更快地收斂，並且在訓練資料較少的情況下也能取得較好的性能。

自監督式學習（Self-supervised learning）

自監督式學習是一種機器學習，AI 由沒有標註的輸入資料中學習並找到模式或關係，才能進行預測或其他任務。例如，我們可以給 AI 一個句子如：

```
The cat sat on the [MASK]
```

我們請 AI 猜測位於 [MASK] 的字，如果 AI 猜對，模型的參數就不需要調整；相反的話，模型的參數就需要調整。因為世界上有數不清的句子，用億萬的句子去訓練 AI，AI 就可以將模型的參數調整到能精準地理解語言。

少資料學習（Few-shot learning）

這是一種機器學習方法，它讓模型在只有少量訓練資料的情況下依然能夠學習和推斷。這種方法適用於資料量有限的問題，例如需要辨識新類別的圖像辨識。例如，假設我們有一個圖像辨識模型，需要辨識一組新的動物類別，我們只有少量的動物圖像訓練資料。透過少資料學習，模型可以利用過去學習的知識，將這些少量的訓練資料和過去學習的知識結合，來辨識這些新的動物類別。

元學習（Meta-learning）

這是一種機器學習方法，它讓模型能夠從之前的學習經驗中學習如何學習，進而更快地適應新的任務。例如，假設我們有一個元學習模型，它在訓練過程中不斷學習如何解決不同的圖像分類任務，並且可以利用這些經驗來加速解決新的圖像分類任務的過程。

可解釋的人工智慧（Explainable AI，XAI）

越來越多人重視、研發可以被更多人理解、透明的機器學習模型，以方便大家更容易瞭解它們是如何做出決策的。這對於各式各樣的應用程式（如醫學診斷和金融欺詐偵測）都很重要，因為在這些應用程式中，瞭解模型預測背後的原因是非常重要的。例如，一個利用機器學習來預測病人某種疾病可能性的醫療診斷系統就是最佳的 XAI 的例子，系統不僅可以提供診斷結果，還可以解釋其原因，如導致診斷的具體症狀和測試結果，以及呈現預測的信心水準。這可以幫助醫生和病人理解和信任診斷決策，並發現系統中的任何潛在錯誤或不一致。

對抗性（Adversarial）案例和強固性（Robustness）

對抗性案例（Adversarial examples）指的是 AI 系統對某些特別設計的輸入資料產生錯誤輸出的情況。這些輸入資料通常是對正常輸入資料做了微小的修改，但對系統的預測卻產生了重大的影響。強固性（Robustness）則是指系統對於對抗性案例的抵抗能力。一個具有較高的強固性的系統，在面對對抗性案例時能夠保持較高的準確性和穩定性。例如，一個圖像辨識系統可能誤認一張帶有微小雜訊照片中的狗是鴕鳥（如下圖）。如果這個系統具有較高的強固性，它應該能夠抵抗這種對抗性案例，並繼續正確地辨識圖片。研究人員發現，機器學習模型可能很容易受到對抗性案例的影響，這些案例的目的是誤導模型，這導致人們開始注重研發更強固的模型，使其更不容易受到這些攻擊的影響。

+
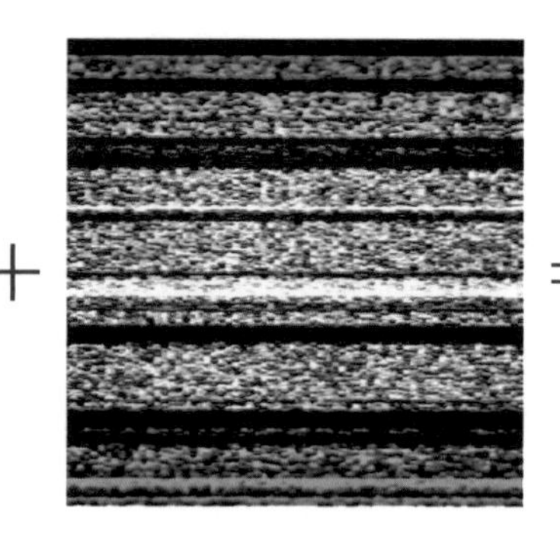
=

CHAPTER

3 深度學習

深度學習是機器學習的一個次領域。機器受到人類大腦結構和功能的啟發，尤其是人類大腦中神經網路的運作方式，促使它能夠透過大量資料集來訓練神經網路，讓神經網路能夠自主學習並做出有智慧的決策。在各種不同領域中，深度學習都取得了領先的成果，包括圖像和語音辨識、自然語言處理，甚至是自動玩遊戲。本章我們將深入探討深度學習的基本知識，以及它如何被運用在解決複雜的問題。

為了幫助沒有深度學習操作經驗的讀者易於理解，後文描述時，我們多採取下圖的架構來說明：執行任務的智慧體統稱為 AI，AI 所依據的神經網路架構稱為神經網路或網路，由訓練得到神經網路的參數資料稱為模型。AI 在進行推理時需要透過神經網路，而神經網路運作時需要載入模型中的參數資料。

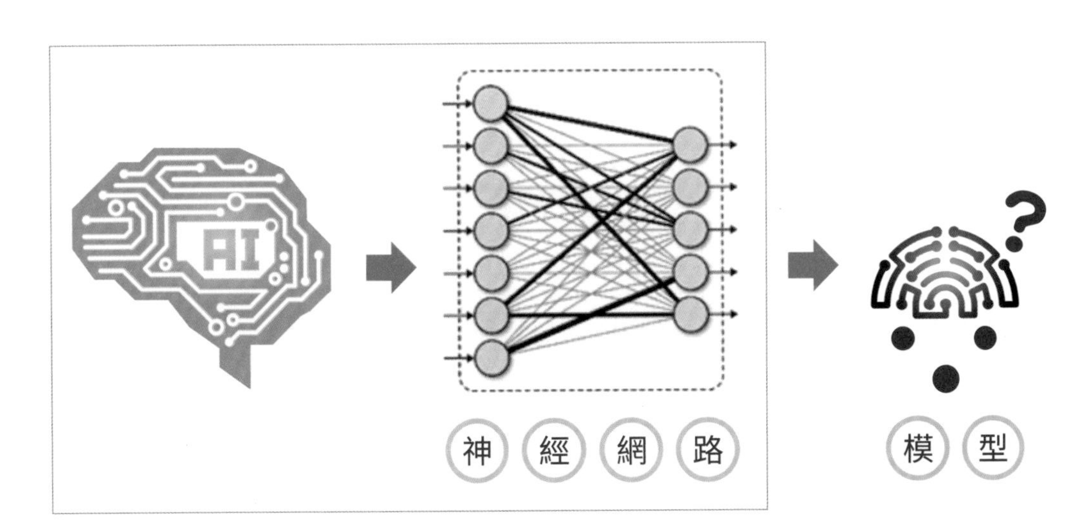

3.1 深度學習的基礎知識（Loss function）

深度學習 AI 可以看成是一個黑箱子。與機器學習一樣，深度學習 AI 的運作可以分成訓練階段及測試階段（或稱推論階段、使用階段），不論是訓練階段或是測試階段，它都必須接受一筆資料實例做為輸入，然後會輸出該筆資料實例對應的標籤。例如，我們可以輸入一張圖，經過 AI 的網路，它就會輸出圖的標籤（標籤的類別必須事先定義好）。在訓練階段，AI 尚未成熟，因此輸出的標籤機率分布會與真正的標籤機率分布做比對，以損失函數（Loss function）計算出這次預測的損失，用來反饋、修正神經網路內部的權重。在測試階段，我們則是會直接採用 AI 預測的結果，並不會去計算損失。

損失函數（Loss function）是在機器學習中用來評估「預測結果」與「實際結果」之間的差距的函數。而訓練 AI 過程中的目標是最小化損失函數的值。

各種任務有其適合的損失函數，因此，AI 設計者必須做出選擇。例如，假設我們要訓練一個線性迴歸 AI 以預測房屋價格。在訓練過程中，我們可以使用均方誤差（Mean Squared Error，MSE）作為損失函數，它可以幫助我們評估預測值與實際值之間的差距。此外，還有許多其他的損失函數，例如，交叉熵（Cross-entropy）損失函數常用於分類問題。接著我們就用交叉熵來舉例說明 AI 如何計算一次分類預測的損失，計算交叉熵損失函數必須用到「預測的各類別的機率」和「實際類別的機率」。

例如，假設我們有一個圖像分類模型，預測一張圖片是狗的機率是 0.8，是貓的機率是 0.2，但實際上這張圖片是狗。我們可以計算交叉熵損失函數：

$$-loss = -(y \times log(p)) + (1 - y) \times log(1 - p)$$

y = 1 代表實際類別是狗，p = 0.8 代表模型預測這張圖片是狗的機率為 0.8。

$$\begin{aligned} -loss &= -(1 \times log(0.8)) + (1 - 1) \times log(1 - 0.8) \\ &= -(0.22314) = 0.22314 \end{aligned}$$

這就是這次圖片預測的交叉熵損失函數值。

深度學習的資料實例表現形式

為了由淺入深，我們前面並沒有提到精確的輸入資料形式。實際上，在深度學習中，資料實例通常以數值陣列的形式表現，稱為「向量」。這些向量會被輸入神經網路，該網路由互相連接的節點層組成，稱為「神經元」。

每一層的神經網路都會處理輸入的資料，並將這些資料傳遞到下一層，直到最終層產生輸出預測（如下圖）。輸入和輸出層之間的層稱為隱藏層，因為它們的內部工作是用戶不可見的。下圖左方的是最簡單的神經網路，共有三層；超過三層以上的就稱為深度神經網路（如下圖右）。目前，深度學習所指的就是 AI 透過訓練過程，學會深度神經網路中的所有權重。

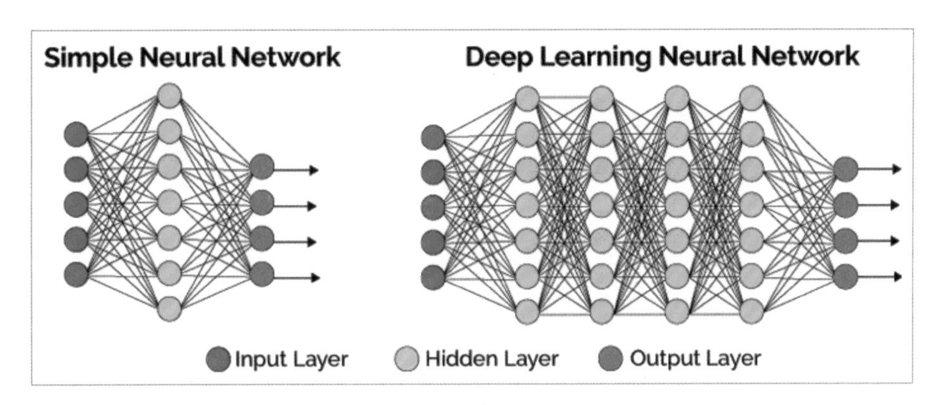

圖片來源：https://towardsdatascience.com/mnist-vs-mnist-how-i-was-able-to-speed-up-my-deep-learning-11c0787e6935

深度學習的訓練過程

如同前面所述，AI 設計者必須針對不同任務，挑選損失函數與優化算法。損失函數用來衡量 AI 在訓練資料上的表現，而優化算法則可調整 AI 使用的神經網路中的權重與偏差，以最小化損失。

開始訓練 AI 後，我們將訓練資料批次輸入，並使用損失函數計算損失。然後，再使用優化算法調整權重和偏差，以減少損失。此過程重複進行多次，AI 不斷學習並改善其對訓練資料的預測。

等到訓練完成，我們就可以在另一個測試資料集上評估 AI 的性能，以查看它對新資料的泛化能力如何。如果表現良好，我們就可以使用它來預測新的資料實例。

深度學習的主要優點是能對資料中的複雜模式進行學習與建模，這要歸功於神經網路的多層次結構。每一層都能夠擷取資料裡越來越抽象的特徵，使 AI 能夠做出更精確的預測。

總之，訓練深度學習 AI 的過程包括將資料以向量表現，針對各種任務選擇適當的損失函數和優化算法，並在訓練資料上迭代調整神經網路的權重和偏差，以最小化損失，這使得 AI 能夠自主學習並做出最理想的決策。

案例：圖像分類

假設我們想訓練一個深度學習 AI 來將狗和貓的圖像分類。首先，我們必須輸入狗和貓的圖像資料實例，用來表示向量。模型則是設定有兩個輸出類：「狗」和「貓」。接著，我們開始使用狗和貓的圖像資料集訓練 AI，其中每個圖像都被標記為「狗」或「貓」。假設 AI 能接受的圖片最大尺寸為 7×7（如下圖），攤平後成為一個 49×1 的向量，也就是輸入層將有 49 個節點；中間可以有任意數量的隱藏層，每一層都可以有任意個節點；輸出層則有兩個節點，分別對應到狗與貓。訓練的過程中，AI 將學習把圖像中的某些特徵與相應的標籤作出聯結。例如，模型可能會學到長耳朵和蓬鬆的尾巴是貓的特徵，而短鼻子和尖耳朵是狗的特徵。

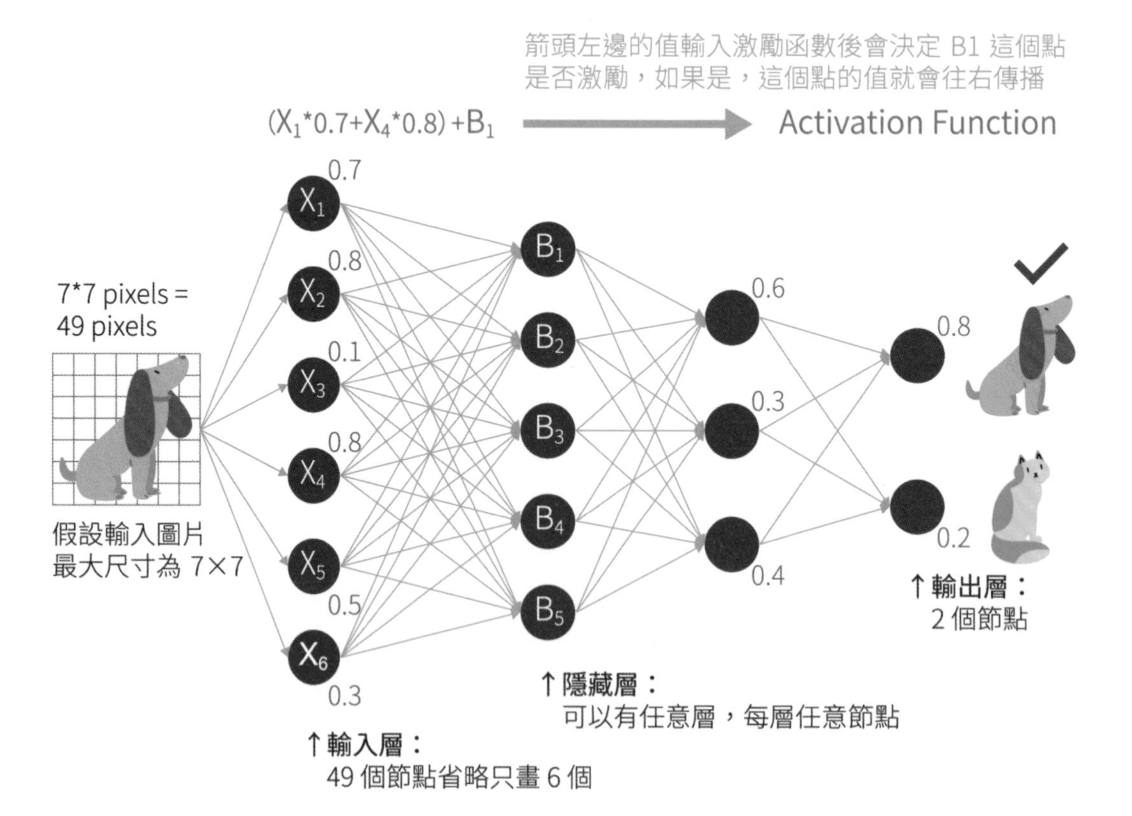

3.2 深度學習的基本神經網路類型

前饋神經網路（Feedforward Neural Network，FNN）

前一節已經用某種神經網路來解釋深度學習的過程。事實上，這種神經網路稱為前饋神經網路（Feedforward Neural Network，FNN）。它包括了輸入層（input layer），一個或多個隱藏層（hidden layer）和輸出層（output layer）。輸入層接收輸入資料，隱藏層處理資料，輸出層產生最終輸出。

在傳統的 FNN 中，資訊只能從輸入層流向隱藏層，最終導向輸出層。因為沒有循環或回溯的連接，所以資訊無法流向相反的方向。

隱藏層及輸出層中的資訊處理是透過在訓練過程中學到的權重（weight）和偏差（bias）來完成的。權重用於縮放輸入資訊，偏差用於移動資訊，兩者合力將輸入資訊轉換為適合當下執行的任務。轉換之後，還需套用激勵函數（activation function）[1]，將轉換結果映射至 0 到 1 之間的區間。

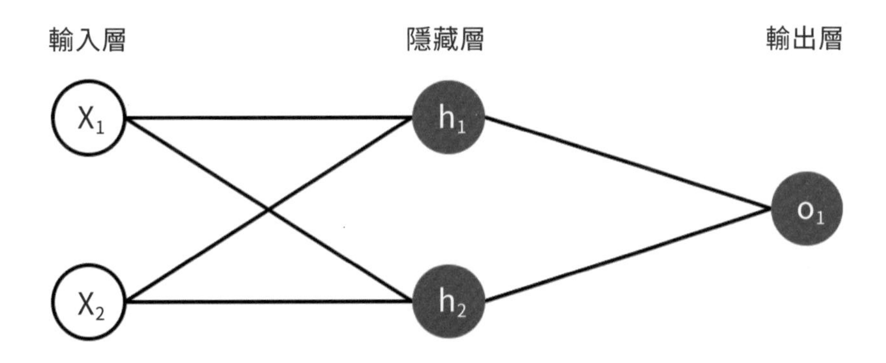

讓我們以一個簡單的例子來說明 FNN 如何計算結果。我們有一個健康資料集，每筆資料有三個值：身高、體重、是否過重。我們想要利用這個健康資料集訓練一個基於 FNN 的 AI：輸入身高體重值，就能判斷此人是否過重。因此，輸入為二維向量，x_1 對應到身高，x_2 對應到體重。我們可以針對原始資料中的是否過重欄位值進行修改，「是」改為 1，「否」改為 0。假設對於每個節點，訓練中學習到的輸入層連接到隱藏層之權重（(x_1, h_1) 表示 x_1 連到 h_1 的權重）（如下表）：

1 激勵函數（activation function）將輸入值映射至 0 到 1 之間的區間。常見的 activation function 有 tanh、ReLU、sigmoid 等等。

	h_1(偏差 0.2)	h_2(偏差 0.1)
x_1	0.4	0.7
x_2	0.6	0.3

我們有：

$$h_1 = activation(0.4 \times x_1 + 0.6 \times x_2 + 0.2)$$
$$h_2 = activation(0.7 \times x_1 + 0.3 \times x_2 + 0.1)$$

而隱藏層連結到輸出層之權重（如下表）：

	o_1(偏差 0.15)
h_1	0.8
h_2	0.2

我們有：

$$o_1 = activation(0.8 \times h_1 + 0.2 * h_2 + 0.15)$$

不論輸入值是多少，激勵函數都可以將輸入映射至 0 與 1 之間的區間。因此，若最終 $0.8 \times h_1 + 0.2 \times h_2 + 0.15$ 代入激勵函數的輸出值大於等於某個閥值，我們就可以說神經網路分類的結果為：此人過重。我們也可以更改 FNN，將輸出層改為兩個節點，節點 o_1 代表過重，o_2 代表未過重。如果 o_1 的值比 o_2 大，代表分類的結果為此人過重，反之則為此人未過重。

卷積神經網路（Convolutional Neural Network，CNN）

由 FNN 處理圖像的例子，您可能會發現它的輸入層與圖像的像素數相等。如果一張 1000×500 的圖像，輸入層就會有高達 500,000 個節點。假設第一個隱藏層有 1000 個節點，光是輸入層到第一個隱藏層的權重參數就高達 500000×1000 這麼多！ AI 要學習的參數數量過於龐大，也代表訓練用的資料與訓練用的運算資源都需要非常龐大，這使得 FNN 幾乎無法直接應用。而且，一張圖像裡面，有許多相似的地方。例如，這裡有一張狗的圖像（如下圖左），將圖像放到最大（如下圖右），可以發現狗臉上的毛細孔由左到右重複出現。因此，像 FNN 這樣把每個像素都當作是一個不同的單元，對應到一個權重讓 AI 去學習，實在是太奢侈了！

卷積神經網路（Convolutional Neural Network，CNN）就是用來解決 FNN 在圖像上應用不易的問題。由於它是一種專門用於處理具有網格狀資料的神經網路，因此特別適用於圖像相關的任務，因為它可以學習辨識圖像中的模式和特徵。

CNN 的推論過程包括將輸入圖像經過一系列層，每層都使用一組學習過的權重矩陣，稱為濾波器（filter），對輸入的圖像進行運算。filter 由一到多個 kernel 組成。舉例來說，如果圖像是灰階，因為只有一個頻道，所以一個 filter 就只有一個 kernel；如果圖像是彩色，有 RGB 三個頻道，一個 filter 就會有三個 kernel。而每個 kernel 都是在訓練過程中學習出來的，在訓練的過程裡，將一組訓練圖像輸入 CNN 中，AI 對 CNN 中的權重進行調整，使得 CNN 能夠對圖像進行正確的分類。同時，filter 下所屬的每個 kernel 也會不斷地被調整，以檢測出圖像中最重要的特徵。

接下來，我們用一個例子來介紹在「圖像分類任務」中，AI 怎樣使用 CNN 進行推論。假定輸入圖像尺寸統一為 6×6，格式為灰階單頻道，此次輸入的圖像（如下圖左），0、1 分別表示該像素為黑、白；我們要辨識該圖像是否含有「尖角向左三角形」這個特徵。假定透過訓練資料，AI 已經學出了一個 3×3 的 kernel（如下圖右）。此時，因為一個 filter 只含有一個 kernel，所以 filter 就等於 kernel。

在計算卷積時，由輸入圖像的左上角（1,1）開始，將 kernel 疊上去，並計算 kernel 和輸入圖像之間的元素乘積。元素乘積的算法就是同位置的元素相乘，再整個加總起來。於是我們有：

$$0(-1) + 0(-1) + 1(1) + 0(-1) + 1(1) + 1(1) + 0(-1) + 0(-1) + 1(1) = 4$$

0	0	1	0	0	1
0	1	1	0	1	0
0	0	1	1	0	0
0	0	1	0	1	0
0	1	1	0	1	0
0	0	1	0	1	0

-1	-1	1
-1	1	1
-1	-1	1

接著，根據設定的平移數（stride），假定為 1，往右移動到（1,2），將 kernel 疊上去，並計算 kernel 和輸入圖像之間的元素乘積。於是我們有：

$$0(-1) + 1(-1) + 0(1) + 1(-1) + 1(1) + 0(1) + 0(-1) + 1(-1) + 1(1) = -1$$

0	0	1	0	0	1
0	1	1	0	1	0
0	0	1	1	0	0
0	0	1	0	1	0
0	1	1	0	1	0
0	0	1	0	1	0

-1	-1	1
-1	1	1
-1	-1	1

這樣依序往右移動到（1,4），就完成了第一列的計算，分別得到 4、-1、-3、1 四個值。我們可以用同樣的方式計算第 2-4 列，按照列數由上往下擺放，最後會得到一個矩陣（如下圖）。

4	-1	-3	1
2	-1	0	-3
2	-1	-2	-1
4	-2	0	-1

我們稱這個矩陣為 feature map，表示 kernel 在輸入圖像的每個位置的反應。您是不是有發現，6×6 的圖中，(1,1) 與 (4,1) 為左上角的 3×3 區域，出現了 kernel 所設定的尖角向左三角形特徵呢？

因為這個 feature map 還是太大，所以我們要採用池化（pooling）來減低它的大小。最常採用的池化方式就是最大池化（max pooling）。假設我們採用 2×2 為 pooling 的尺寸，於是上面的 feature map 就會變成四個子區域（以粉紅色標示，如下圖左）。四個子區域分別選出自己的最大值做為代表，得到的結果如下圖右：

4	-1	-3	1
2	-1	0	-3
2	-1	-2	-1
4	-2	0	-1

4	1
4	0

到目前為止，透過卷積與池化，我們已經將輸入圖像的尺寸由 6×6 縮小到 2×2（如下圖）。因為 2×2 已經夠小，我們就可以把 2x2 的矩陣攤平成為 4×1 的向量，接著連結前面介紹的 FNN，如同前面所述，這個 FNN 由一連串全連接層所構成，就可以推算出圖像屬於各類別的機率分布（例如，「有尖角」與「無尖角」），機率最高的類別將是 CNN 做出的最終預測。在下圖中，我們假定 CNN 預測圖像為有尖角與無尖角的機率依序是 0.7 與 0.3，因此這次預測的結果就是「有尖角」。

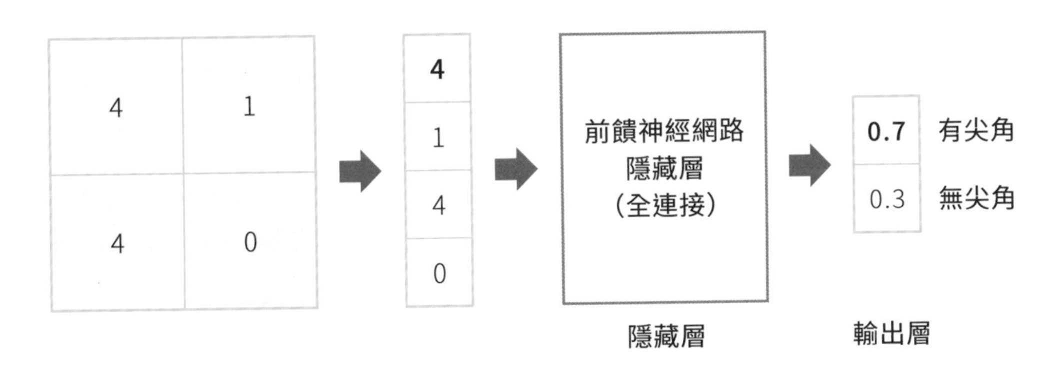

接著我們來比較用 CNN 可以比 FNN 節省多少參數。若 FNN 與 CNN 在特徵擷取後，同樣為含有 3 個節點的隱藏層，使用 FNN，輸入層連結到隱藏層的權重數量是 (6×6)×3 = 108；但使用 CNN，輸入層連結到隱藏層的權重數量是 (2×2)×3 = 12，僅為 FNN 的 1/9。由此可以印證 CNN 確實可以大幅減少神經網路的參數量。

循環神經網路（Recurrent Neural Network, RNN）

循環神經網路（RNN）是一種特殊的神經網路架構，它能夠處理時間序列的資料。RNN 透過循環計算，將「前一狀態（h_{t-1}）」與「當前輸入（x_t）」結合來預測「當前狀態（h_t）」與「當前輸出（o_t）」（如下圖）。這種循環計算的方式使得 RNN 能夠捕捉到時間序列數據中的長期依賴關係。[2]

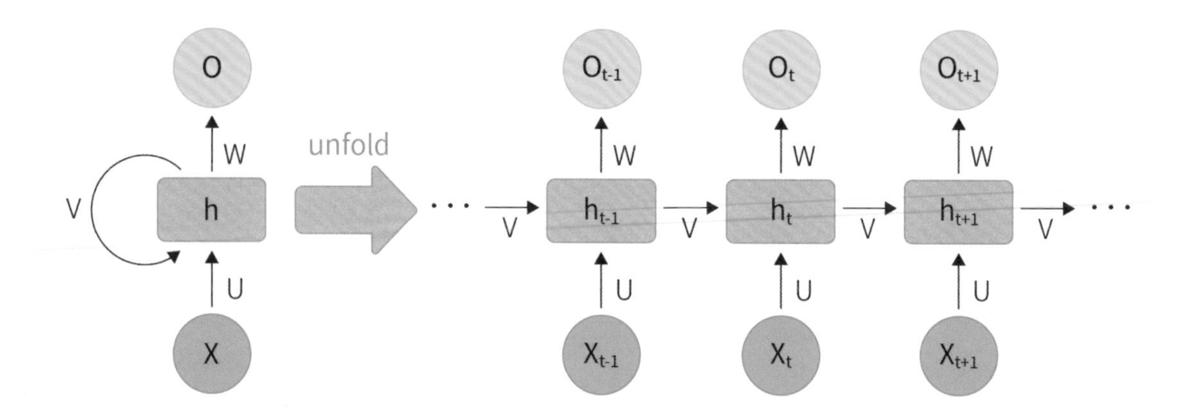

RNN 可以用於各種應用領域，如文本分析、語音識別、影像識別、時間序列分析等。現在我們來看一個 RNN 應用的例子：假設我們想建構一個股票預測的模型，能利用過去 30 天的股價資料來預測明天的股價。這時我們可以使用循環神經網絡（RNN）來實現。

首先，我們先將過去 30 天的股價資料輸入到 RNN 中，每一天的股價資料都是一個輸入。在 RNN 中，每一個輸入都會經過一個循環計算，將過去的狀態與當前的輸入結合，並且產生一個隱藏狀態。這個隱藏狀態就是 RNN 用來記錄過去輸入的資訊，並且將這些資訊用於預測當前的輸出。

在最後一天的輸入循環計算完成後，RNN 會產生一個最終的隱藏狀態，這個狀態就包含了過去 30 天所有股價資料的資訊。我們可以利用這個狀態來預測明天的股價。

雖然 RNN 有記憶能力，但實際上無法完全記得過去輸入的資訊，因此當同樣擅長處理序列的 Transformer 網路出現後，RNN 逐漸被取代。

2　具體的計算方式是：

$\sigma(U \cdot x_t + V \cdot h_{t-1}) = h_t$

σ 為 tanh 或 ReLU 函數

softmax($W \cdot h_t$)=o_t，softmax 是一種將輸入向量正規化為每個維度總和為 1 的函數。

3.3 深度學習的新範式：預訓練—訓練

我們人類在學習一項進階的任務時，一定要先學習過基礎的任務，具有先備知識。例如，在上大學學習微積分之前，一定要在 K-12 教育中學習過各式各樣的基礎運算。同樣地，AI 在學習一項任務時，也必須先學習基礎的任務。這樣可以減少訓練 AI 所需的資料量，也就是減少訓練時所耗費的運算資源。其次，當 AI 應用到特定領域時，收集基礎任務的標註資料較為簡單，但特定領域的標註資料通常很難收集，所以如果能用較少的資料訓練出 AI，就可以增加 AI 在該領域成功落地的機會。這就是預訓練非常重要的原因。

我們將訓練 AI 做基礎的任務稱為「預訓練」，是為了區分訓練 AI 做我們真正要它做的任務。更正式的說法是：預訓練是在大型資料集上訓練深度學習 AI 的過程，目的是將所學習的特徵轉移到下游任務。這是通過在與下游任務相關但仍然不同的任務上訓練 AI 來實現的。例如，AI 可能會在大型圖像資料集上進行預訓練，目的是將所學習的特徵轉移到物件辨識的下游任務。這樣的預訓練方式可以減少訓練 AI 所需的標註資料量，也可以提高模型的效能。

預訓練的好處有兩個。第一，預訓練允許 AI 從大型資料集中學習有用的特徵，這有益於下游的任務。特別是當下游資料集較少時，AI 可以使用預訓練的特徵作為堅實的起點。第二，預訓練可以幫助減少下游任務所需的訓練數據量，因為 AI 已經從預訓練過程中學到了一些有用的特徵。

在預訓練之後，我們會用較小的資料集對 AI 進行微調，讓它能更好地適應下游任務的需求。換句話說，就是調整 AI 所使用的神經網路結構或是加入任務特定的層，目的是藉由預訓練的結果作為基礎，更進一步的提升 AI 在下游任務上的表現。

接著我們以文本情感分析為例，來說明預訓練 —— 微調範式。

假設我們有一大堆文本資料，而我們想要建立一個深度學習 AI，這 AI 能夠對文本情感進行分類，把文本分為正面、負面或是中立。首先，我們可以先針對一大堆文本資料，例如：以網路爬蟲（web crawler）所得的文字資料進行預訓練，在這個過程中，AI 會學習如何從文本中提取特徵，如字嵌入和語法。

一旦預訓練完成，我們就會對文本情感分析任務進行微調，包含 AI 所使用的神經網路中加入文本情感分析任務的層，並使用情感分析資料集繼續訓練 AI。目的是藉由預訓練過程中獲得的知識作為基礎，進一步提升 AI 在情感分析任務上的效能。

接著我們以圖像分類為例，來說明預訓練 —— 微調範式。

假設我們有一大堆動物圖像資料，而我們想要建立一個深度學習 AI，能夠將動物分類成不同的類別，例如貓、狗、鳥等等。我們可以先對一大堆圖像資料進行預訓練，這些資料集不一定是特定動物的圖像，但是仍與其相關。在預訓練過程中，AI 將學習如何從圖像中提取特徵，如邊緣、紋理和形狀。

一旦預訓練完成，我們就會對動物分類任務進行微調，包含在 AI 所使用的神經網路中加入動物分類任務的層，並使用動物分類資料集繼續訓練 AI。目的是藉由預訓練的結果作為基礎，更進一步的提升 AI 在動物分類任務上的表現。

3.4 Transformer 神經網路

轉換器神經網路（Transformer）是一種神經網路架構，於 2017 年的論文〈Attention Is All You Need〉[3] 中發表。這是一種處理序列資料（如自然語言或時間序列）的高效架構。

Transformer 的主要創新點在於使用自我注意機制（self-attention），整體考慮整個輸入序列，並根據任務重要性對序列中不同元素進行加權。例如，在「那隻貓正在追逐牠…」這句中，整個句子是一個序列，每個字就是一個元素；但 Transformer 還會在序列之前放上一個特殊元素 <s>，用來代表序列開頭。

若想要求出句中任一個字 w 的輸出向量，只要將句中每個字的「值向量（Value vector）」，與 w 對各字的「注意力分數（Score）」相乘，加總起來就可以得到。以「牠」為例，下表將「牠」對每個字的注意力列在 Score 欄位，我們可以看到，「牠」對「貓」的注意力分數是最高的 0.35，其次是對「牠」自己的 0.2，第三是對「追」、「逐」的 0.12，將句中每個字的值向量與「牠」對各字的注意力分數相乘，加總起來，就可以得到「牠」的輸出向量。[4]

3　Vaswani, A., Shazeer, N., Parmar, N., Uszkoreit, J., Jones, L., Gomez, A. N., ... & Polosukhin, I. (2017). Attention is all you need. *Advances in neural information processing systems*, 30.

4　這跟傳統的循環神經網路（RNN）不同，RNN 是依序處理輸入序列中的每個元素，將序列到目前為止的歷史資訊記錄在當前狀態中，計算下個狀態時會同時考慮當前狀態與下個輸入，以捕捉元素之間的關聯性。

字	值向量	注意力分數	值向量 x 注意力分數
<s>		0.01	
那		0.02	
隻		0.02	
貓		0.35	
正		0.03	
在		0.03	
追		0.12	
逐		0.12	
牠		0.20	
		Sum：	

在 Transformer 中，輸入序列的每個元素會經過一個嵌入層轉換為向量，以便讓 AI 更容易地學習輸入的特徵並進行處理。然後，該向量經過一系列的自我注意和前饋層，直到最後一層前饋層的輸出，就是 Transformer 的輸出向量（如下圖）。

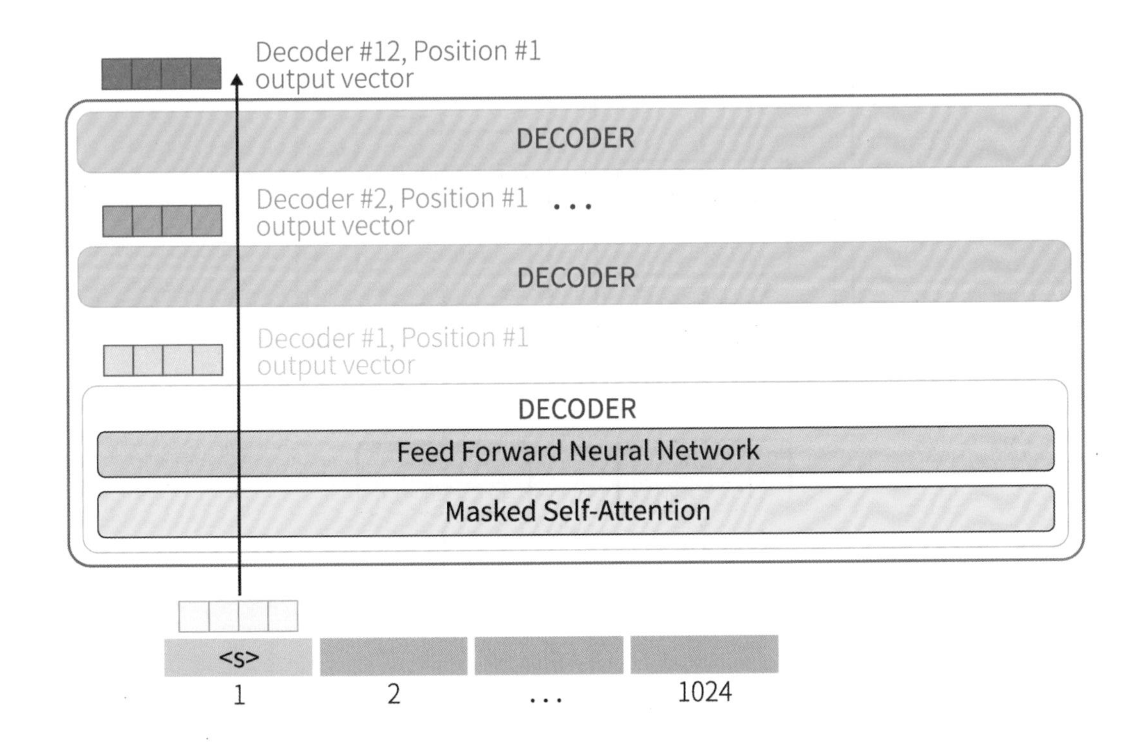

Transformer 的主要優點之一是它可以捕捉「輸入序列」中的「長距離相依關係」，這對於傳統的 RNN 來說是困難的。這是因為有「自我注意機制（self-attention）」能夠一次考慮整個「輸入序列」，而不是逐一處理各個元素，透過狀態來傳遞資訊。Transformer 的另一個優點是它高度平行化，因此可以在大型資料集上訓練並在多核心硬體上部署，這是因為自我注意機制可以用矩陣運算實作出來，並能夠使用 GPU 加速等技術有效平行化。

接著，我們來介紹 Transformer 的架構。Transformer 由編碼器（encoder）（如下圖左）與解碼器（decoder）（如下圖右）兩部分所構成。

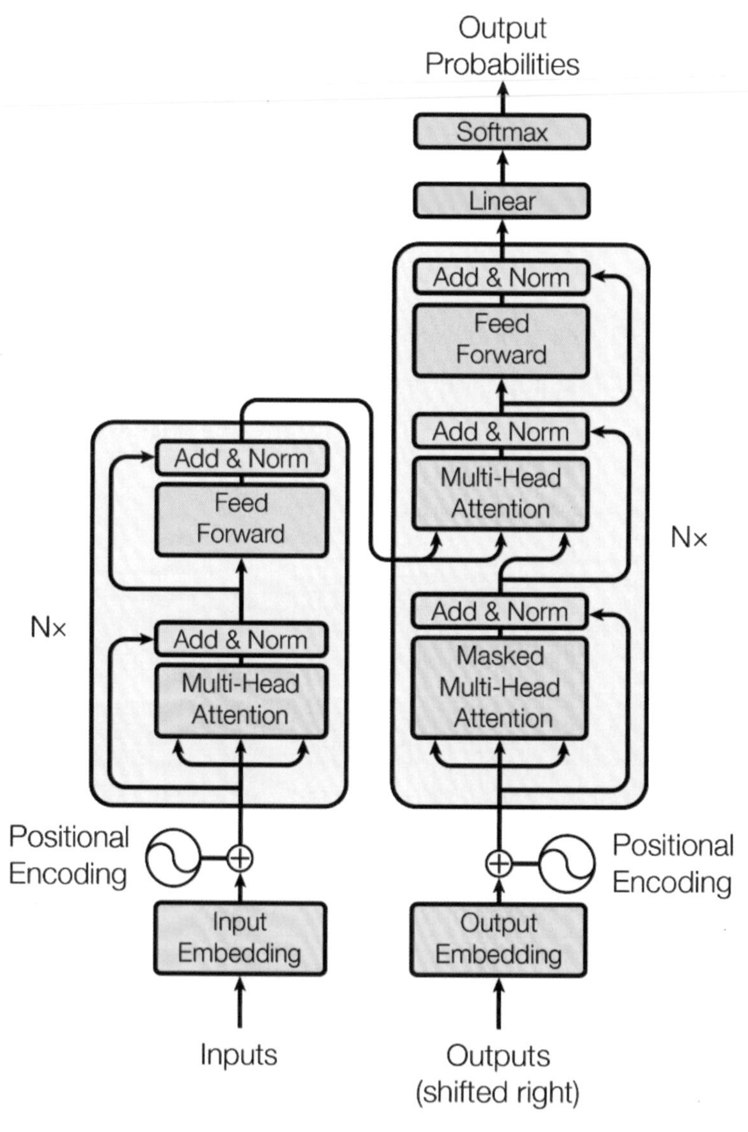

圖片來源：Vaswani, A., Shazeer, N., Parmar, N., Uszkoreit, J., Jones, L., Gomez, A. N., ... & Polosukhin, I. (2017). Attention is all you need. *Advances in neural information processing systems, 30.*

編碼器負責處理輸入序列並將其編碼為解碼器可以使用的向量，以便產生輸出序列。它包括一系列的「自我注意層」和「前饋層」。自我注意層可以讓編碼器同時關注輸入序列的不同元素，所以能捕捉輸入元素之間的長距離相依關係。前饋層則是進一步處理自我注意層的輸出，並產生輸入序列的最終「編碼向量序列」。隨後，這個編碼向量序列被傳遞給解碼器。解碼器也含有自我注意層和前饋層，所以能注意「輸入向量序列」的不同部分，將「輸出序列」的元素由左至右順次生成。

目前，Transformer 在處理順序性資料這一部份，已被證明是最有成效的方法，並且被廣泛應用在各種自然語言處理任務，包括機器翻譯、語言模型、文本摘要、文本生成、和對話生成等等。在這些任務中，Transformer 可以使用自我注意機制來對輸入序列中的不同元素進行加權，並根據任務的目標進行預測或生成。因此，不論是在影像處理、音樂處理、語音處理、生物序列分析等領域，Transformer 都展露了優秀的性能表現。

接著我們用一個例子來說明 Transformer 如何為聊天機器人執行回應生成。假設用戶對機器人說：

Hi how are you

假定我們有一個基於兩層 Transformer 的 AI，它已經在含有大量（輸入，回應）配對的對話資料集上訓練過，我們想用它來為用戶的語句生成回應，以下是 AI 處理輸入並生成回應的步驟：

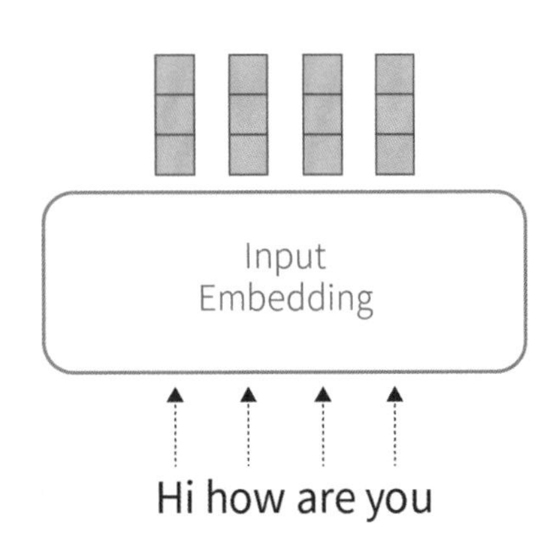

❶ 首先，使用嵌入層將 *Hi how are you* 轉換為 4 個向量構成的序列。

❷ 然後，將 4 個向量傳遞到第一層的編碼器，使用自我注意機制處理這 4 個元素，便會產生第一層的 4 個輸出向量；再把這 4 個輸出向量傳遞給第二層的編碼器，同樣以自我注意機制處理，就會產生第二層的 4 個輸出向量。

參考來源：Michael Phi，https://towardsdatascience.com/illustrated-guide-to-transformers-step-by-step-explanation-f74876522bc0

解碼第一字

1. 使用嵌入層將句首特殊符號 <s> 轉換為向量。
2. 將編碼器的 4 個輸出向量及 <s> 的向量傳遞到第一層解碼器，就會產生 <s> 的第一層輸出向量。
3. 用編碼器的 4 個輸出向量及 <s> 的第一層輸出向量，即產生 <s> 的第二層輸出向量，用它找出最可能的字，就是回應的第一個字，可能是 *I*。

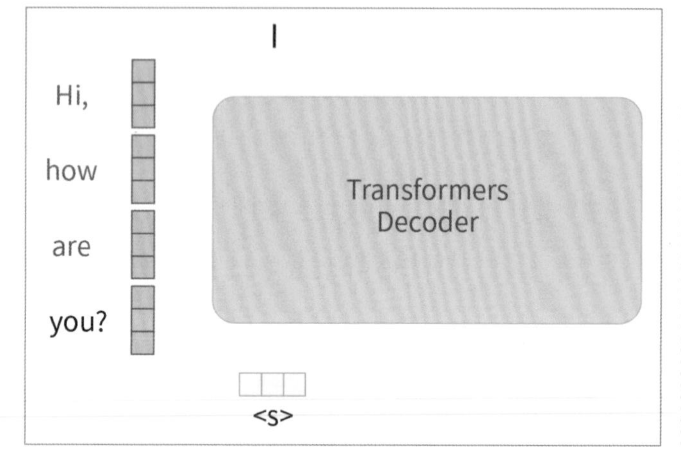

解碼第二字

4. 使用嵌入層將 *I* 轉換為向量。
5. 將編碼器的 4 個輸出向量、<s> 的第一層輸出向量、及 *I* 的向量傳遞到第一層解碼器，會產生 *I* 的第一層輸出向量。
6. 用編碼器的 4 個輸出向量、<s> 的第二層輸出向量、及 *I* 的第一層輸出向量傳遞到第二層解碼器，會產生 *I* 的第二層輸出向量，用它找出最可能的字，就是回應的第二個字，可能是 *am*。

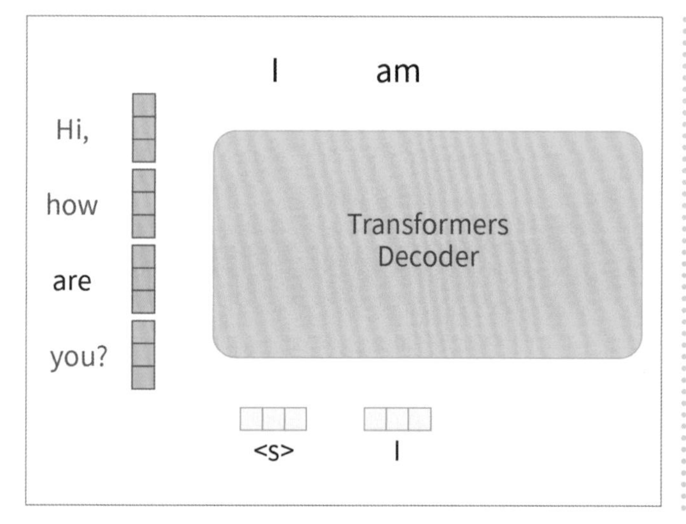

7. 使用嵌入層將 *am* 轉換為向量。
8. 將編碼器的 4 個輸出向量、<s> 與 *I* 的第一層輸出向量、及 *am* 的向量傳遞到第一層解碼器，會產生 *I* 的第一層輸出向量。
9. 用編碼器的 4 個輸出向量、<s> 與 *I* 的第二層輸出向量、及 *am* 的第一層輸出向量傳遞到第二層解碼器，會產生 *I* 的第二層輸出向量，用它找出最可能的字，就是回應的第三個字，可能是 *fine*。

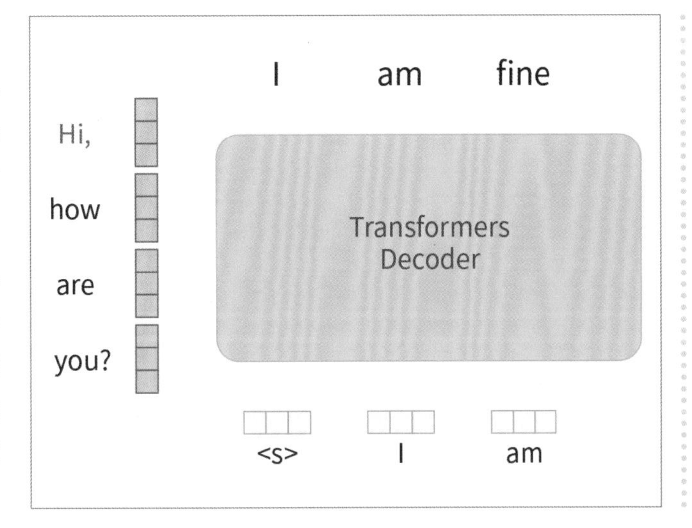

10. 重複**解碼文字**這個動作，直到產生 <end> 這個句尾特殊符號為止。

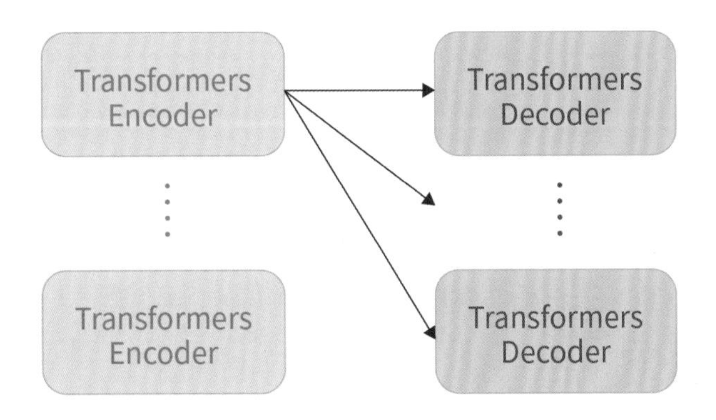

詳讀以上解碼的過程，我們發現解碼文字時，都會用到最後一層編碼器的輸出向量序列，以代表輸入語句的資訊（如上圖）。

實際上，Transformer 運作時的層數遠超過兩層，細節也更為繁瑣，為了方便讀者了解，因此將步驟有所簡化。若要了解細節，可直接閱讀原始論文或公開的程式碼。

3.5 基於編碼器的神經網路（BERT）

BERT（從 Transformer 生成的雙向編碼器表示技術）是一種基於 Transformer 編碼器架構的神經網路架構，並增加額外的層和修改，使其更適合用於自然語言理解任務。BERT 在大型未標註文本資料集上進行訓練，然後可以微調用於特定任務，如文本分類與問答。BERT 使用雙向注意力，這種注意力允許模型在處理輸入時能夠考慮給定單詞左右的上下文，這比傳統的只考慮左邊上文的模型更為強大，因為單詞的意義可能取決於它左右的文本。這對於自然語言理解等任務特別有幫助，因此，BERT 在許多自然語言處理任務上取得了最優異、先進的成果。

BERT 有四種主要使用方式，可以根據目標任務選擇哪種最適合。

- **預訓練**

  BERT 可以在大型未標註文本資料集上進行預訓練，然後微調用於特定任務。

- **特徵擷取**

  BERT 可以從輸入文本中擷取特徵，這些特徵可以被當作另一個獨立模型的輸入來用。

- **微調**

  可在預訓練好的 BERT 上，新增特定任務層，在微調後用於特定任務。

- **轉移學習**

  預先訓練好的 BERT 可以作為新任務上訓練的起點，使 AI 能夠順利使用從預訓練中學到的知識。

總括來說，BERT 已被證明是自然語言處理領域裡重要的神經網路架構之一，它能夠提供有效的文本表達向量，並改善許多任務的性能。然而，要特別注意的是，BERT 需要大量的計算資源和文本才能進行預訓練，所以在某些情況下，比如處理低資源語言，可能無法使用 BERT。此外，BERT 並不是適用於所有任務的解決方案，有時可能會需要使用其他神經網路架構。

BERT 的預訓練方法

BERT 是一個廣泛使用的自然語言處理（NLP）模型，由 Google 開發。BERT 的一個重要特點是使用大量未經標註的文本數據進行預訓練，以學習一般語言的表徵。

在預訓練階段，BERT 被訓練來預測句中的單字。這項任務稱為「遮蔽語言建模」（Masked Language Modeling）。舉例來說，在預訓練過程中，我們會把正常的句子遮蔽一些位置，如下句：

The quick [MASK] fox jumps over the lazy [MASK] .

BERT 必須猜測被遮蔽，也就是 [Mask] 的位置是哪個單字，並根據猜測的「字機率分布」與真實的「字機率分布」去計算出兩者的損失值，用以反饋修正 BERT 的參數。以這種方式學習，BERT 就能學得語句、單字之間的語境關係，並建立對語言結構和意義的理解。

除此之外，我們通常還會採用另一個名為「下一句預測」（Next Sentence Prediction）的任務來預訓練 BERT，也就是給定兩個句子，預測第二句是不是在文章中緊接著第一個句子，這是一個二元分類的問題，答案只有是或否。舉例來說，假設有以下兩個句子：

The quick brown fox jumps over the lazy dog. It barks loudly .

BERT 必須猜測第二句是不是在文章中緊接著第一個句子，並根據猜測的「分類機率分布」與真實的「分類機率分布」，計算出損失，用以反饋修正 BERT 的參數。這任務可以幫助 BERT 了解「句子之間的關係」，以及這句子如何在更長的上下文中相互配合。這對類似問答這樣的任務特別重要，因為 AI 需要了解問題和答案之間的關係，才能提供正確的回應。

綜上所述，我們在大量文本上執行「遮蔽語言建模」和「下一句預測」兩種任務，對 BERT 進行預訓練，讓 BERT 學習豐富且具有語境的語言表達向量。這些向量可以精細調整用於各種 NLP 任務，如問答和情感分析等等。

BERT 能執行的下游任務類型

微調 BERT 指的是將預先訓練好的 BERT 調整適應特定下游任務的過程。方法是在預先訓練好的網路上方增加「特定任務層」，並在「特定任務資料集」上再訓練（如下圖）。例如，當我們在 BERT 之上增加了一層分類器，再將 BERT 對整句的代表 [CLS] 特殊符號編碼所得的向量輸入，則可進行評論分類這個下游任務。

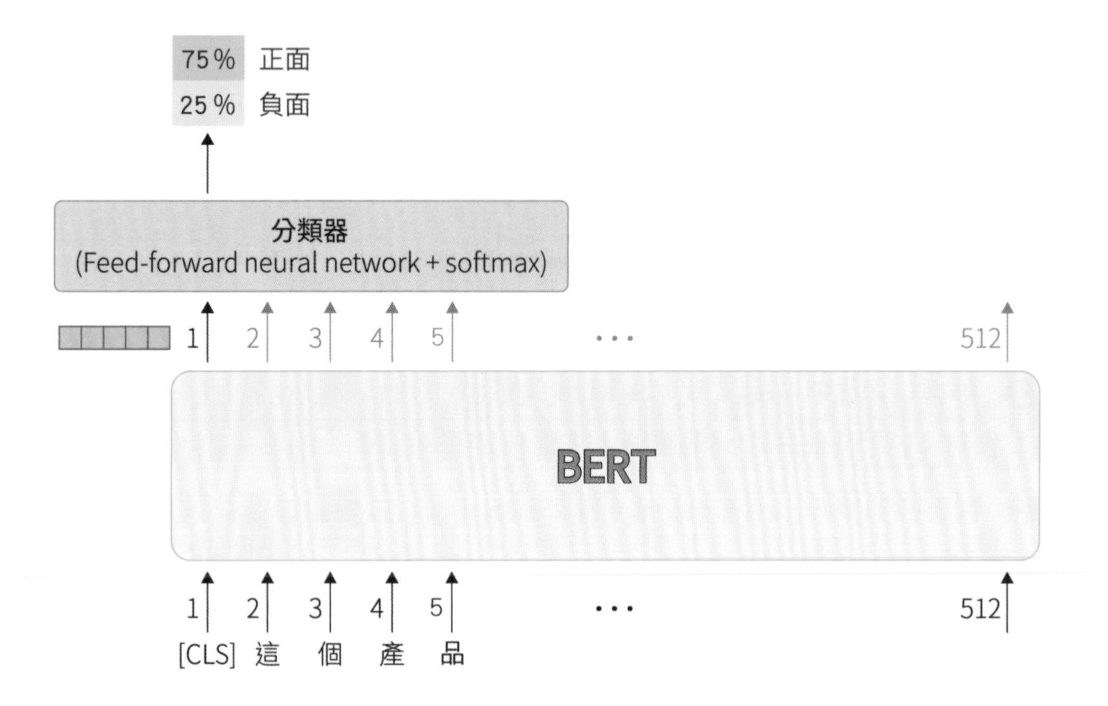

BERT 可以被微調以執行不同類型的下游任務，常見的四個類型如下：

單輸入分類

給 AI 單個輸入，再要求 AI 將其分類至已事先定義的定義類別之一。例如，我們有一批產品的客戶評論資料，希望將每筆評論分類為正面或負面。以下是基於 BERT 的 AI 執行這個任務的範例：

1. 首先執行預處理，也就是在評論的開頭和結尾分別加上 [CLS] 與 [SEP]。
2. 接著，BERT 將輸入文字轉換為向量序列，傳入 Transformer 層。並建立每個字與其他字之間的關係，從而理解整個句子的意義。
3. 在 Transformer 層後，新增含有兩個輸出單元的全連接層分類器，分別對應到正面與負面。在訓練期間，分類器由標註評論資料集中，學習預測每筆評論的正確標籤（正面或負面）。
4. 若要對新的評論進行分類，可以透過相同的預處理步驟，將資料傳入 Transformer 層，可得到 [CLS] 編碼所得的向量，再輸入分類器，就可以得到正面與負面的機率。

雙輸入分類

給 AI 兩個輸入序列，再要求 AI 將其分類至已事先定義的定義類別之一。例如，我們有一批客服對話資料，希望將每筆對話分類為已解決或未解決。以下是基於 BERT 的 AI 執行客服對話分類任務的步驟說明：

1. 首先執行預處理，也就是將每筆對話分為兩個輸入序列：客戶訊息和客服回應，並在客戶訊息的開頭和結尾分別加上 [CLS] 與 [SEP]，再連接客服訊息。
2. 接著，BERT 將輸入文字轉換為向量序列，傳入 Transformer 層。並建立每個字與其他字之間的關係，從而理解整個句子的意義。
3. 在 Transformer 層後，新增含有兩個輸出單元的全連接層分類器，分別對應到「已解決」與「未解決」。在訓練期間，BERT 由標註對話資料集中，學習預測每筆對話的正確標籤（「已解決」與「未解決」）。
4. 若要對新的對話進行分類，可以透過相同的預處理步驟，將資料傳入 Transformer 層，可得到 [CLS] 編碼所得的向量，再輸入分類器，就可以得到已解決與未解決的機率。

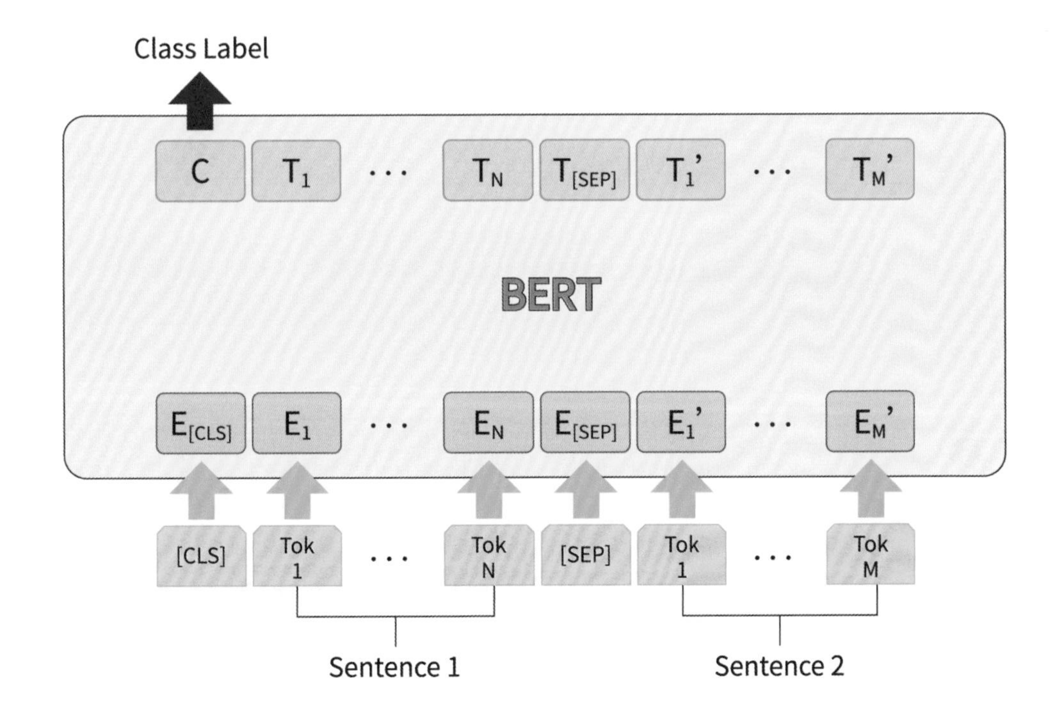

參考文獻：Jay Alammar，The Illustrated BERT, ELMo, and co.，http://jalammar.github.io/illustrated-bert/

問答

給 AI 一段文章和一個問題，要求 AI 從文章中擷取出問題的答案。例如，我們有個問題和文章（如下表）：

問題	輔助軍團的士兵由什麼組成？
文章	輔助軍團的士兵由行省居民（未獲得羅馬公民權的行省住民）組成，許多本來是行省居民，而由於加入了輔助軍團而得到羅馬公民權的羅馬人，他們的後代在很多時候會考慮加入父輩曾經服役過的羅馬軍團。

以下是 BERT 如何從這篇文章中擷取「行省居民」的答案的步驟說明（如下圖）：

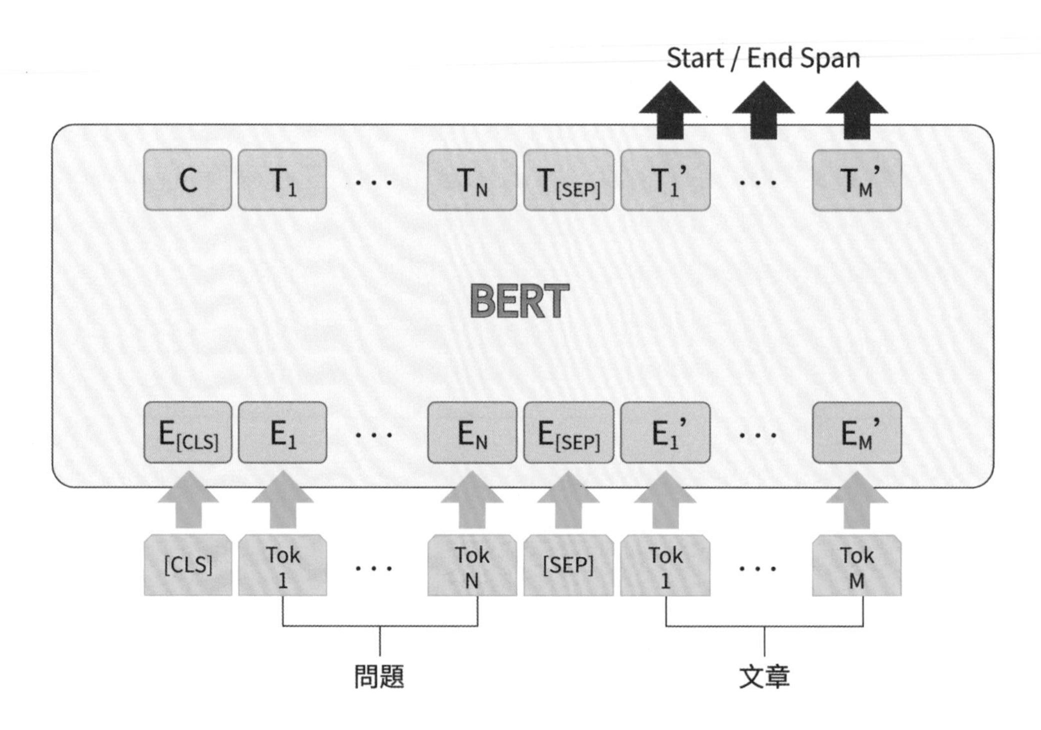

❶ 首先執行預處理，也就是將問題的開頭和結尾分別加上 [CLS] 與 [SEP]，再連接文章。上面的例子經過預處理後會成為：[CLS] 輔助軍團的士兵由什麼組成？ [SEP] 輔助軍團的士兵由行省居民（未獲得羅馬公民權的行省住民）組成，許多本來是行省居民，而由於加入了輔助軍團而得到羅馬公民權的羅馬人，他們的後代在很多時候會考慮加入父輩曾經服役過的羅馬軍團。

❷ 接著，BERT 將輸入文字轉換為向量序列，傳入 Transformer 層。Transformer 層使用「自我注意機制」來處理整個輸入序列，並建立每個字與其他字之間的關係，從而理解整個句子的意義。

❸ BERT 的一個關鍵特點是注意力（attention）機制，它允許 BERT 專注於輸入的特定部分並衡量它們回答問題的重要性。在這種情況下，BERT 可能會關注問題中的「輔助軍團的士兵」和文章中的「由行省居民組成」，因為它們與問題的意圖密切相關。

❹ 然後，BERT 會使用這種注意力機制產生文章中每個字是答案首字或是答案尾字的機率分布。

❺ 最後，BERT 會利用上述資訊選擇結合機率最高的首字與尾字得到答案。例如，在這個例子中「行」做為首字，「民」做為尾字的結合機率最高，因此 BERT 會輸出「行省居民」。

序列標註

給 AI 一段文本，要求 AI 將文本中的每個字標註為已事先定義的定義類別之一。最常用的序列標註任務是命名實體辨識。例如，給 AI 一段文本，要 AI 將其中提到的人名、地名、機構名等實體標註出來。以下是基於 BERT 的 AI 執行命名實體辨識任務的步驟說明：

❶ 首先執行預處理，也就是在文本的開頭和結尾分別加上 [CLS] 與 [SEP]。

❷ 接著，BERT 將輸入文字轉換為向量序列，傳入 Transformer 層。並建立每個字與其他字之間的關係，從而理解整個句子的意義。

❸ 在 Transformer 層後，加上四個輸出單元的全連接層分類器，對應於每種實體類型（人名、地點、組織機構、其他）。在訓練期間，BERT 學習預測文本中每個字的正確標籤（實體類型）。

❹ 若要對新文本進行命名實體辨識，可以透過相同的預處理步驟將其傳入 Transformer 層，可得到每個字的代表向量。將每個字輸入分類器，就可以得到那個字是各種實體類型的機率。

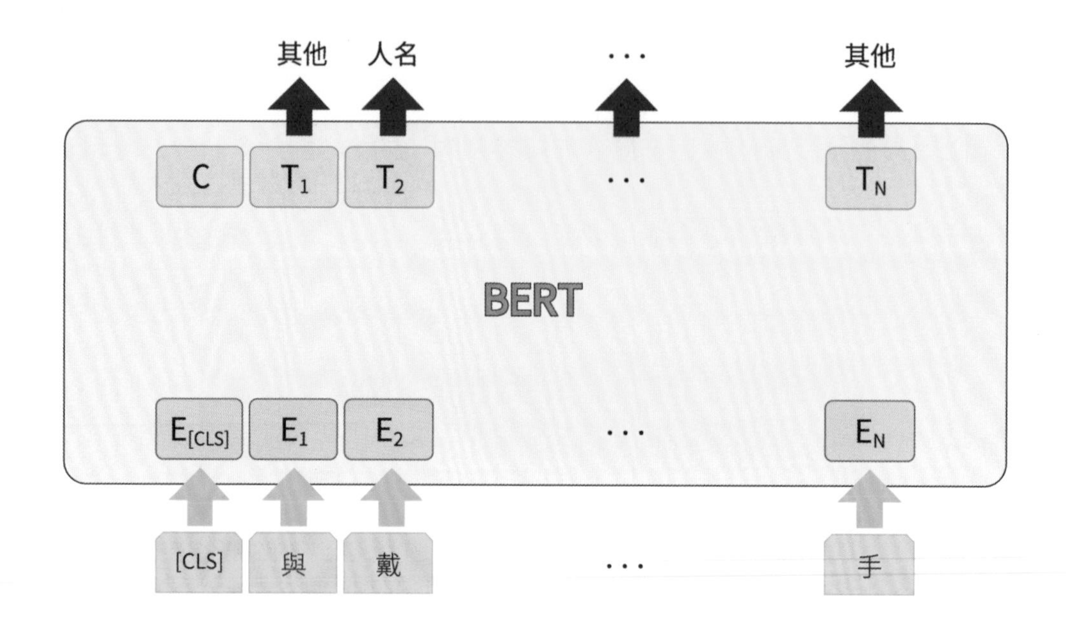

3.6 基於解碼器的神經網路—GPT（Generative Pre-training Transformer）

2022 年底，ChatGPT 開放大眾試用，在短短一週內用戶就超過百萬人。ChatGPT 可以跟我們聊天、生成文章、輔助我們進行程式設計、協助完成任務等等，過去從未出現過如此多功能性的 AI，也讓我們看到了通用型人工智慧的曙光。接著，我們就要來介紹 ChatGPT 所屬的語言模型家族——GPT。

GPT 是由 OpenAI 發展的一系列大型語言模型。這些模型都基於 Transformer 的解碼器架構，能生成各種風格和格式的文本。此外，GPT 還能夠執行其他任務，如問答和語言翻譯。

OpenAI 已經推出多個版本的 GPT，每個版本都持續在改進上一個版本。2018 年推出的第一版 GPT 稱為 GPT-1，它有 1.5 億個參數，並在 800 萬個網頁資料集上進行訓練。2019 年，OpenAI 再推出 GPT-2，它有 175 億個參數，並在超過 800 萬個網頁資料集上進行訓練。GPT-2 生成的文本比 GPT-1 更加連貫，且更近似人類的文本。2020 年，OpenAI 又推出 GPT-3，它總共含有 175 億個參數，但在更大的網路文本資料集上進行訓練，能夠生成各種風格和格式的高度連貫和類似人類的文本。

ChatGPT 則是基於 GPT-3.5 而發展出來的。官方並未公布 GPT-3.5 的參數數量，在 2023 年，OpenAI 推出參數量高達 100 兆的 GPT-4，其語言生成能力將更為驚人。現在，我們試著將 GPT-3 與 GPT-4 的大小以視覺化方式呈現（如下圖），可知其參數量的巨大差距。簡而言之，參數量越大，語言模型可以捕捉的文字的前後文關係會越精細入微，因此能生成品質更好的語言內容。

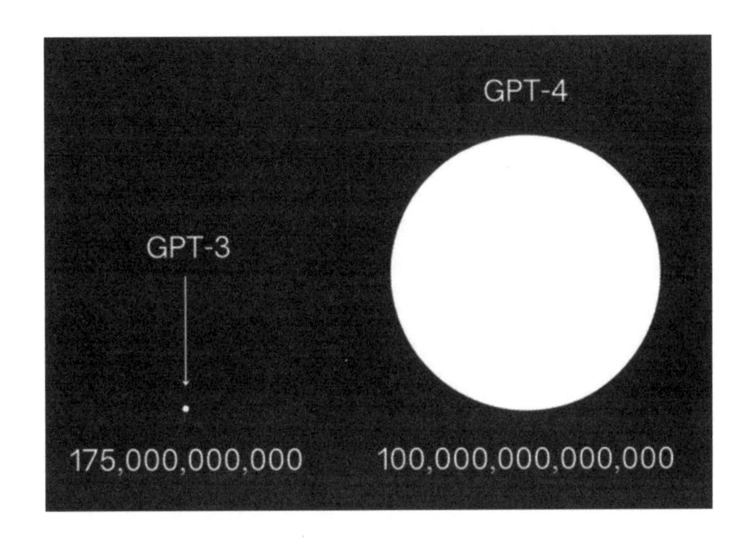

如本節一開始所言，GPT 本質上是 Transformer 解碼器。解碼器與編碼器相同的是，都可以透過自我注意機制，捕捉字與字之間的關係，也就是為整個句子中已知部分的每個字，去計算任意一個字（包含本身）對這個字的「注意力權重分數」。這個權重分布結合整個句子中已知部分的每個字的向量，去計算出下一個字的向量。但解碼器與編碼器不同的是，編碼器使用的場景是整個句子都是已知的；解碼器則是由左至右逐字生成，如同文字接龍一般。因此，解碼器的通俗稱呼就是文字接龍器。

例如，在 *A robot must obey the orders given it* 這句中，整個句子是一個序列，每個字都是一個元素；但 Transformer 還會在序列之前放上一個特殊元素 <s>，用來代表序列開頭。

若要求句子中任一個字 w 的輸出向量，只要將句中每個字的值向量（Value vector），與 w 對各字的注意力分數（Score）相乘，加總起來，就可以得到。以 it 為例（如下表），將 it 對每個字的注意力列在 Score 欄位，我們可以看到 it 對 robot 的注意力分數是最高的 0.5，其次是對 a 的 0.3，第三是對 it 自己的 0.19，將句中每個字的值向量，與 it 對各字的注意力分數相乘，加總起來，就可以得到 it 的輸出向量。

字	值向量	注意力分數	值向量 x 注意力分數
<s>		0.01	
那		0.02	
隻		0.02	
貓		0.35	
正		0.03	
在		0.03	
追		0.12	
逐		0.12	
牠		0.20	
		Sum：	

用這個輸出向量，與字彙表中的每個字向量做相似度計算後，再做正規化，就可以得到「牠」的下一個字的字機率分布。例如，可能是像這樣子：

字	機率
的	0.8
前	0.1
後	0.05
…	

至此，我們知道有很多運用方式可以來決定「牠」的下一個字，比如說可以取機率排名第一的字「的」，或根據每個字的機率，隨機選擇字彙表中的某一個字。

由於解碼器單純就是做文字接龍，所以可以有幾種方式來運用解碼器。基本的 Transformer 就是將解碼器接在編碼器之後，由編碼器接收輸入序列，再交由解碼器去接龍。也有一種方式就是直接讓解碼器接受輸入序列，讓解碼器在輸入序列之後去接龍。例如，下文是一段金融客服的場景：

用戶：請問貴公司的儲蓄商品有哪幾種？

若要讓編碼器產生對這句的回應，可以將用戶說的話「請問貴公司的儲蓄商品有哪幾種」當成輸入序列，由解碼器繼續往後接龍，由「我」開始逐字產生，最後就可以生成像是「我們的儲蓄商品有定期存款、活期存款、整存整取存款、零存整取存款、週期存款等」這樣的回應。在這種運用方式上，輸入序列被稱為提示（prompt），透過提示，就可以指揮 GPT 去生成我們希望它接龍時要生成的樣貌。例如，我們可以在剛剛的提示「請問貴公司的儲蓄商品有哪幾種」後面加上「請說明細節」，它就有機會生成加上細節的回應（如下文）：

我們的儲蓄商品有以下幾種：

1. **定期存款**：定期存款是指顧客在銀行內存入一定金額，並在一定期限內不能提領的存款。定期存款通常有較高的利率。
2. **活期存款**：活期存款是指顧客在銀行內存入金額，可隨時提領的存款。活期存款的利率通常較低。
3. **整存整取存款**：整存整取存款是指顧客在銀行內存入金額，在一定期限內不能提領，到期後可以全額提領的存款。
4. **零存整取存款**：零存整取存款是指顧客每月定期存入一定金額，在一定期限內不能提領，到期後可以全額提領的存款。
5. **週期存款**：週期存款是指顧客按照一定週期定期存入金額，在一定期限內不能提領，到期後可以全額提領的存款。

有任何問題請隨時詢問，我會盡力協助您。

由上面的例子我們可以觀察到，提示對解碼器的生成結果影響巨大。若能將提示寫得具體清楚，解碼器的生成結果品質就能令人滿意。什麼樣的人能夠寫出高品質的提示呢？自然就是理解深度學習、自然語言處理、以及解碼器運作原理，又具有精確語言表達能力的人。因此，當具有重大突破的解碼器造就生成式 AI 快速成長的關鍵時刻，理工科技、人文素養兼備的人將有更多的機會掌握 AI 的生產力，在競爭力上取得顯著的優勢。

操作體驗

❶ 首先，在 Google 輸入 chat openai，點擊排名第一的網址，接著應該會進入到以下畫面：

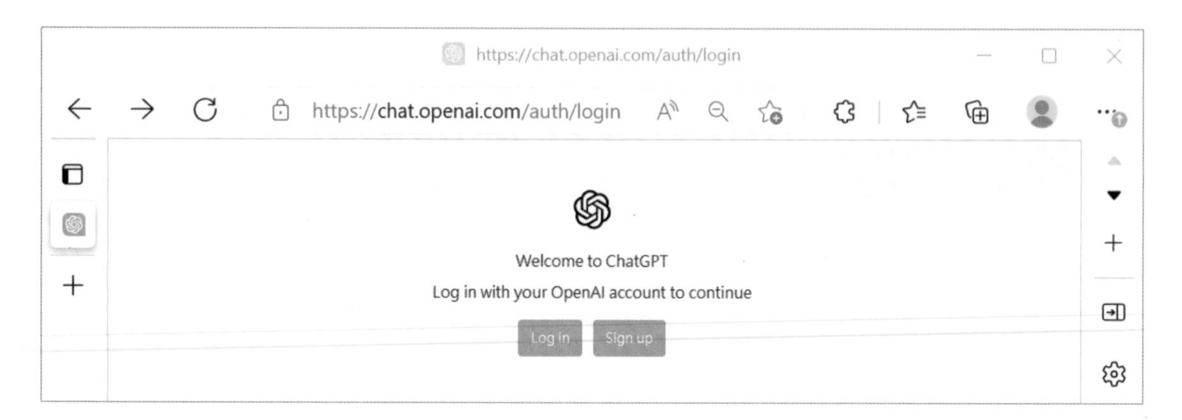

❷ 若有 OpenAI 帳戶，請點擊左邊的「Log in」，就可以進入 ChatGPT 網站；沒有 OpenAI 帳戶，請點擊右邊的「Sign up」，進行註冊動作。

❸ 請輸入你的 email 帳號，並點擊「Continue」。

❹ 請輸入你預備使用的密碼，並點擊「Continue」，OpenAI 系統會寄一封請你確認的 email 給你（如下圖），請點擊「Verify email address」。

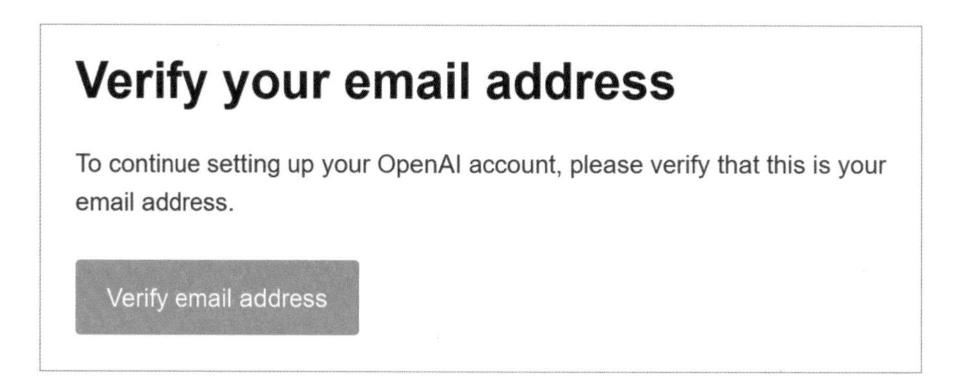

❺ 點擊以後，瀏覽器會跳轉進入輸入姓名的畫面。當你完成輸入姓名後，請點擊「Continue」，緊接著就會跳轉進入輸入電話號碼的畫面。當你完成輸入電話號碼後，請點擊「Continue」，系統就會要求你輸入 code。請到手機上查看簡訊，看看 code 是多少，當你完成輸入 code 後，就會進到 ChatGPT 網站了。

❻ 當你看到以下畫面，就可以在文字框中輸入你想要給 ChatGPT 的提示，按下 Enter 鍵，就可以開始召喚 ChatGPT 生成文章、給予回應或執行任務了。

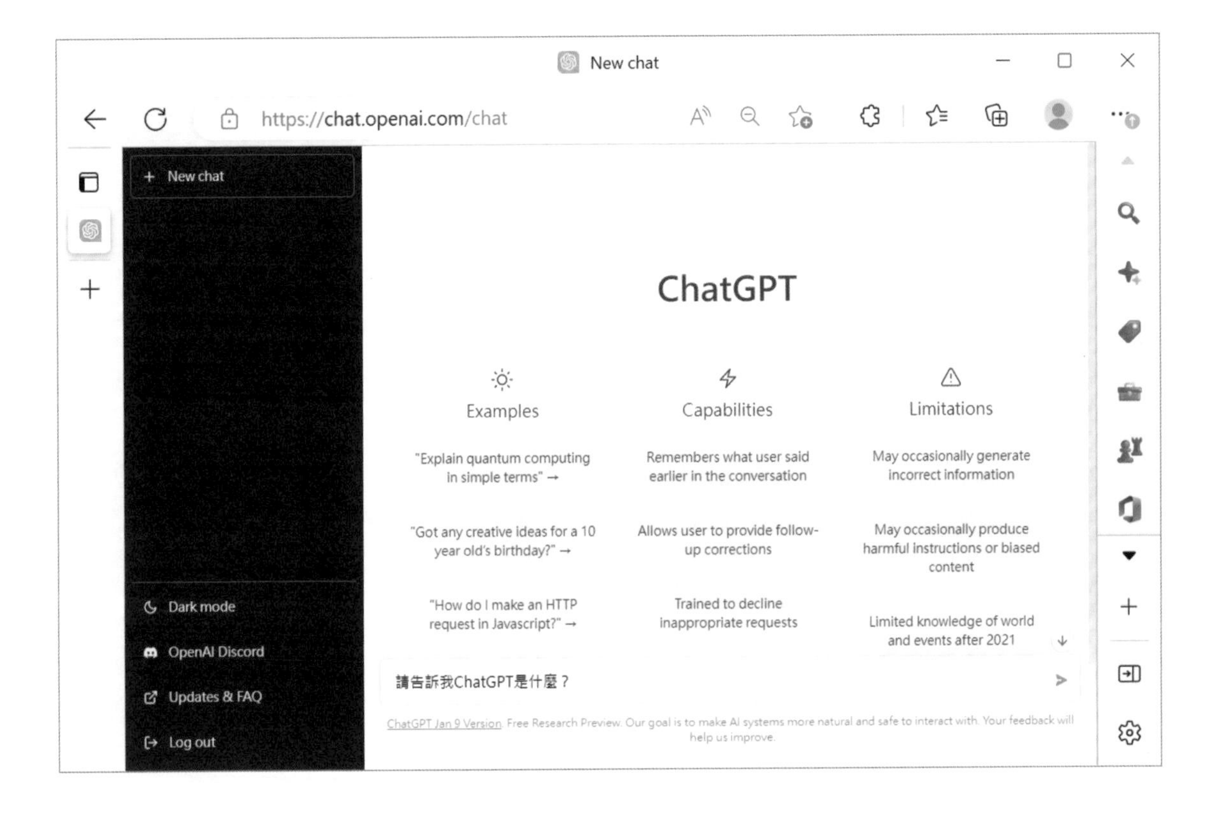

3.7 電腦視覺的預訓練網路

預訓練網路是在大型資料集上訓練好的機器學習網路，之後可提供給其他人使用。這些網路可以針對特定任務進行微調，或作為構建新網路的基礎。在電腦視覺領域裡，預訓練網路在圖像分類、物件偵測和圖像分割等等任務中都是效果最好的。

目前，在圖像分類任務中表現傑出的預訓練網路，包括有 VGG、ResNet 和 Inception。

VGG（Visual Geometry Group）[5] 是由 Oxford 大學為圖像分類任務而開發的卷積神經網路。它由一系列卷積和完全連接層組成，以簡單的架構和良好的性能而聞名。

5 Simonyan, K., & Zisserman, A. (2014). Very deep convolutional networks for large-scale image recognition. *arXiv preprint arXiv:1409.1556*.

ResNet（Residual Network）[6] 是由 Microsoft Research 為圖像分類任務而開發的卷積神經網路。它引入了殘差連接（Residual Connection）的概念，促使網路能夠學習輸入數據後更複雜、更深層的特徵。ResNet 在多種圖像分類評測上取得了最新穎的成果。

Inception[7] 是由 Google 為圖像分類任務而開發的卷積神經網路。它以有效的使用計算資源而聞名，並在多種圖像分類評測上取得了令人印象深刻的成果。

在物件偵測任務中表現出色的網路，包括有 YOLO、Faster R-CNN 和 SSD。

YOLO（You Only Look Once）[8] 是一個即時物件偵測網路，由 Joseph Redmon 和 Ali Farhadi 於 2015 年所開發出來的。它是一個卷積神經網路，能在網路的單次前向傳遞中偵測並分類圖像和影片中的物體。YOLO 在多種物件偵測任務中取得驚人的成果，並廣泛應用於自動駕駛汽車和安全系統等領域。原作者只發展到 YOLO v3，後中央研究院資訊科學研究所廖弘源博士與王建堯博士發展出跨階段局部網路 CSPNet（Cross Stage Partial Network），利用分割—分流—合併的路徑，成功達到了大幅減少計算量，同時增加學習多元性的目標[9]。維護 YOLO 的俄羅斯裔開發者 Alexey Bochkovskiy 邀請兩位博士共組團隊，陸續推出 YOLOv4[10]、Scaled-YOLOv4[11]、YOLOv7[12]，並在物件偵測任務上持續取得最佳成績，也獲得極高的引用數。此外，廖弘源博士與王建堯博士更推出 YOLOR（You Only Learn One

6 He, K., Zhang, X., Ren, S., & Sun, J. (2016). Deep residual learning for image recognition. In *Proceedings of the IEEE conference on computer vision and pattern recognition* (pp. 770-778).

7 Szegedy, C., Vanhoucke, V., Ioffe, S., Shlens, J., & Wojna, Z. (2016). Rethinking the inception architecture for computer vision. In *Proceedings of the IEEE conference on computer vision and pattern recognition* (pp. 2818-2826).

8 Redmon, J., Divvala, S., Girshick, R., & Farhadi, A. (2016). You only look once: Unified, real-time object detection. In *Proceedings of the IEEE conference on computer vision and pattern recognition* (pp. 779-788).

9 https://pansci.asia/archives/194503

10 Bochkovskiy, A., Wang, C. Y., & Liao, H. Y. M. (2020). Yolov4: Optimal speed and accuracy of object detection. *arXiv preprint arXiv:2004.10934*.

11 Wang, C. Y., Bochkovskiy, A., & Liao, H. Y. M. (2021). Scaled-yolov4: Scaling cross stage partial network. In *Proceedings of the IEEE/cvf conference on computer vision and pattern recognition* (pp. 13029-13038).

12 Wang, C. Y., Bochkovskiy, A., & Liao, H. Y. M. (2022). YOLOv7: Trainable bag-of-freebies sets new state-of-the-art for real-time object detectors. *arXiv preprint arXiv:2207.02696*.

Representation）[13]。YOLOR 靠一個統一表徵（Unified representation），來收集輸入網路的所有特徵，這些特徵都儲存在表徵裡，日後網路要執行其他任務時，就會從中提取特徵來學習。這個方法，讓網路只需學習一次，就能應付多種任務。

Faster R-CNN[14] 是一種物件偵測演算法，它使用了兩個網路來達成物件偵測的目的。第一個網路稱為區域提議網路（RPN），它的工作是在輸入影像中自動產生可能含有物體的區域，稱為物體候選區域。第二個網路則是用來識別物體類別和精確定位物體位置的，這兩個網路的結合使得 Faster R-CNN 在多種物件偵測評測上取得了優異的表現。

SSD（Single shot multibox detector，SSD）[15] 是一種目標檢測方法，它使用單次掃描來預測多個不同大小和類型的物體。SSD 的主要優點是它能夠在高解析度影像上運行得非常快，且它能夠很好地處理尺寸不一的物體。

在圖像分割任務中表現優良的網路，包括 U-Net、Mask R-CNN 和 DeepLab。

U-Net[16] 是一個深度學習網路，被開發用於圖像分割任務。它具有完全卷積的架構，並使用跳躍連接（Skip Connection）來學習輸入數據的豐富特徵。U-Net 在多種圖像分割任務中取得了令人信服的成果，並廣泛使用在醫學圖像分割。

Mask R-CNN[17] 是一個卷積神經網路，被開發用於物體檢測和分割任務。它是 Faster R-CNN 網路的擴展，並在預測物體類別和邊界框坐標的基礎上，增加了一個分支來預測物體遮罩。Mask R-CNN 在多種圖像分割評測上取得了最優秀的成果。

---

13 Wang, C. Y., Yeh, I. H., & Liao, H. Y. M. (2021). You only learn one representation: Unified network for multiple tasks. *arXiv preprint arXiv:2105.04206*.

14 Ren, S., He, K., Girshick, R., & Sun, J. (2015). Faster r-cnn: Towards real-time object detection with region proposal networks. *Advances in neural information processing systems*, *28*.

15 Liu, W., Anguelov, D., Erhan, D., Szegedy, C., Reed, S., Fu, C. Y., & Berg, A. C. (2016). Ssd: Single shot multibox detector. In *Computer Vision–ECCV 2016: 14th European Conference, Amsterdam, The Netherlands, October 11–14, 2016, Proceedings, Part I 14* (pp. 21-37). Springer International Publishing.

16 Ronneberger, O., Fischer, P., & Brox, T. (2015). U-net: Convolutional networks for biomedical image segmentation. In *Medical Image Computing and Computer-Assisted Intervention–MICCAI 2015: 18th International Conference, Munich, Germany, October 5-9, 2015, Proceedings, Part III 18* (pp. 234-241). Springer International Publishing.

17 He, K., Gkioxari, G., Dollár, P., & Girshick, R. (2017). Mask r-cnn. In *Proceedings of the IEEE international conference on computer vision* (pp. 2961-2969).

DeepLab[18] 是由 Google 開發的一系列圖像分割網路。它使用具有編碼器—解碼器結構和擴張卷積（Dilated Convolution）的卷積神經網路，來學習輸入數據的豐碩特徵。DeepLab 在多種圖像分割評測上取得了最優質的成果。

以上每個網路都是基於 CNN 神經網路的架構發展出來的深度神經網路，由於架構都較為複雜，這裡僅作概略性的說明，目的是為了讓讀者知道電腦視覺領域中三種主要任務表現較出色的系列網路。若讀者有興趣，可以深入閱讀原始論文以得到最精確的資訊。

3.8 生成網路

生成對抗網路（Generative Adversarial Networks，GANs）

生成對抗網路（GANs）是 2014 年由 Ian Goodfellow 等人提出的神經網路架構[19]。其中包含兩個單獨的模型：生成器和鑑別器。生成器的目標是生成與訓練資料集裡類似的合成數據，而鑑別器的目標是區分生成器生成的合成數據和訓練資料集中的真實數據。

以文字到圖像的 GAN 為例，其目標是生成與給定文本描述的相關圖像。訓練資料集包含文字描述和對應圖像的配對，生成器負責把給定的文字描述生成圖像，而鑑別器負責確定生成的圖像是否為真實。

生成器和鑑別器是兩個相互競爭的網路，在敵對過程中同時訓練。生成器會試圖生成逼真到能愚弄鑑別器的合成圖像，而鑑別器則試圖將生成器合成的圖像正確分類為假的。這個過程持續進行，直到生成器能夠生成與真實圖像無法區分的高品質圖像，此時 GAN 就會被認定已訓練完成。

---

18 Chen, L. C., Papandreou, G., Kokkinos, I., Murphy, K., & Yuille, A. L. (2017). Deeplab: Semantic image segmentation with deep convolutional nets, atrous convolution, and fully connected crfs. *IEEE transactions on pattern analysis and machine intelligence*, *40*(4), 834-848.

19 Goodfellow, I., Pouget-Abadie, J., Mirza, M., Xu, B., Warde-Farley, D., Ozair, S., ... & Bengio, Y. (2020). Generative adversarial networks. *Communications of the ACM*, *63*(11), 139-144.

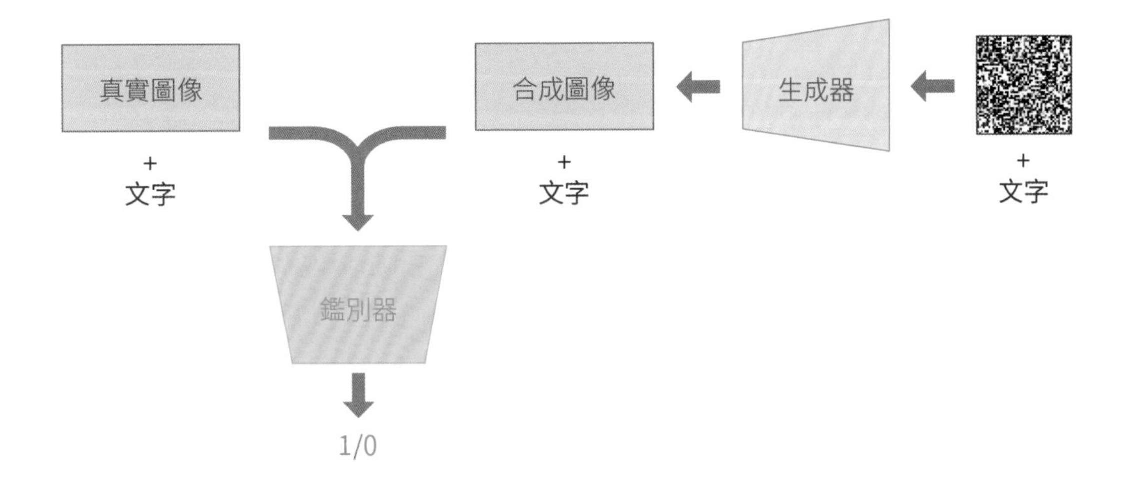

整個過程如上圖所示：

1. 生成器輸入文字描述並生成合成圖像。
2. 鑑別器輸入 [真實圖像 + 文字] 與 [合成圖像 + 文字]，並試圖確定兩者之間的區別。
3. 生成器根據其成功欺騙鑑別器的程度去接收反饋並更新其參數。
4. 鑑別器根據其成功區分合成圖像和真實圖像的程度去接收反饋並更新其參數。

重複執行這個過程，直到生成器能夠生成與真實圖像無法區別的高品質圖像。然後，最終得到的 GAN 就可以用於在給定文字描述的情況下生成新圖像。

為了讓讀者能較快了解文字到圖像的 GAN，上述的過程略過了某些細節。如果讀者想知道完整的過程，可以參考原論文。[20]

---

20 Reed, S., Akata, Z., Yan, X., Logeswaran, L., Schiele, B., & Lee, H. (2016, June). Generative adversarial text to image synthesis. In *International conference on machine learning* (pp. 1060-1069). PMLR.

穩定擴散網路

穩定擴散網路（Stable Diffusion）於 2022 年於 CVPR 研討會中發表[21]，是一種接受提示文字，進而產生圖像的生成網路（如上圖）。這個網路由「文字編碼器」、「圖像資訊建立器」、以及「圖像解碼器」所組成。每當接收到提示文字，文字編碼器就會將提示文字轉為「文字張量」，也就是一組向量，與此同時，網路內部也會隨機產生一個「圖像資訊張量」；接著，「文字張量」（❶）與「隨機圖像資訊張量」（❷）一起輸入「圖像資訊建立器」，在建立器中進行擴散，最後產生「已處理圖像資訊張量」（❸），由「圖像解碼器」解碼成為輸出的真實圖像。

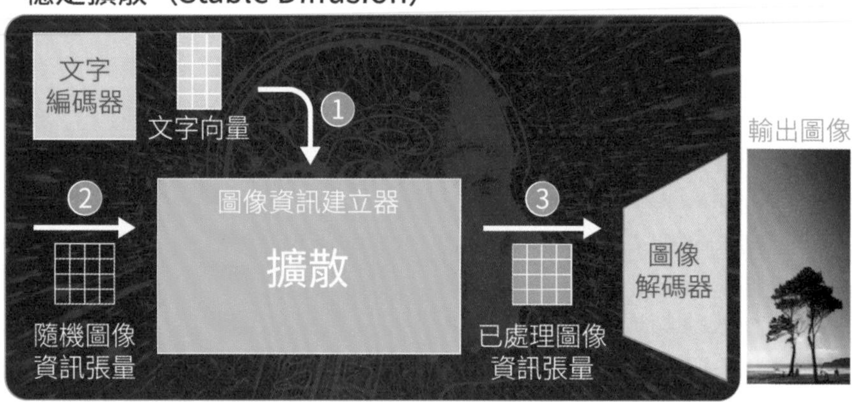

以下分別敘述這三個元件的功能細節：

- 文字編碼器用來將輸入的提示文字轉為張量，也就是一組向量。
- 圖像資訊建立器經過 50 個步驟後，在「圖像資訊空間」中漸進式地將初始的「隨機圖像資訊張量」轉變為最終的「已處理圖像資訊張量」（如下圖）。如果我們將每一個步驟的「圖像資訊張量」透過「圖像解碼器」來解碼，就可以觀察到每一個步驟的圖像資訊張量所對應到的真實圖像，且雜訊也在經過 50 個步驟後，逐漸減少。

---

21 Rombach, R., Blattmann, A., Lorenz, D., Esser, P., & Ommer, B. (2022). High-resolution image synthesis with latent diffusion models. In *Proceedings of the IEEE/CVF Conference on Computer Vision and Pattern Recognition* (pp. 10684-10695).

在每個步驟中，前一個步驟的「圖像資訊張量」、「文字張量」以及「步驟值」會一起輸入雜訊預測器中，產生現在這一個步驟的圖像資訊張量（如下圖）。例如，當我們要描繪出步驟 3 的情況，可以看到步驟 2 的圖像資訊張量、文字張量、以及步驟值 3 一起輸入「雜訊預測器」中，緊接著就產生步驟 3 的圖像資訊張量。

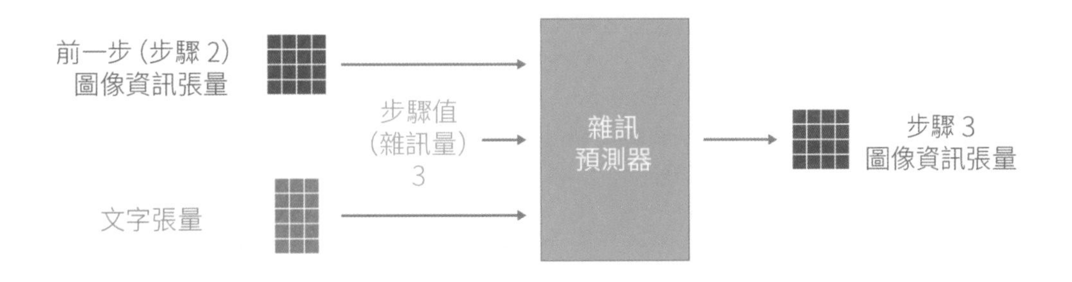

- 圖像解碼器負責將「圖像資訊張量」解碼為真實圖像。

透過上述的整個過程，Stable Diffusion 就能夠將輸入的提示文字轉成一張圖像。限於本書的定位，這裡僅介紹由提示文字到產生圖像的過程，建議想深入研究的讀者可以參考原始論文。

應用：AI 算圖服務 DALL · E 2

Open AI DALL · E 2 是一個最近推出的人工智慧技術，它可以通過圖像生成器來創建獨特且極具創意的圖像。DALL · E 2 使用深度學習技術，並且可以理解自然語言的描述，通過將這些描述轉換為圖像，創造出令人驚嘆的視覺效果。不僅如此，DALL · E 2 還可以通過修改圖像的不同屬性，如顏色、大小和形狀等來生成各種變化。這項技術將為人們提供更多創意和美學的可能性，並將應用在多個領域，如設計、藝術和電影等。

登錄 DALL · E 2 網站的步驟如下：

1. 首先，在 Google 搜尋 DALL E 2，點擊傳回的第一個網址。
2. 點擊網頁右上角的 "Sign In" 按鈕，進入登錄頁面。
3. 如果您還沒有 DALL · E 2 的帳戶，可以點擊 "Sign Up" 按鈕，填寫相關的註冊資料，建立新的帳戶。如果您已經有帳戶，請輸入您的電子郵件地址和密碼，點擊 "Sign In" 進行登錄。
4. 如果您使用 Google 等第三方帳戶，也可以點擊 "Sign in with Google" 按鈕進行登錄。成功登錄後，您可以開始使用 DALL · E 2 生成器進行創作。

下面是操作 DALL · E 2 網站生成圖像的步驟，以創建一張植物造型為例：

1. 登錄 DALL · E 2 網站後，在文字輸入框中，輸入想要創造的圖像的描述，例如 " 一棵帶葉子的綠色植物 "。
2. 點擊輸入框右方的 "Generate" 按鈕，Dall-e2 會根據您的描述生成一張圖像如下圖。假設最喜歡第四張，點及第四張圖。
3. 點擊右上角的 ⤓ 按鈕，將圖像下載。
4. 您可以在生成器頁面右方查看所有曾經生成的圖像，並下載、分享或刪除它們。

以上就是使用 DALL · E 2 網站生成圖像的基本步驟，透過這樣簡單的操作，您就可以創造出各種獨一無二的圖像。

Midjourney

Midjourney 是一個獨立的研究實驗室，致力於探索新的思想媒介和拓展人類的想像力。據傳，Midjourney 早期的版本曾經採用 GAN 技術訓練算圖模型，而最新的版本則是採用穩定擴散架構。

進入 Midjourney 後，只要輸入「/imagine」，就可以開始輸入給 Midjourney 的提示（prompt），提示的內容必須用白描、樸素、簡練的寫法敘述出您腦中的景象。接著按下「送出」，Midjourney 就可以為你產生一張圖像（如下圖）。如果要更專業些，還可以在後面加上更多風格、解析度、光線等等的修飾字，不論是照片風、寫實風、日本動漫風、好萊塢 3D 動畫風、超現實風，都可以為您產生出來。

詳細用法，請參見 Midjourney 官方網站[22]或加入 Midjourney 社群，可以得到更豐富的資訊。

3.9 多模態深度學習

多模態深度學習（Multimodal deep learning）是指使用能夠處理和整合多種類型的資料（例如文字、圖像和聲音等等）的深度學習。近年來，這種學習方式越來越重要，因為許多真實世界的問題皆涉及多種模態的資料。

多模態深度學習常常應用在電腦視覺領域。例如，我們可以設計一個 AI，它能根據外觀與伴隨的文字描述來分類動物圖像。這個 AI 可以被訓練來辨識圖像中的特定特徵，譬如皮毛圖案或面部特徵，並使用文字描述來消除相似外觀的動物彼此之間的歧異。另一個常見的應用是在自然語言處理領域。我們可以設計一個 AI，能依據語音與隨同的文字來即時生成精確的翻譯。

總之，因為多模態深度學習能夠利用多個資訊來源，所以提高了深度學習模型在各種任務上的表現。

接著我們以蔡宗翰教授（AI 界李白老師）、李宏毅教授、畢南怡博士等人於臺灣大學 IoX 創新研究中心合作發展的多模態組裝助教對話機器人，來說明如何應用多模態深度學習。這個組裝助教對話機器人能即時分析由視訊鏡頭得到的短片，判斷組裝者想詢問的問題。其架構如下：

22 https://docs.midjourney.com/

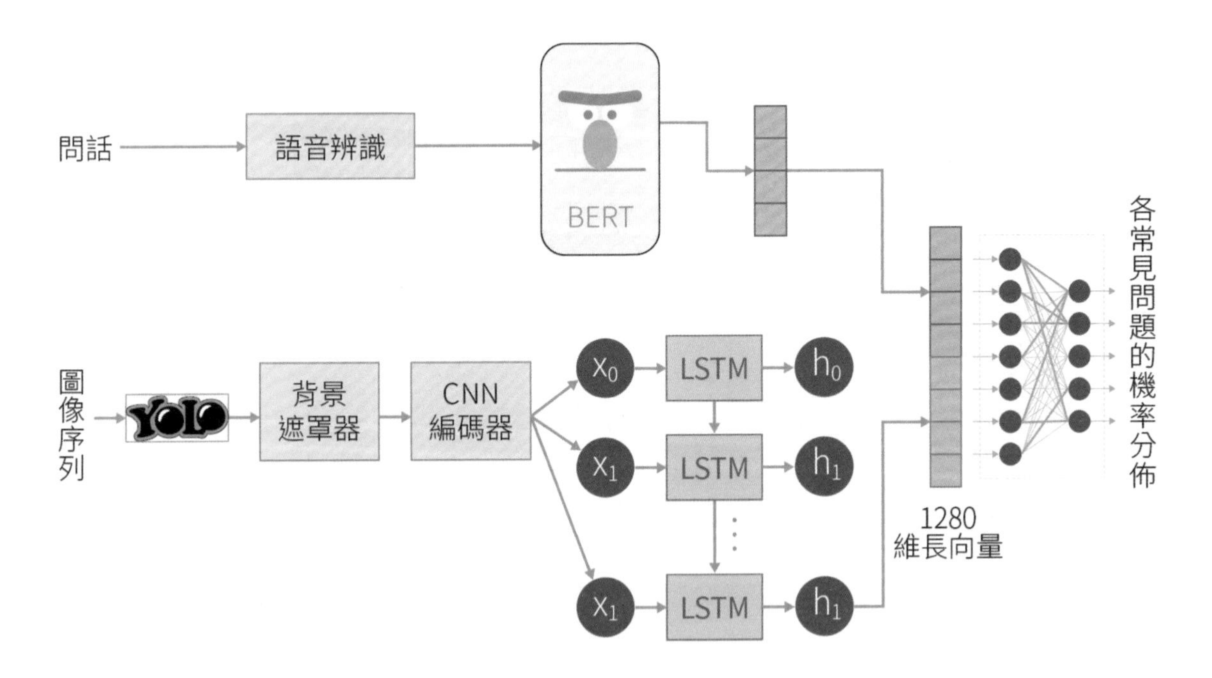

假設學生在組裝時發生疑惑（如下圖（a）），並問了以下的問題（如下圖（b））：

Is it the right direction to lock the screw?

學生的問話透過語音辨識之後轉換成文字，再輸入到目前最強大的語言模型 BERT 中轉換成代表語言的向量。另一方面，學生問話的短片也會轉成連續的圖像，每張圖像都會經過 YOLO 模型辨認組件，並將背景去除，最後透過 CNN 編碼器轉為向量。於是，這個短片就會被轉換成一系列的向量，再輸入 RNN 網路中，得到代表影像的向量。最後，將語言及圖像的向量接合起來，成為 1280 維的長向量，輸入一個全連接神經網路進行分類後，就可以得到該問話屬於各常見問題的機率。系統就可以將具有最高機率的常見問題對應到的答案，以語音、文字、圖像的方式合併呈現給學生（如下圖（c）），學生就可以根據機器人的回應，繼續進行組裝工作。若讀者對這個專案的細節感興趣，可以閱讀本專案發表在 AAAI 的短論文[23]與 IEEE 的長論文[24]。

23 Chiu, Y. C., Chang, B. H., Chen, T. Y., Yang, C. F., Bi, N., Tsai, R. T. H., ... & Hsu, J. Y. J. (2021, May). Multi-modal User Intent Classification Under the Scenario of Smart Factory (Student Abstract). In *Proceedings of the AAAI Conference on Artificial Intelligence* (Vol. 35, No. 18, pp. 15771-15772).

24 Chen, T. Y., Chiu, Y. C., Bi, N., & Tsai, R. T. H. (2021). Multi-modal chatbot in intelligent manufacturing. *IEEE Access*, *9*, 82118-82129.

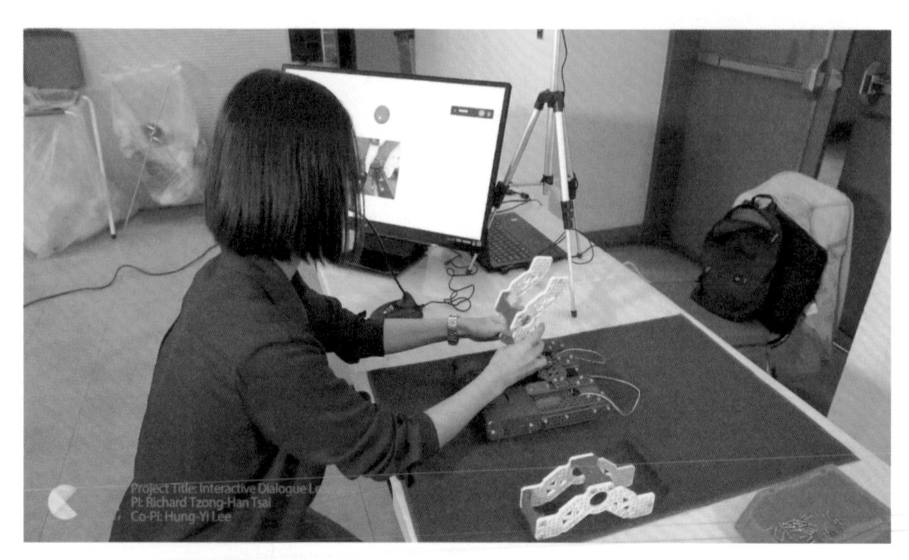

(a)
在組裝時，組裝者對上方部件的方向產生疑惑。

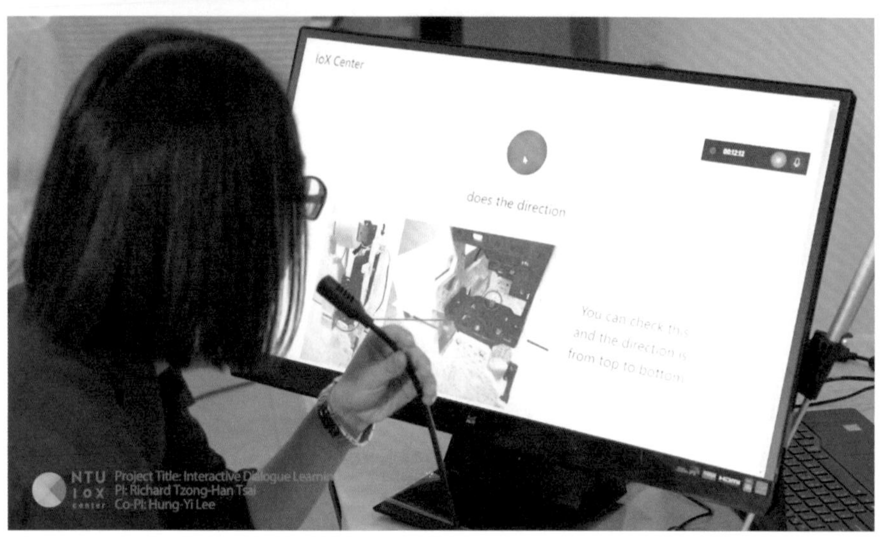

(b)
組裝者詢問組裝助教對話機器人。

(c)
裝助教對話機器人以語音指導學生，使學生能夠參照畫面所指示的方向組裝上方部件。

上圖為 Intel、台達電團隊參觀多模態組裝助教的展示，由蔡宗翰教授的研究生張博皓先生介紹。

3.10 圖神經網路（Graph Neural Networks，GNN）

圖形神經網路（GNN）是一種深度學習模型，特別設計用來處理圖形結構的資料。這些網路在多種應用中都表現出了高效的成果，包括節點分類、連結預測、圖形分類和圖形生成。

GNN 的圖形結構主要是節點和邊，節點代表實體或物件，而邊代表這些實體之間的關係或連接。GNN 的目標是學習圖形結構和節點特徵的表達向量，以用於各種任務。

GNN 的關鍵挑戰是如何有效地捕捉節點與節點之間的關係，並在整個圖形中傳播訊息。透過訊息傳遞的機制，使得節點與節點之間的連接可以進行信息交換，而在節點之間交換的信息再與節點自身的特徵作結合，就能更新其資訊。

GNN 的架構有許多種類，包括圖形卷積網路（Graph Convolutional Networks，GCN）、圖形注意力網路（Graph Attention Networks，GAT）和 GraphSAGE。或許，在如何傳播信息和更新節點表示方面，這些模型的運作方式有所不同。然而，它們共同的目標都是學習捕捉圖形結構和節點的關係表示。

在訓練方面，GNN 通常使用監督式學習進行訓練，即是指對一組標記圖形實例進行訓練，以預測未知實例的標記。這裡就以 GNN 為例，來說明圖神經網路的運作方式。

GNN 應用的具體例子是預測假新聞的傳播。在當今快速、以訊息為導向的社會中，假訊息的傳播可能帶來重大的影響。為了使 GNNs 解決此一困境，我們可以用一張網路圖來表示新聞訊息的傳播，其中每個節點代表一個用戶，每個邊代表兩個用戶之間的資訊傳遞。節點的特徵可以是用戶的人口統計資料，例如年齡、性別和位置，以及他們在社群媒體平台上的活動，比如追蹤者數、帖子數和用戶的興趣。邊的特徵可以是兩個用戶之間的連接強度，譬如互動的頻率和類型。

然後，我們使用 GNN 來處理圖形並預測新聞項目是否是假的。GNN 可以考慮用戶之間的關係程度和他們對彼此的影響能力來作出預測。此外，它還可以結合用戶信息來估算用戶對新聞項目傳播的影響。這能夠幫助社群媒體平台更有效地識別並減緩假訊息的傳播。

總之，圖神經網路在各種圖形基礎應用中展示出了振奮人心的激勵成果，絕對是一個值得積極研究的領域。至今，在許多實際應用案例中，圖形結構資料仍然是關鍵的一部分，所以在未來圖形基礎模型的發展上，GNNs 很可能將繼續扮演重要的角色。

PART II

AI 的各種應用

這一部分的第四章到第十章談到 AI 的各種應用，包含 AI 結合物聯網收集數據之後的 AIoT 應用。這部分做法是針對人文與法律、醫療、金融、行銷與零售、工業，以及農業應用展開，最後以科技趨勢思考為最後章節，討論永續、元宇宙，以及產業 AI 化進階應用。說明如下：

- **第四章：人文與法律應用**

  這章實務上的應用較少，以蔡宗翰老師團隊完成的案例做法為案例說明。

- **第五章：醫療應用**

  這章包含了醫療紀錄分析、加速藥物開發、醫療影像分析，以及風險預警與其他應用的說明。而醫療紀錄分析更有蔡宗翰老師團隊完成的案例協助說明。

- **第六章：金融應用**

  這章包含了提升客戶體驗、信用與貸款決策、AI 軟硬體機器人應用、法遵與風險控管，以及精準行銷等應用的說明。

- **第七章：行銷與零售應用**

  這章包含了全通路智慧零售、無人機與機器人應用，以及行銷推廣等應用的說明。

- **第八章：工業應用**

  這章包含了電腦視覺輔助作業、生產大數據建模提高良率、工業機器人的應用，以及數位孿生與設備預測性維護等應用的說明。

- **第九章：農業應用**

  這章包含了精準農業、畜牧業與養殖漁業的人工智慧、農漁牧業機器人解決方案，以及智慧營運與運輸等應用的說明。

- **第十章：未來展望**

  這章談到了永續發展（ESG）、元宇宙，以及產業 AI 化進階應用的發展可能等的相關說明。

大家可以針對自己有興趣的部分開始閱讀吧！

CHAPTER

4 人文與法律應用

4.1 介紹

在 AI 爆紅之前的 1990 年代開始，資訊技術就逐漸被部分學者引用到人文領域研究過程中，並形成一個稱為「數位人文」（Digital Humanities，DH）的領域。在本章中，我們將會由數位人文，談到 AI 人文；我們也會藉由幾個最新的研究專案案例，介紹實現 AI 人文的步驟與方法。最後，我們將會以現實生活中的人文相關產業一法律為例，介紹 AI 在法律產業的應用場景與挑戰。

4.2 由數位人文到 AI 人文

數位人文是一個使用數位技術從事人文研究的新興領域，研究的範疇涵蓋所有人文領域如文學、歷史、法律和藝術等等。數位人文包含了建立數位資源（如數據資料庫和數位檔案），以及為分析和解釋這些資源而開發的工具和方法。

近年來，得力於 AI 的成熟，數位人文研究者開始使用 AI 進行研究。例如：有些研究者使用 AI 來辨識文本中不易為人類讀者所察覺的模式和趨勢；另外有些研究者則使用 AI 來辨識小說中的主題和角色。除此之外，AI 還可以提供新的觀點，以幫助研究人員更深入理解過去發生的事件。

4.3 AI 人文所常用的 AI 技術

目前在數位人文領域中，最常用到的 AI 技術為自然語言處理和圖像處理。

在自然語言處理中，用到兩個具體的技術，分別是命名實體辨識（Named Entity Recognition，NER）與事件擷取（Event Extraction）。NER 就是在文本中找出特定的人名、組織或地點出現的位置。它可以幫助我們從文章中擷取資料，並把它轉成可以分析和解釋的結構化資料。舉例來說，下面有一段文字：

特斯拉執行長伊隆．馬斯克與推特的收購案終於即將告一個段落

經過 NER 的處理後，加上標籤，會成為：

*特斯拉*_{組織名}執行長*伊隆．馬斯克*_{人名}與*推特*_{組織名}的收購案終於即將告一個段落

事件擷取就是在文章中找出事件和人物之間的關係。它可以幫助我們瞭解文章中發生了什麼事，並識別出重要事件和趨勢。事件擷取的第一步是辨認出事件的動詞，假定由下句中可辨識出「收購」：

*特斯拉*_{組織名}執行長*伊隆．馬斯克*_{人名}決定收購*推特*_{組織名}

接著就可辨認出伊隆．馬斯克為收購者，被收購者為推特。於是就可以擷取出下面的事件資訊：

- **事件動詞**：收購
- **收購者**：伊隆．馬斯克
- **被收購者**：推特

在圖像處理領域，數位人文學者中廣泛使用的技術是光學字符識別（Optical Character Recognition，OCR），也就是辨認出圖像中所有出現的文字與位置。OCR 經常用於已經完成掃描成為圖像檔的歷史文件，使研究者能檢索裡面的內容。

在數位人文領域中，近年來以社群媒體做為材料的研究越來越多。若以 AI 來擷取並分析社群媒體平台上的資訊，就可歸類為於社群媒體探勘領域。社群媒體探勘可用來研究社群媒體上人們在討論文史材料的趨勢及模式，也可以分析社群媒體上的思想和資訊傳播，更可以了解社群媒體對公共論述和意見的影響。社群媒體探勘還有一個常見的任務：根據某節點周邊節點的資訊，偵測該節點的屬性。

總而言之，在數位人文中使用 AI 技術，例如 NER，事件擷取，光學字元辨識和社群媒體探勘，有可能徹底改變我們研究人文學科的方式，並帶給我們對於文化思想和歷史遺產的新見解。隨著 AI 技術繼續進步，上述技術可能會在數位人文領域中扮演日益重要的角色。

案例（一）：社會心理健康感知

2020 年初，發生了世紀大疫新冠肺炎（Covid-19）。在短短幾個月內，染疫人數成等比級數上升，由於當時仍未發展出有效的疫苗及治療藥物，重症病人潮水般地湧向醫院，造成各國的醫療體系癱瘓。為了抑制病毒傳播的速度，各國政府紛紛採取極端的手段：封城。

初始，臺灣快速反應，立即加強檢疫，切斷由入境者帶來的病毒，再加上民眾遵守防疫指引，積極配戴口罩，因此疫情並未蔓延開來。直到 2021 年 5 月，因為病毒株變異進化，疫情還是快速散播開來，政府不得不宣布進入三級警戒，政府也頒布了在家上班、在家上學等等要求民眾盡量待在家的指引，這樣的警戒命令長達兩個月。蔡老師認為這種類封城的措施可能會影響到社會群體的心理健康，於是開始搜尋世界上是否已經有學者研究在調查封城與心理健康的關係。經過調查研究，美國學術界已有一些這方面的研究成果。因為當時美國是新冠肺炎的重災國家，高達上億人染疫。因此，美國多數的州政府在 2020 年中斷斷續續地宣布封城，僅有少數州選擇保持開放活動。封城固然對抑制病毒傳播有效，但也造成了封城區域裡生活的人們的心理問題。例如，家庭暴力在這段期間層出不窮。為了更清楚地調查封城對社會群眾心理健康的影響，亞利桑那大學醫學院進行了 5,928 人的大規模網路問卷調查研究 [1]。研究發現，封城對社會群眾的心理健康造成了嚴重的影響，包括增加的壓力、焦慮和抑鬱症的情況。

1 Killgore, W. D., Cloonan, S. A., Taylor, E. C., Anlap, I., & Dailey, N. S. (2021). Increasing aggression during the COVID-19 lockdowns. Journal of affective disorders reports, 5, 100164.

亞利桑那大學醫學院的此項研究雖然證實了封城與攻擊性行為的關係，但研究成本浩大，它必須從網路上找到一萬位受測者填寫問卷。而且這種調查方法有一個先天性的限制：它只能針對某個時刻進行靜態的觀測，而無法連續性地進行動態的觀測。有鑑於此，蔡老師與專題生許澤厚想到可以用美國人最常用的 Twitter 平台做為觀測對象，結合自然語言處理 AI 與統計方法，便能夠觀測封城是否與攻擊性行為有統計正相關，以及封城狀態與非封城狀態下，攻擊性行為的頻率是否有顯著性的差距。這篇研究成果已發表在醫學領域頂級期刊 Journal of Medical Internet Research (JMIR)[2]。以下說明此研究的細節。

▼**表 4.1**：攻擊性情緒

攻擊性情緒	定義
憤怒	強烈的不滿或敵意情緒
冒犯	冒犯語言
仇恨	表達對特定群體的仇恨

首先，團隊利用網路上公開的資料集，訓練了辨識 Twitter 是否含有三種不同攻擊性（分別為憤怒、冒犯和仇恨，定義如上表）的 BERT AI，方法請參見 4.5 節中的單輸入 BERT。其中，GoTmotions 用來訓練憤怒，AHSD 用來訓練冒犯，AHSD 加上 LSCS 用來訓練仇恨。但因為這三個原始資料所用的文本，與本研究要分析的 Twitter 之間，仍有或多或少的差異性，為了確認訓練完成的 BERT 在 Twitter 資料上的表現，團隊挑選了一千零八十條 Twitter 推文，其中 540 條來自有封城的人，540 條來自沒有封城的人，每週隨機選擇五到六條。兩位英文母語者再把這些推文按照定義標註了情緒，團隊以此來確認模型在進一步分析用的 Twitter 資料上是否有足夠能力。BERT 在團隊自行標註的 Twitter 資料集的表現如表：

▼**表 4.2**：BERT 在團隊自行標註攻擊性情緒的推特資料集的表現

Model	Precision	Recall	F1
憤怒	0.795	0.888	0.839
冒犯	0.843	0.922	0.880
仇恨	0.810	0.872	0.839

---

2 Hsu, J. T. H., & Tsai, R. T. H. (2022). Increased online aggression during COVID-19 lockdowns: two-stage study of deep text mining and difference-in-differences analysis. Journal of medical internet research, 24(8), e38776.

接著，用 BERT 分析所有抽樣的 Twitter 資料裡，含有攻擊性的比例。研究將美國所有的州分為兩組：有封城和無封城，並比較兩組在 92 週裡攻擊性推文比例；同時也針對經歷封城的州，觀察封城前後的攻擊程度變化。最後，研究利用差異—差異分析（Difference-in-Differences）來估計封城對攻擊程度增加的影響，比較封城前後有封城和無封城的 Twitter 用戶的攻擊程度差異，以確定增加的攻擊是否與封城有因果關係。

❶ 總體封城與未封城狀態下的攻擊程度

時序推回 2020 年 3 月 13 日，美國宣布進入緊急狀態。當時共有 42 個實施封城的州中，其中 40 個州在 2020 年 3 月 20 日至 4 月 4 日的 2 週內開始封城。下圖顯示的是 2020 年 4 月至 10 月的資料，因應美國的疫情越趨嚴重，難以控制，一些州也開始實施封城。下圖也說明了封城與未封城群體間攻擊程度的週間差異。

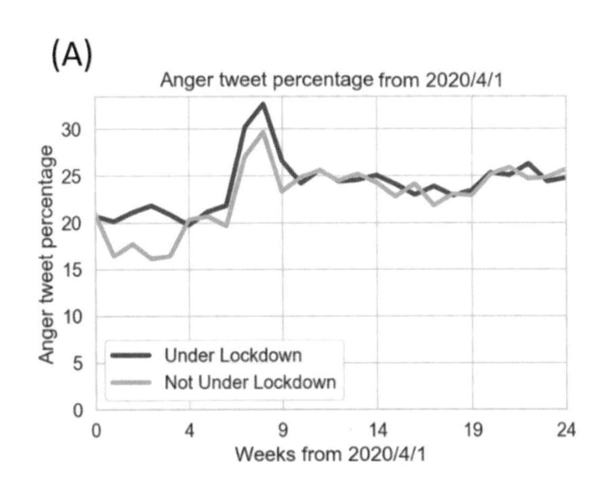

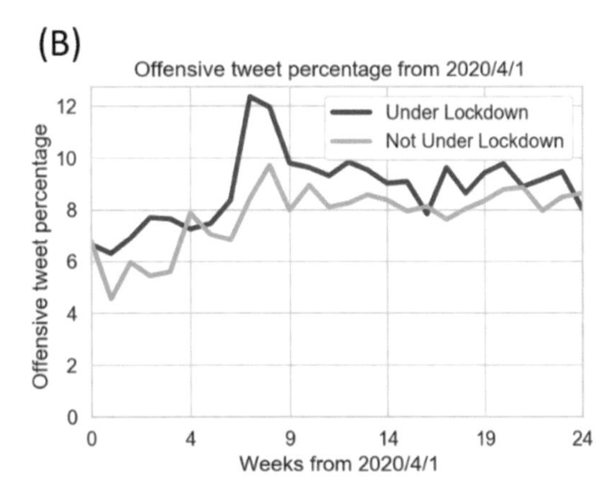

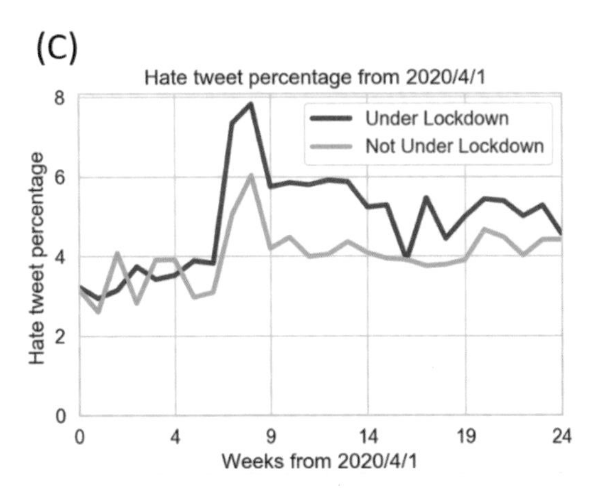

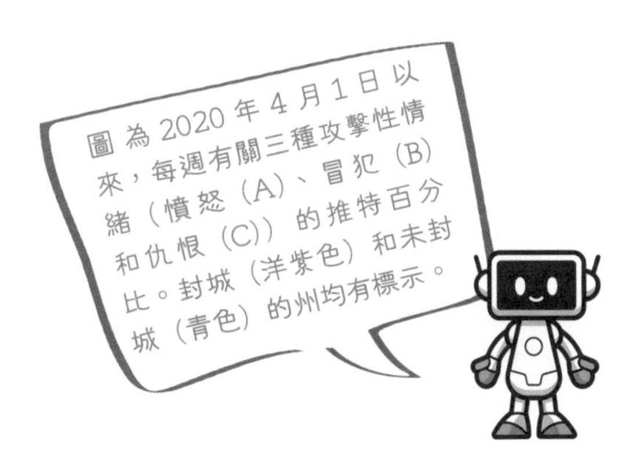

圖 4.1 封城與未封城群體間攻擊程度的週間差異

下圖將時間範圍放大，加入 2019 年的資料，也把疫情期間的資料放入更廣泛的背景中。

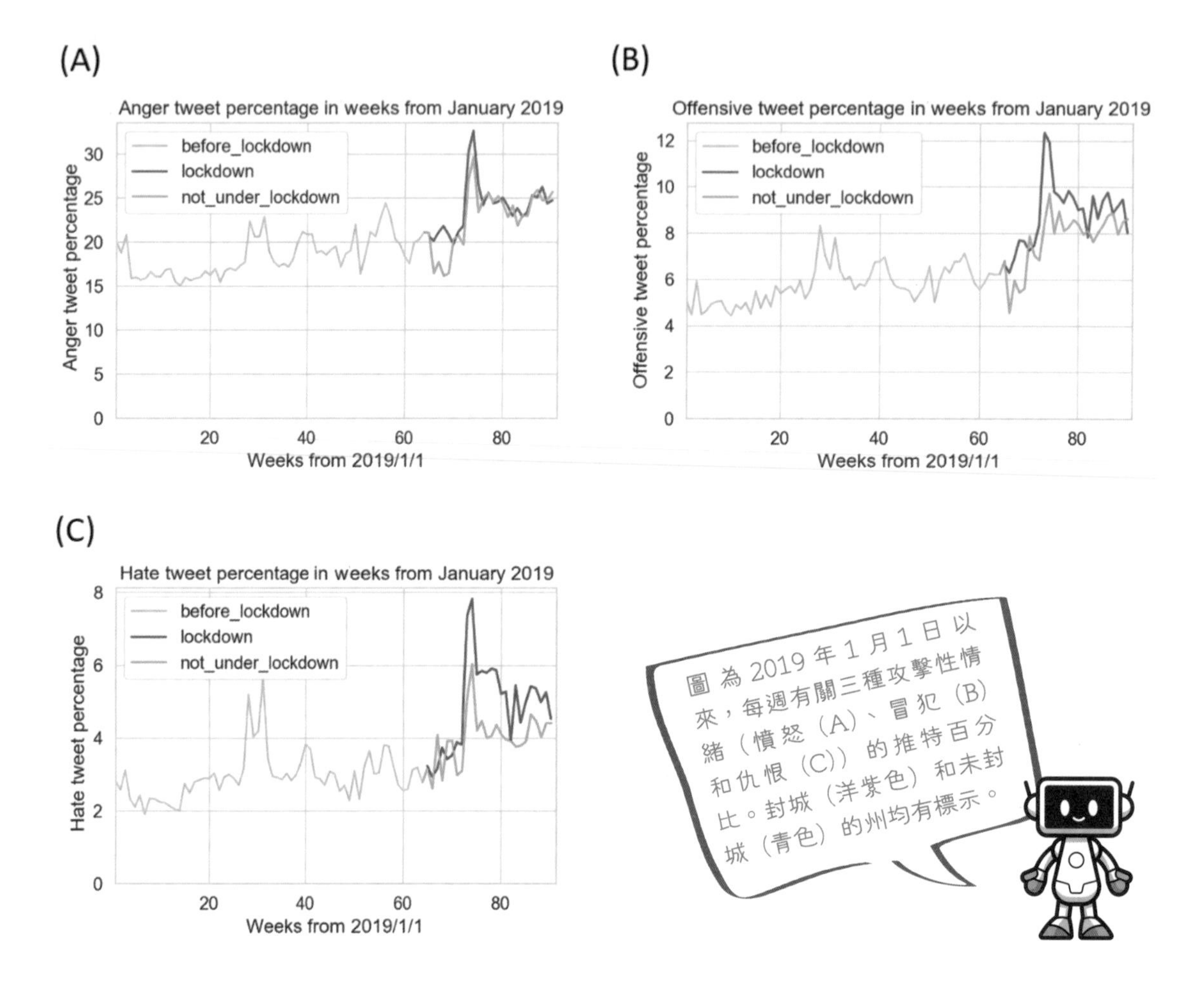

圖 4.2 加入 2019 年資料的封城與未封城群體間攻擊程度的週間差異

❷ 觀察封城前後的攻擊性趨勢

我們選擇了經歷過封城的州，並將它們的攻擊程度在封城前後進行了比較。我們也視覺化了封城後的攻擊增長趨勢。下圖顯示了包含目標情緒的推文的週間變化。

由上圖可以看到，三種攻擊性的情緒，在封城後的前 10 週內，推文百分比均有明顯的增長。以平均程度來看，封城前（60 週）和封城後（22 週）的平均每週推文百分比，憤怒的情緒由 18.51%升到 24.77%；冒犯的情緒由 5.80%升到 8.79%；仇恨的情緒由 2.97%升到 4.85%，說明這三種情緒的推文百分比都在封城後增加，這些描述性數據給了我們對封城和攻擊增加之間潛在聯繫的基本概念。至於百分比為何增加？到目前為止的分析並無法肯定完全是由封城造成的，不排除還有多種可能因素。要如何確認封城是最主要的因素呢？因為牽涉到統計概念，不在本書討論範圍內，有興趣的讀者請閱讀刊載在 JMIR 期刊上的原始論文。[3]

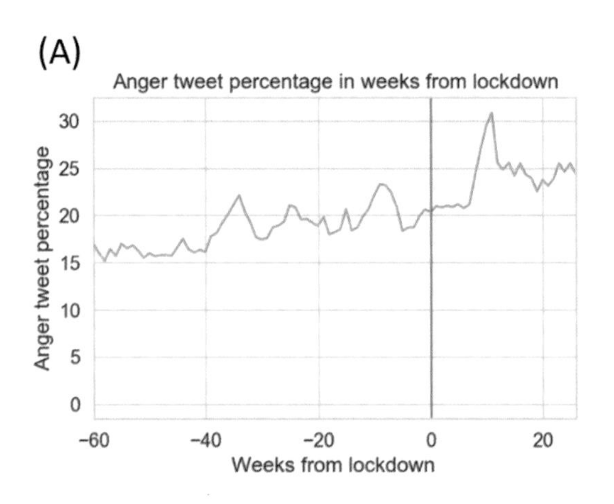

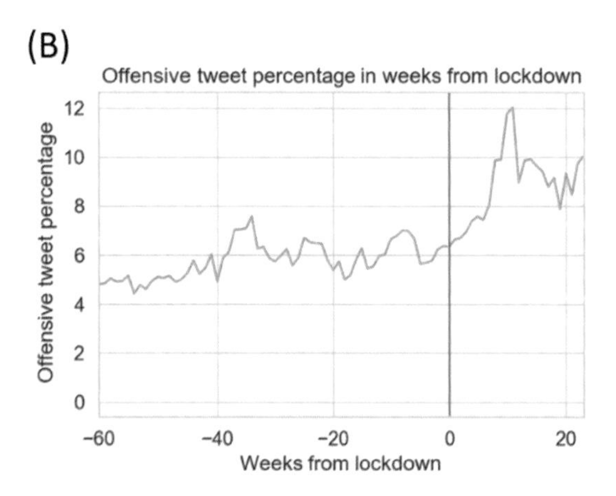

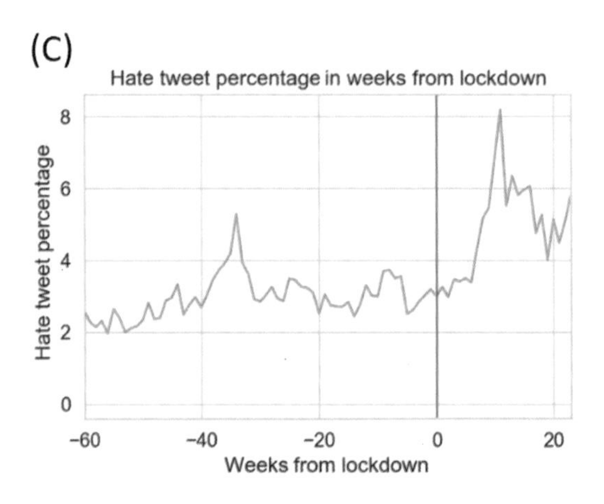

圖 4.3 包含目標情緒推文的每週變化圖

3 Hsu, J. T. H., & Tsai, R. T. H. (2022). Increased online aggression during COVID-19 lockdowns: two-stage study of deep text mining and difference-in-differences analysis. Journal of medical internet research, 24(8), e38776.

案例（二）：明實錄外交事件分析

外交是觀察帝國與周邊國家及部落聯盟互動關係的重要面向。而明帝國又是奠立今日東亞格局的重要起始點。在明帝國的外交事件中，朝貢事件佔了很大的一個比例。若要分析各國與部落聯盟每次進貢的細節，按照傳統的流程，歷史學者必須透過全文資料庫，檢閱相關史料，找到其中描述朝貢的段落，再依照事件資訊登錄到試算表中對應的欄位，完成資料結構化，歷史學家才能進一步分析統計。蔡宗翰老師團隊以嶄新的觀點，引進自然語言處理 AI 技術，對明朝史料進行整批大規模的分析，希望能挖掘出與以往不同的視角。接著，我們就來敘述這項研究的兩個主要步驟。

步驟一 對史料文本進行事件分類

在歷史學研究中，研究材料的設定是非常重要的。因為外交是屬於中央政府層級的事務，蔡老師團隊參考歷史學者程妮娜教授的論文，選用《明實錄》作為研究材料。由於《明實錄》高達 1600 餘萬字，又僅以段落粗略區分所述事件，再加上全書以文言文撰寫，並沒有標上標點符號，因此即使現代人閱讀起來也是相當費時費力，容易有所遺漏。

那要如何從將近 20 萬筆段落所形成的茫茫文海中，找出與外交事件有關的段落呢？

由於每個段落並沒有類似 hashtag（主題標籤）的標註，無法訓練監督式學習的 AI 來辨識外交事件段落；因此，蔡老師團隊想到可以應用「非監督式文本分群法」，也就是先將每個段落轉換為語意向量，接著依據段落的相似度來分群。這類似我們想將東西分堆的時候，我們會把相近的東西分成一堆的概念。

實際上，我們是採用 2.2 節所介紹的「K-Means 演算法」，K 是代表我們希望演算法幫我們分成 K 堆的意思，所以是一個可以指定的數字。

這個演算法的運作方式是這樣子的：

❶ 首先，先任意挑選 K 筆資料做為 K 個群的群主。例如，假設 K=2，我們可以選擇圖中有著色的兩點做為群主。

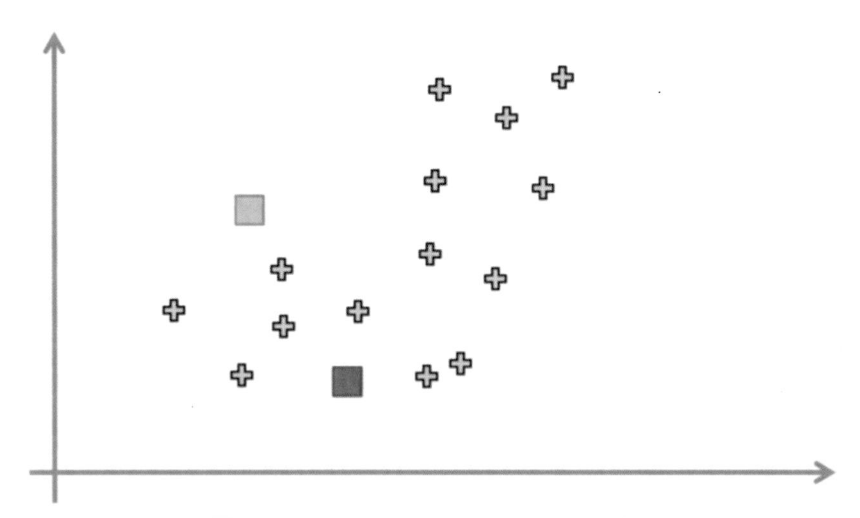

圖 4.4 K means 演算法的第一步結果

❷ 接著，將每筆資料逐一歸併跟它最接近的群主代表的群中。這步驟完成後，每筆資料都有所屬的群。承接上面的例子，所有資料被分界線切為兩群。

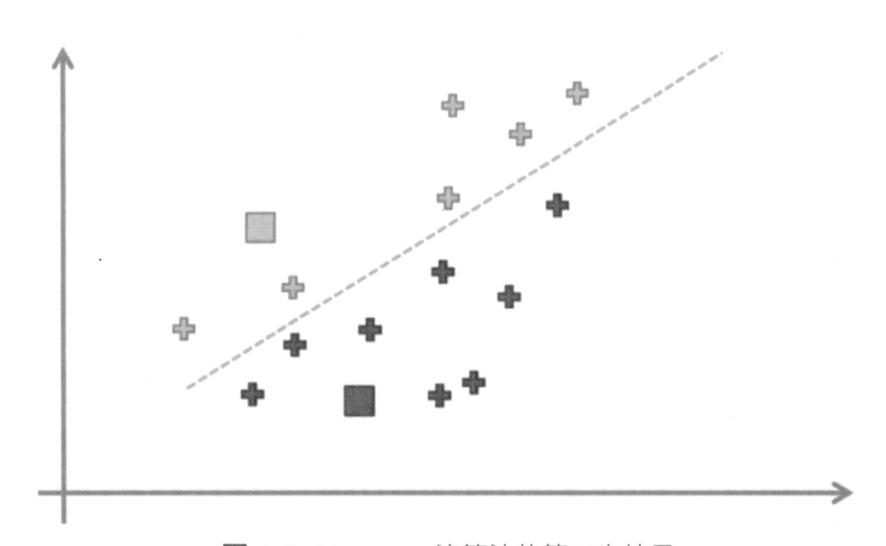

圖 4.5 K means 演算法的第二步結果

❸ 接著，每群再重新計算群主，計算的方式就是將所有成員的坐標取平均得到的新坐標，就是新群主的坐標。承續上面的例子，我們可以看到新群主是虛線的矩形。

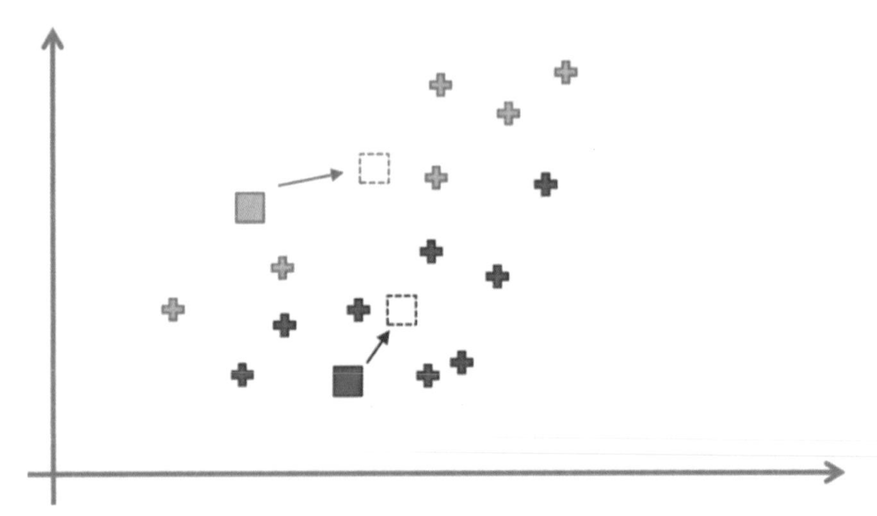

圖 4.6 K means 演算法的第三步結果

❹ 若各群主的移動絕對值總和小於門檻值，演算法就中止。否則，繼續回到第 2 步。接續上例，由於各群主的移動絕對值總和大於門檻值，因此回到第 2 步，重新分群，如下圖所示，跟原本的群在成員上有很大差異。

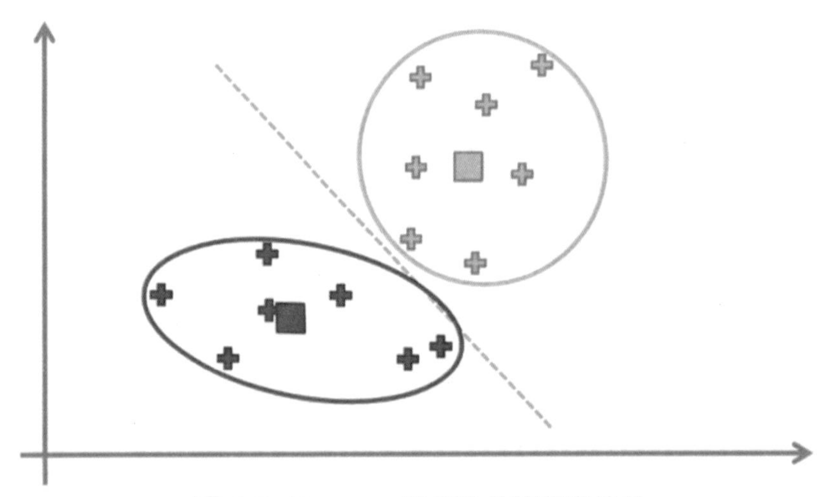

圖 4.7 K means 演算法的第四步結果

一開始，團隊並不知道 K 選哪個數最好，因此團隊嘗試了多個 K，最後選定了 K=60，也就是將所有段落分為 60 群。進一步，團隊又發現 60 群中某些群的成員內容很接近，於是便將相近的群合併，最終成為 40 群。最後，再請團隊中歷史系的成員為每個群命名，包含了地震等天災事件、朝貢等外交事件、任命等行政事件、平亂等軍事事件等等。每個段落被貼上事件類型 #hashtag 後，研究者便可以選擇他有興趣的類型段落繼續深入研究。

步驟二 以語意角色標註進一步分析外交事件類型細節

完成步驟一後，我們已經有了《明實錄》中與外交相關的所有段落（朝貢屬於外交）。但下一個面臨的挑戰是：這些事件是何時、何地、誰對誰做的？為了解決這問題，我們先觀察《明實錄》是如何描述一個事件的。

《明實錄》在敘述類似的事件時，使用的句式往往具有規則性，例如《明實錄》的朝貢活動記錄中，通常以「朝貢、貢、進、獻、進貢」五個謂詞來描述進貢事件，派遣使者朝貢多用「遣、差」二字，而明帝國賞賜的回賜事件則以「賜、給、賞、獎賞、給賞」五個謂詞來表達。因此只要剖析史書的寫作套路，就能讓電腦快速理解句中的語詞所扮演的角色和作用。

在 AI 研究領域中，恰巧有一種技術可以滿足需求，也就是「語意角色標註（Semantic Role Labeling，SRL）」。SRL 的作用是：給定某個「謂詞」，指出句子中與謂詞的相應的語意角色成分，也就是「在什麼時間、什麼地點，誰對誰做了什麼」。SRL 會以句子的謂語為中心，不對句子中所有的成分進行語意分析，僅標註句中重點成分（詞、片語）與謂語之間的關係，即句子的謂詞——「論元結構（Predicate-Argument Structure）」，並用語意角色來描述這些關係。語意角色包含了在每個謂詞上定義有所區別的主要語意角色，即「施者」、「受者」；以及在每個謂詞上定義完全相同附屬語意角色，如「地點」、「時間」等等。

關於語意角色，就像是一個迷你劇場，每個字都有不同角色。語言充滿生命力，奇妙不斷，好比字詞排列不同，有時含意相同，有時卻大相徑庭。例如「老王踩到一隻老鼠」與「一隻老鼠被老王踩到」含意一樣，但「我跟他說過了」與「他跟我說過了」則是完全不同。

為了讓電腦認識人類奇妙的語言，需要進行細緻的語意分析，這就是「語意角色標註」技術存在的目的，好能分辨出句子裡的字詞各自扮演哪些角色，而角色的類型主要有：施事者、受事者、客體、經驗者、受益者、工具、處所、目標和來源等等。例如：「開元二十七年李白在黃鶴樓遇到孟浩然」經過語意角色標註處理後就變成：

開元二十七年	李白	在黃鶴樓	遇到	孟浩然
時間	施事者	處所	謂詞	受事者

在這研究裡，語意角色標註的流程如下：

❶ 找出含有指定謂詞的段落。

❷ 針對每個含有指定謂詞段落，以蔡老師團隊發展的文言文斷句程式進行斷句。

❸ 針對每個含有指定謂詞的句子，逐字分類每個字的語意角色。

基本上，「語意角色標註器」可以選定任何一種序列標註模型，例如我們在第三章介紹過的 BERT 來建構，只要我們準備好標註資料，也就是句子上的每個字都必須標註語意角色，就可以交給 BERT 去進行訓練。

透過語意角色標註技術，識別出明實錄貢賞事件的人地物等組成要素，就可以建立《明實錄》的朝貢資料庫，再藉由統計分析後產生明帝國的外交物質交換報表。以朝貢活動為名實行的進出口貿易來看，明帝國經由朝貢貿易進口最多的是牲畜類，尤其是以馬匹為大宗；其次為殊方異物。而明帝國回賜給進貢者則以銀兩幣鈔最多；其次為絲綢布匹。想必位於江南的織造業承擔了這些外銷需求的多數。

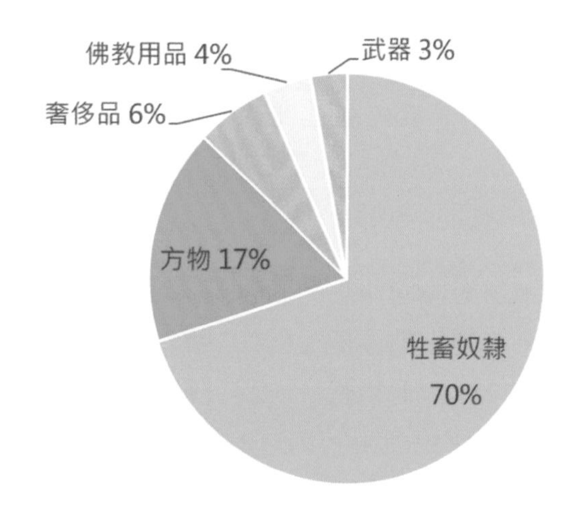

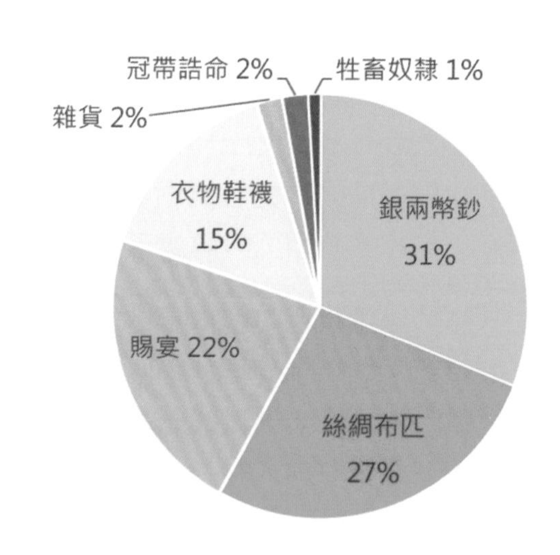

圖 4.8 明實錄朝貢事件物品分佈圓餅圖

又如從進貢次數最多的羈縻衛所—蒙古兀良哈三衛的進貢事件統計圖來看，明英宗正統年間朝貢交流最頻繁，平均一年有六次。這符合目前歷史學家分析的結論。若讀者想知道更深入的細節，可以閱讀這篇文章的原始論文 [4]（這篇以語意角色標記技術進行的明實錄朝貢事件分析，已發表在數位人文領域頂尖國際研討會 Digital Humanities 2019 上）。

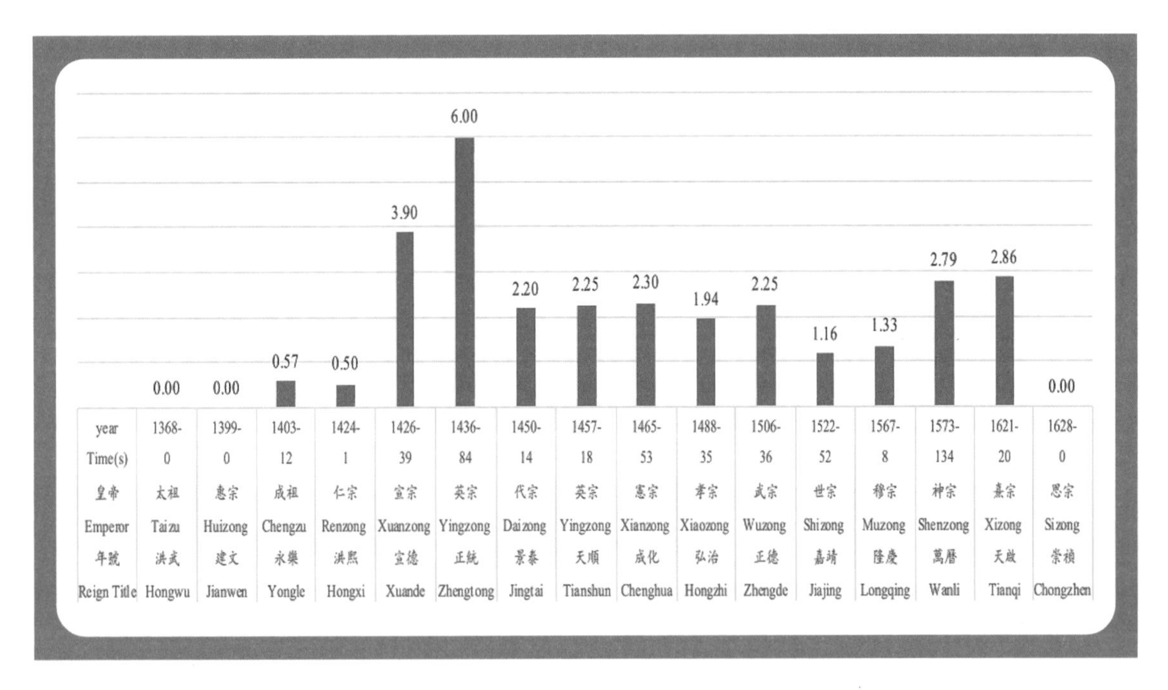

year	1368-	1399-	1403-	1424-	1426-	1436-	1450-	1457-	1465-	1488-	1506-	1522-	1567-	1573-	1621-	1628-
Time(s)	0	0	12	1	39	84	14	18	53	35	36	52	8	134	20	0
皇帝	太祖	惠宗	成祖	仁宗	宣宗	英宗	代宗	英宗	憲宗	孝宗	武宗	世宗	穆宗	神宗	熹宗	思宗
Emperor	Taizu	Huizong	Chengzu	Renzong	Xuanzong	Yingzong	Daizong	Yingzong	Xianzong	Xiaozong	Wuzong	Shizong	Muzong	Shenzong	Xizong	Sizong
年號	洪武	建文	永樂	洪熙	宣德	正統	景泰	天順	成化	弘治	正德	嘉靖	隆慶	萬曆	天啟	崇禎
Reign Title	Hongwu	Jianwen	Yongle	Hongxi	Xuande	Zhengtong	Jingtai	Tianshun	Chenghua	Hongzhi	Zhengde	Jiajing	Longqing	Wanli	Tianqi	Chongzhen

圖 4.9 明實錄皇帝在位期間朝貢交流統計圖表

透過 AI 的非監督式事件分群技術，可以為史書中的文本段落區分事件類型，而自動化語意角色標註則實現了在古代漢語文本中擷取貢賞事件相關資訊。像這樣訓練電腦的古文閱讀理解能力，便能幫助讀者在龐大的文獻量中找到目標資訊。

案例（三）：地方志圖像分類

人文學者在進行研究中，第一手資料經常是紙本書籍。而紙本必須要數位化才能夠進一步的提供給所有研究者自由運用，因此，數位化的第一步是進行掃描。由於大半古籍多書以整頁的文字，內容呈現方式較為單一，所以掃描之後，必須依照每頁的內容呈現方式加以分類。對古籍研究來說，常使用的分類有文字、手繪圖像、各式地圖等等。分類之後，再進行後續的處理工作。在本節中，我們將介紹蔡老師與德國馬克思普朗克科學史研究所（Max Planck Institute for the History of Science）合作的 —— 中國地方志頁面圖像分類研究專案，以此來介紹這個在數位人文領域中經常使用到的圖像分類技術。

中國地方志是研究中國地方歷史的主要來源，因為它們提供了包括地理環境、基礎設施、自然條件、政治、文化和社會等方面的廣泛資料。從十世紀到二十世紀初，估計超過 8,000 種的地方志的存在，它們幾乎覆蓋了歷史中國的所有地區，目前，大量數位化地方志已經可以通過數字化和商業數據庫的訂閱，供讀者在線上檢視瀏覽。

為了讓地方志的研究變得更便利，這些地方志的數位檔案通常會附上細心註釋的 metadata，例如書目資訊和版本細節。除了文字以外，地方志文件偶爾還會有豐富的插圖，如果沒有適當的圖像辨識工具，很難探索或分析這些圖像。過去地方志的內容必須由人工註釋，這是一件耗時且需要專業知識的工作。但隨著自動書本圖像識別和光學字符識別（OCR）等 AI 技術的出現，電腦輔助標記已經成為趨勢。然而，如何實現自動化這一過程並確保標記的一致性，仍然是數位人文研究學者和資訊科學家面臨的重要挑戰。

本研究專案的目標是利用最新的深度神經網路，開發一個中國地方志頁面圖像的分類系統。地方志頁面圖像可分為九個類別：文本、風景地圖、城市地圖、行政地圖、星系圖、照片、人物圖、建築物和物體。以下將詳細介紹蔡老師使用的方法。

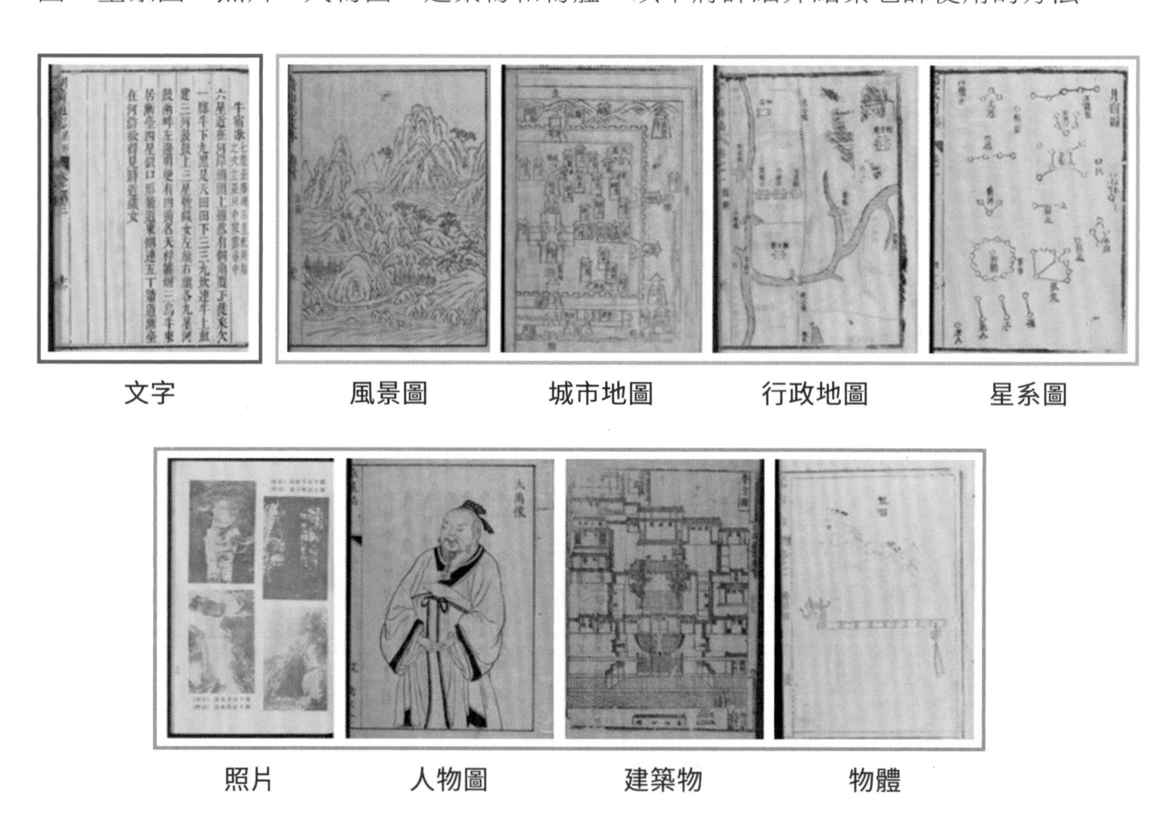

圖 4.10 中國地方志圖像九大分類

圖片來源：Chinese Local Gazetteers Digitization Project, Harvard-Yenching Library, Harvard University（https://curiosity.lib.harvard.edu/chinese-rare-books）

圖像分類方法

我們採用監督式學習來訓練我們的圖像分類模型。此外，我們也採用 4.3 節提到的預訓練 —— 訓練架構。首先，我們評估了五個準確率較高的預訓練網路，經過實測，最後選定用了在本資料集中實測起來最準確的 DenseNet201，是 DenseNet 的一種。

DenseNet 是一種深度學習架構，起源於 2017 年的論文 "Densely Connected Convolutional Networks" 中。DenseNet 針對傳統卷積神經網路（Convolutional Networks ，CNN）的問題做了改進：在傳統的 CNN 中，每層只與前面的層連接。在訓練階段，梯度在反向傳播幾層後可能變得很小，導致網路收斂緩慢或根本無法收斂。DenseNet 通過引入密集連接（dense connection）解決了這些問題，其中每個層都與網路中的每個其他層連接，讓資訊與梯度可以更直接地流動，使訓練過程更有效率。DenseNet 還有其他的好處，例如可以減少 filter 裡面的 kernel 數，使得整體參數量下降，相較傳統的 CNN 來說，DenseNet 不易發生過擬合問題。

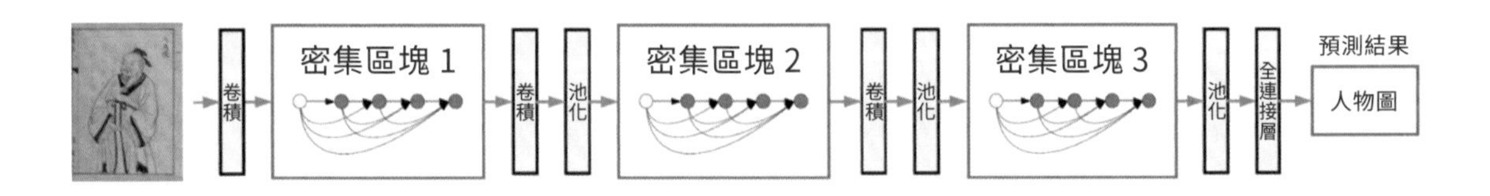

在本研究中，我們要訓練一個能對地方志頁面圖像進行分類的 DenseNet。如上圖，這個 DenseNet 包括了一個初始的卷積層用來擷取特徵，接著是幾個密集區塊（為了簡化起見，上圖只畫了三個），每個密集區塊包括多個密集層；同一區塊內前面的層會連到後面每一層。舉例來說，圖中密集區塊 1 的第 1 層（白色節點）就連結到 2、3、4、5 四層；這樣，第 1 層的資訊就可以直接傳到後面這四層；在反向傳播時，第 5 層的梯度也可以直接傳給前面的 1、2、3、4 四層。最後面的全連接層是用於對應到各分類，在這個地方志頁面圖像分類器中，最後將接上九個分類。通過密集連接的方式，網路可以更有效地學習和使用圖像特徵。

研究結果

這方法在文字和圖片的分類上表現得很棒，精準率 0.96，召回率 0.99，F1 分數 0.98（如下表），結果符合預期。由於文字的圖片和圖形的圖片外觀差異很大，所以模型能夠做出準確的預測。

▼**表 4.3**：中國地方志 AI 執行九大分類結果

類別	精準率	召回率	F1 分數
文字	0.9636	0.9907	0.9770
風景地圖	0.9594	0.9460	0.9527
城市地圖	0.8803	0.8803	0.8803
行政地圖	0.6393	0.7500	0.6903
星系圖	0.9808	0.8793	0.9273
照片	1.0000	1.0000	1.0000
人物圖	0.9500	0.9744	0.9620
建築物	0.7692	0.8333	0.8000
物體	1.0000	0.8750	0.9333

根據上表可注意到 AI 判辨理解行政地圖的能力相對較低，精確度為 0.64，召回率為 0.75%，F1- 分數為 0.69。進一步檢視後發現，部分行政地圖被錯誤地分類為城市地圖與風景地圖。判辨理解錯誤的原因主要有：這三類圖像相似性高，例如下圖應為行政地圖，但被 AI 誤判為風景地圖。經詢問專家，這張圖像歸屬於行政地圖的理由，是因為右上方書寫了「關中勝蹟圖」五字。

圖片來源：Chinese Local Gazetteers Digitization Project, Harvard-Yenching Library, Harvard University（https://curiosity.lib.harvard.edu/chinese-rare-books）

此外，AI 判辨理解建築物的能力也相對較低，精確率為 0.77，召回率為 0.84，F1 分數為 0.80，進一步檢視後發現，部分建築物被誤分類為城市地圖。下圖顯示的是被分類為城市地圖的建築物的例子，可以看到建築物與城市地圖在圖像的角度看是極其相似的。

圖片來源：Chinese Local Gazetteers Digitization Project, Harvard-Yenching Library, Harvard University（https://curiosity.lib.harvard.edu/chinese-rare-books）

在這個研究專案中，蔡老師團隊成功地開發了一套頁面圖像分類系統。這套系統讓研究人員能夠快速查找各類型圖像。最後，蔡老師團隊也開發了一個網路服務，歡迎讀者透過簡單的介面使用，對中國地方志的圖像進行分類。若讀者對此研究專案的細節感興趣，可閱讀本研究專案發表於 PNC 2022 研討會及數位人文排名第一之期刊 Digital Scholarship in the Humanities 的論文[4]。

4 cite: Chen, J.-A., Hou, J.-C., Tsai, R. T.-H.*, Liao, H.-M., Chen, S.-P., & Chang, M.-C.* (2023, August). Image Classification for Historical Documents: A Study on Chinese Local Gazetteers. Digital Scholarship in the Humanities. Oxford University Press. (Accepted). (SSCI).

4.4 AI 於法律的應用

近幾年，AI 在許多領域廣為應用，法律也是其中之一。相較一般文章，法律文案中會更講究用字的精準度，強調人、事、時、地、物的完整性，同時仍須保持精簡的闡述，因此法律文本經常給人晦澀難懂的印象。即使是法律從業者，也需耗費大量的時間搜尋與研究過往的法律判決書。隨著 AI 的研發快速進步，目前，AI 對法律領域的好處也更加清晰。例如，AI 可以執行一些勞力密集的律師事務所工作，以節省時間和金錢。詳見知名的加州律師 Jeffrey Nadrich 對 AI 在法律的應用做了精闢的整理 [5]。在本節中，我們將引述 Jeffery 的看法並加以延伸，探討 AI 在法律產業中扮演的角色。接著，我們要探討最近非常熱門的 ChatGPT 等大型語言模型在法律領域的應用場景。最後，我們將敘述 AI 在法律應用上的潛在挑戰。

一、AI 在法律產業中扮演的角色

根據 Mckinsey 的數據，有 23% 的律師工作事項是可被自動化的。所以許多律師事務所都意識到這一點，積極學習使用 AI 來自動化重複性的任務，以加快工作的速度，並節省大量的費用。那麼，AI 在法律領域中究竟能做什麼呢？以下整理出五點，包含法律研究、文件探勘與分析、合約審查與分析、案件預測，以及法律文件起草等。

法律研究

法律研究是一件勞力密集的任務，經常需要幾個小時甚至一整天的時間，去找出目前案件和過去案件之間的相似之處。這正是 AI 可以解決的地方。在 AI 的幫助下，法律從業者可以在非常短的時間內，找到有關案件、條款和特定法律的資訊。換句話說，之前需要耗費幾個小時的工作，現在只需要幾分鐘就能完成。例如，Ross Intelligence 等公司已建立了具有對法律論點的瞭解詳細的研究平臺，提供律師們加快處理法條研究、研擬訴訟策略。因此，透過 AI 的輔助，律師們有能力快速識別法律資料中的模式，更深入地了解不同案件、法律和條款之間的關係，促使他們能夠制定有效的案件策略。此外，AI 可以經由訓練來將複雜的法律語言轉化為簡單的語言，協助律師更容易理解與解釋法律文件。

---

5 https://practicesource.com/law-firm-article-chatgpt-and-the-role-of-ai-in-the-law-industry/

文件探勘與分析

AI 能幫助律師快速篩選成千上萬的大量文件，找出趨勢並制定策略。因為 AI 能輕鬆查看大量文件，並將發現結果分類，評估每個可能的解決方案，使律師不因閱讀疲憊而影響工作效率。此外，AI 也能夠提供選項給律師參考，還會為每個解決方案提供信心程度評估。

合約審查與分析

律師的工作之一是處理大量的合約，審查合約需要很多時間且容易出錯。但是，AI 可以解決律師在審查和分析合約時遇到的困難。例如，律師可以使用 AI 來檢查合約的更新、到期的日期、風險的評估，以及合約中提到的法律的義務。AI 還能進一步提供律師更全面且準確的合約分析結果，列舉更多數據和資訊以幫助他們做出明智的決策。它也可以協助律師解析複雜的法律文件，將其翻譯成簡單易懂的語言。這可以讓律師更快地理解文件的意義，避免因語言障礙導致的錯誤的發生。目前，LawGeex 已提供以大數據為基礎的線上合約審閱服務。FRONTEO 則提供電子取證及數位鑑識服務。

案件預測

對律師來說，知道客戶能否贏得案件或以客戶利益結案，也是很重要的。如果律師大致了解案件的預測，他們就能知道是否需要上訴前談和解。案件預測也讓律師和客戶了解案件的成本，以及投資的時間是否值得。過去，律師的預測結果來自於經驗和手動研究，但隨著 AI 的普及，他們現在可以得到更精確的預測。AI 會檢視律師事務所內外的數百至數千件過去的案件，然後提供案件結果的模式和概率，使律師在處理客戶問題時更具有信心。

法律文件起草

這是指產生各種法律文件的草稿，可以減少人工與人為抄寫繕打的錯誤。目前，LegalZoom 這家公司已提供遺囑、信託等各項法律文件自動化生成服務。

二、ChatGPT 在法律領域的應用場景

在 2022 年底，ChatGPT 這個基於大型語言模型 GPT 4.5 的文字接龍模型誕生。由於不管使用者提示什麼，ChatGPT 都能夠接話，或是完成包含寫文案、寫程式等等文本生成的工作，於是在短短的兩個月內，ChatGPT 就達到了一億位使用者。ChatGPT 的出現象徵著 AI 的重大突破，也帶來了生成式 AI 的時代。以下，我們就來談談 ChatGPT 在法律領域的應用場景。

高階聊天機器人

ChatGPT 可以發展為高階聊天機器人，為客戶提供常見的、重複的詳盡事實性回答。它具有會話式風格，並能根據提問情況回答，表現十分出色。

法律研究

ChatGPT 可以協助自動化和加速法律研究工作。它能夠提供：

- 法條
- 法律情況範例
- 根據國家或州法律提供大部分事實性回答

而且，在發問完後，我們還可以繼續發問後續問題，不必重新敘述，它仍然能提供有價值的回答。

法律文件起草

從之前的例子中，我們看到 ChatGPT 可以在幾秒鐘內生成從遺囑到合同到保密協議（NDA）的所有法律文件。以 AI 起草法律文件可節省律師事務所的時間，減少錯誤，並簡化整個過程。

文件審閱和分析

最後，ChatGPT 在文件審閱和分析方面也很有用。使用這項技術，律師事務所可以在幾分鐘內審閱大量合同和文件。並進一步從審查的資訊中發現模式和解決方案，以利執行最佳的行動計劃。

三、法律行業使用 AI 的潛在挑戰

儘管 AI 具有許多令人驚豔的好處，但使用 AI 上仍存在著一些問題。目前，使用 AI 的一個主要問題在於道德和責任，例如，若 AI 提供的資訊導致傷害、損失或產生負面影響，誰必須承擔責任？不幸的是，目前並沒有適當的法規來解決這樣的問題，而且 AI 尚未準備好處理公正判斷，或解決案件中出現的複雜問題，它還有可能提供非事實性和有偏見的回答。

4.5 結論

使用 AI 在人文領域的研究中，可能會大幅改變原有的研究方法，改變我們對人文領域的理解方式。隨著 AI 技術繼續發展，AI 在人文領域中扮演的角色將日益增重。善於詮釋的人類加上博聞強記的 AI，將可使人文領域的研究產生許多前所未見的嶄新視野與突破。

CHAPTER

5 醫療應用

5.1 介紹

根據美國著名產業調查機構 Frost &Sulliven 的報告（圖 5.1），順應人口老化，在醫療人力不足趨勢下，醫療支出，相較原來在治療的部分的比率至 2025 年將大幅下降，取代的是預防、診斷、監測部分的比率上升。要達到強化醫療這個目的，就要使用 AI 結合物聯網感測的科技。[1]

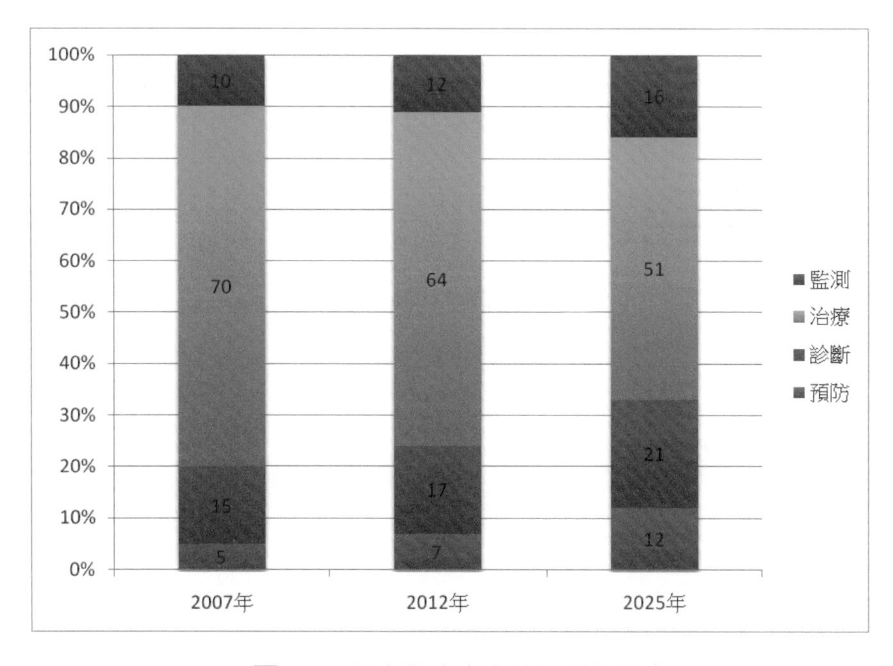

圖 5.1 個人醫療支出佔比預估圖

圖片來源：Frost &Sulliven（2016）

AI 在各個產業，包括醫療領域，都取得了重大進展。AI 在醫療領域的整合，開啟了一個全新的領域，並在醫療服務的提供方式上帶來了革命性的變革。

5.2 AI 應用架構與案例

在這一章節中，我們將深入探討 AI 在醫療領域的各種應用案例，包括醫療記錄分析、加速藥物開發、醫學影像分析，以及風險預警與其他等醫療應用。這些例子展示了 AI 帶來更有效率、準確和有效的醫療系統的潛力。隨著對改善醫療服務的需求不斷增加，AI 正趨於成為塑造醫療未來的關鍵因素。與我們一起探索 AI 在醫療領域的令人興奮的發展和潛力吧！

本章規劃如下圖：

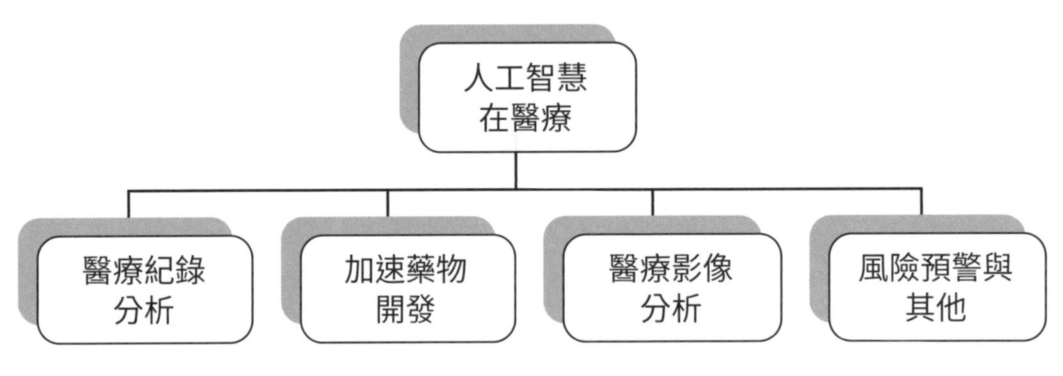

圖 5.2 智慧醫療的人工智慧應用範疇

5.2.1 醫療記錄分析

醫療紀錄有很多種類，包含醫院病歷、臨床診斷記錄、生化檢測數據、用藥記錄、保險賠付和社會行為決定因素等，分析產生的精確模型已經能夠大大協助醫院診斷；另外，透過 AI 可以協助電子病歷分類。這裡舉了「雲檢的多組學系統」與「聯新醫院的 AI 疾病分類系統」兩個案例說明。

案例（一）：雲檢的多組學系統

美國史丹福大學醫學院的 AI 團隊，過去五年在美國使用 AI 分析了 3,700 萬人的醫療記錄，包括醫院病歷、臨床診斷記錄、生化檢測數據、用藥記錄、保險賠付和社會行為決定因素。這些記錄產生了 500 多個醫療績效考核模型和 200 多個疾病風險預測模型。每年新增的 10 億條醫療記錄會通過 AI 機器學習不斷訓練這些模型，以提高其準確度。這套醫療 AI 系統已在美國醫院管理、保險精算、政府控費等領域使用，成效包括：急診數減少 15%、30 天回診數減少 13%、住院天數減少 12%、院內死亡降低 37% 等，每年節省逾 200 家醫院診所 15% 至 30% 的醫療支出。

西元 2016 年，雲檢成立於美國矽谷。它整合了世界領先的多種學術檢測平台技術和醫療數據的 AI 分析方法。它利用多組學術檢測數據，通過分析疾病發生過程中的生理變化，發展出更精確的疾病預測和監控的 AI 模型。它可以量化分析個人的健康狀況和疾病情況，打破傳統健檢只能告知是否得病的局限，預警可能即將發生的疾病，提前介入干預以避免疾病發生。目前已經建立了包括三十種常見疾病（如多種癌症、心肌梗塞、腎病、中風、老年癡呆症和糖尿病等）的個人化多組學的 AI 模型，並經過樣本測試驗證，可以追蹤預測疾病發生趨勢，適用於主動式健康管理。

雲檢在台灣也設立研發和營運基地，與當地醫療機構合作。它透過結合系統中 80 萬亞洲人的數位模型，產生更適用於亞洲人的醫療 AI，建立發病前精準預測和精準干預，發病後精準治療和精準康復的個人化與智慧化的健康管理模式。[2]

案例（二）：聯新醫院的 AI 疾病分類系統

疾病分類任務就是將給定的一筆電子病歷編上疾病分類碼之過程，可編一至多個。由於疾病分類碼（ICD Code）高達 15.5 萬種，因此任務極為困難。現今多半先由醫師編碼，再由疾病分類師檢查。每筆病歷都有一個最主要的疾病分類，也就是主診斷。在編碼的過程中，需詳閱住院紀錄，費時費力。因此有多項研究致力於發展自動疾病分類 AI。目前主流方法是以預訓練 AI 為基礎的多標籤分類器，架構如下圖。

1　資料來源：《人工智慧在物聯網的應用與商機》一書

2　資料來源：《人工智慧在物聯網的應用與商機》一書

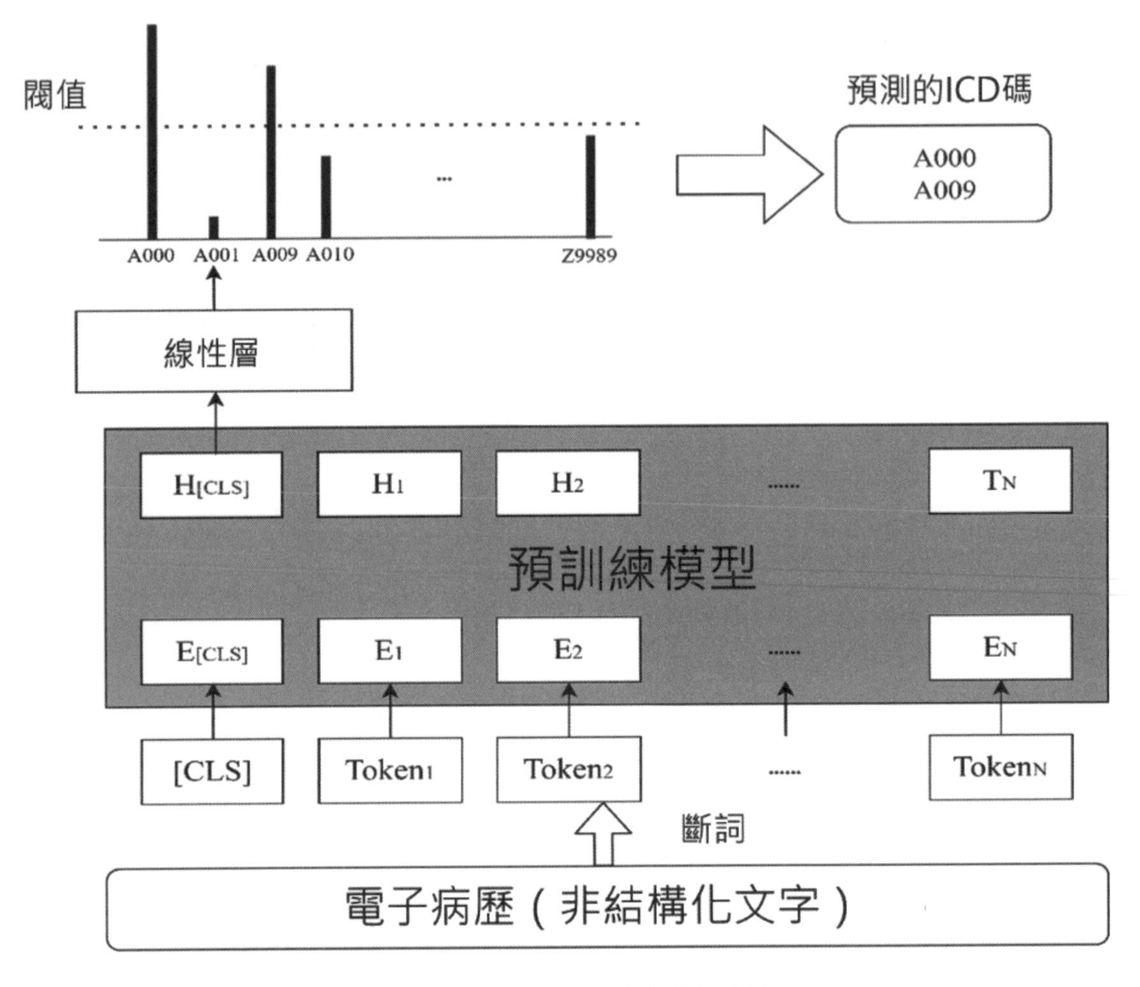

圖 5.3 電子病歷主流疾病分類方法

圖片來源：蔡宗翰老師提供

疾病分類任務的主要挑戰是分類種類極多，因此 AI 預測主診斷的準確率不高。以目前表現最佳的疾病分類系統 PLM-ICD，僅有 0.27。聯新醫院邀請蔡宗翰老師團隊合作突破此項挑戰。蔡宗翰老師團隊調整了損失函數，將主診斷錯誤的懲罰權重設為最高，其餘診斷的懲罰權重調低。調整之後，主診斷預測的準確率大幅提升到 0.45，所有診斷準確率也達到了突破性的 0.54。

5.2.2 AI 加速藥物開發

使用 AI 演算法可以加速藥物開發，特別是這次新冠肺炎很有效的莫德納的 mRNA 疫苗，就是因為利用 AI，才能這樣快的趕上整個疫情的快速爆發，成為保命的疫苗，以下我們以此案例說明。

案例（三）：莫德納的 COVID-19 疫苗

莫德納（Moderna）在開發 COVID-19 疫苗時，利用了 AI 技術，大大加快了疫苗研發的速度。莫德納團隊建立了一個數位基礎設施，利用流程自動化、資料擷取和 AI 演算法加速過程，並向其科學家提供寶貴的洞察。

其中一個重要的使用 AI 的方式是在 mRNA 結構的設計方面。公司開發了自己的藥物設計工作室，這是一個基於 AWS Fargate 的網頁應用程式，允許其科學家設計新的 mRNA 結構，並使用 AI 演算法進行最佳化。這些 AI 演算法幫助自動化了各種任務，如物流決策和品質控制步驟，節省了大量的手工審查時間，同時也提高了分析的品質。

莫德納另一個使用 AI 的方式是在其高吞吐量的臨床前規模生產線中。公司利用 AI 演算法自動化生產過程中的許多手工和耗時的任務，如品質控制，這使得它生產 mRNA 結構比傳統方法更快、更有效率。

總而言之，莫德納對 AI 的創新使用對於快速有效地開發其 COVID-19 疫苗至關重要。透過在藥物設計和生產過程中利用 AI 算法，該公司能夠優化其 mRNA 構建物，並在記錄時間內推出安全有效的疫苗。使用 AI 使莫德納能夠推翻傳統疫苗開發的可能性，並為未來更令人興奮的進展鋪平道路。[3]

5.2.3 醫療影像分析

在 2018 年，科技部邀請臺北醫學大學、國立臺灣大學、臺北榮民總醫院三大醫療團隊，於 12 月 26 日舉行記者會，共同宣布國內首個跨院所的醫療影像資料庫正式啟動，並發表第一年在腦、心、肺重大疾病的醫療影像標註研究成果，及建置 46,450 個案例的相關醫療影像。[4] 自此之後醫療影像 AI 分析的應用越來越蓬勃發展，我們這裡提出台大、台北榮總、林口長庚的案例說明，另外也佐以 Google 的案例說明科技業如何切入。

---

3 資料來源：AWS 台灣網站 https://aws.amazon.com/tw/events/taiwan/interviews/articles-AZ_Moderna/

4 資料來源：今日北醫電子報 http://tmubt.azurewebsites.net/archives/3569

案例（四）：台大的 PANCREASaver 胰臟癌偵測系統

台大醫學院內科教授廖偉智與臺灣大學應用數學科學研究所教授及 MeDA Lab 主持人王偉仲教授帶領的研究團隊，召集醫學、應用數學、統計、資工等多元背景人才，開發出全球第一套能夠從電腦斷層影像中自動偵測胰臟癌的 PANCREASaver 模組。PANCREASaver 模型建立了一個「全自動化」的流程，系統可以直接連接醫院內部醫療影像系統（PACS），然後 PANCREASaver 會自動分析影像，看看有沒有胰臟癌的可能。

AI 判斷速度快，所以當病人做完 CT 檢查後，PANCREASaver 會立刻進行全自動化分析，大約只需要 1 到 2 分鐘的時間就能完成，然後就可以把結果呈現給醫生。醫生只需要帶一台 iPad，就能夠看到 PANCREASaver 的分析結果，系統會以「原始影像」和「AI 判斷結果」的方式呈現，並以橘色標示出胰臟位置，紅色區域則是疑似有腫瘤的部位，如果判斷有腫瘤，病例編號上會以「紅燈」警告，反之則以「綠燈」顯示。

PANCREASaver 模型就像是一個訓練有素且不會感到疲倦的放射科醫生，它的目的不是要取代醫生，而是輔助醫生。它可以幫助醫生分擔大量的工作，也能加快檢查與治療流程。

舉例來說，現在病人接受完 CT 檢查後，通常需要等待一到兩週才能看到報告，這段等待期間很難避免讓人焦慮；但是因為放射科醫生的工作量很大，判讀影像資料需要一定的時間。未來有 AI 介入，快速判讀，一旦發現有疑似病例，就能立刻發出警告，提早開始下一個醫療步驟，讓病人有更多的治療時間。

不過要注意的是，診斷胰臟癌不能完全靠影像，有時還需要檢驗組織切片才能確診。AI 能幫助醫生挑選疑似病例，但最終還需醫生判斷。

AI 智慧醫療和影像辨識正在改變醫療，未來 AI 輔助偵測胰臟癌系統上線後，希望能不僅服務已經懷疑有胰臟癌的病人，還能應用在更廣泛的人群，例如只要在醫院做過腹部 CT 的人，都可以透過這個系統檢測是否有可能罹患胰臟癌，進一步提高診斷的保障。[5]

5　資料來源：
肝病防治基金會網站 https://www.liver.org.tw/journalView.php?cat=76&sid=1131&page=1

圖 5.4 PANCREASaver 說明

圖片來源：截取自 YouTube https://www.youtube.com/watch?v=9XdA-EG1omY

案例（五）：台北榮總的 AI 輔助門診

台北榮總醫院推出了 AI 輔助門診，並打造了神經影像 AI 輔助門診系統「DeepMets」來協助醫生診斷複雜的腦部轉移瘤。據放射線部主任郭萬祐表示，腦轉移瘤是判斷癌症期別的重要指標，而 DeepMets 系統能協助判讀核磁共振造影（MRI）影像，並確診病情，以提供更精確的治療方案，例如標靶治療或加馬刀手術。

郭萬祐說，大多數腦轉移瘤病人都是肺癌病患者。以前，病人看完病且進行進階的 MRI 檢查後，要等 5 到 7 天，等放射科醫生做完正式的 MRI 診斷報告，才能決定治療方案。整個流程通常要花上一個月，讓病人等得很焦慮。為什麼 MRI 報告要花這麼久？通常的做法是，醫生需要從數百張 MRI 影像中找出發現腫瘤的那張，手動標記出腫瘤的範圍，再從下一張影像開始，逐一標記，直到顯示出腫瘤的最後一張影像。最後，透過軟體來計算出腫瘤的大小。這個過程的時間因腫瘤的形狀和大小而異，平均要花超過 30 分鐘。如果需要再次仔細確認，還需要更多或幾倍的時間。

如果能縮短影像診斷的時間，就能更早決定治療方式，對於癌症末期的病患，早一天確診就等於多爭取一天的生命。台北榮民總醫院和台灣 AI 實驗室明白這一點的重要性，2018 年 5 月，就開始合作打造 DeepMets 系統。

台北榮總提供了 1,300 份已經標註過的腦轉移瘤影像，由台灣 AI 實驗室負責建置辨識演算法模型。這批已標註過的腦瘤 MRI 資料大大節省了 AI 模型訓練的時間，兩方每個月密切合作，經過不斷修改和測試，不到六個月就訓練出了一個具有辨識能力的模型。

郭萬祐解釋，DeepMets 快速建置的關鍵在於 1993 年引進的加馬機[6]設備，可以使用鈷六十光來消除腦內深層的腫瘤，進行免開顱手術。然而，加馬機手術前，需要透過 MRI 和立體定位術，確定腦瘤的位置，再利用電腦計算照射的部位，才能使用加馬機，將 201 道鈷六十光束照射到腦瘤上。

因為加馬刀手術[7]需要精準定位，所以臺北榮總醫生群自從 26 年前就開始在 MRI[8]上標註每個病灶位置。這些精準的標註已經累積了 8,000 多個病例，涵蓋了聽神經瘤、原發性腦瘤、腦轉移瘤、腦下垂體瘤以及血管畸形等等。在這波 AI 浪潮中，臺北榮總累積的精準標註影像正好能發揮作用，順勢而進。

郭萬祐講解，有一位病人要做一次腦部 MRI 掃描，會產生數百張不同的切面影像，再傳到醫院的 PACS（醫療影像存儲和傳輸系統）裡面，再由醫生判斷。現在，醫生可以從 PACS 點選 DeepMets，讓 AI 自動判斷 MRI。「只要 30 秒，就能從數百張 MRI 中標記出病變位置、自動計算出腫瘤體積。」郭萬祐強調，DeepMets 真的縮短了判斷影像的時間，也可以當醫生的第二參考意見。如果醫生認為系統偵測結果不正確，還可以手動修正，這樣就能不斷訓練模型。AI 輔助診斷系統帶來的改變，還有更多。當病人做完進階檢查後，放射科醫生就能根據 AI 輔助診斷系統的初步數據，快速製作報告。病人可以早一點決定，是由放射專科醫生還是原本的專科醫

6　使用加馬刀去除腫瘤的設備。

7　加馬刀利用 201 根加馬射線，集中照射，患者不須打開顱骨，在單一的療程中，將幅射離子束，由四面八方集中照射顱內特定腦瘤。資料來源：花蓮慈濟醫院網頁 https://hlm.tzuchi.com.tw/nsurg/index.php/introduction/neurosurgical/feature/plus-knife

8　MRI（Magnetic resonance imaging）是利用核磁共振（nuclear magnetic resonance，NMR）原理，依據所釋放的能量在物質內部不同結構環境中不同的衰減，通過外加梯度磁場檢測所發射出的電磁波，即可得知構成這一物體原子核的位置和種類，據此可以繪製成物體內部的結構圖像。資料來源：Wikipedia https://zh.wikipedia.org/zh-tw/%E7%A3%81%E5%85%B1%E6%8C%AF%E6%88%90%E5%83%8F

生，來做腦轉移瘤的診斷、癌期的判定和治療方針，這樣就能大幅縮短就診次數和等待時間。郭萬祐強調，醫生還能花更多時間給予病人關懷，並討論最佳治療策略。

根據臺北榮總 2019 年 4 月份最新統計，AI 輔助診斷的成果顯示，DeepMets 判讀腦轉移瘤的準確率已從先前的 80% 提高到 95% 以上。[9]

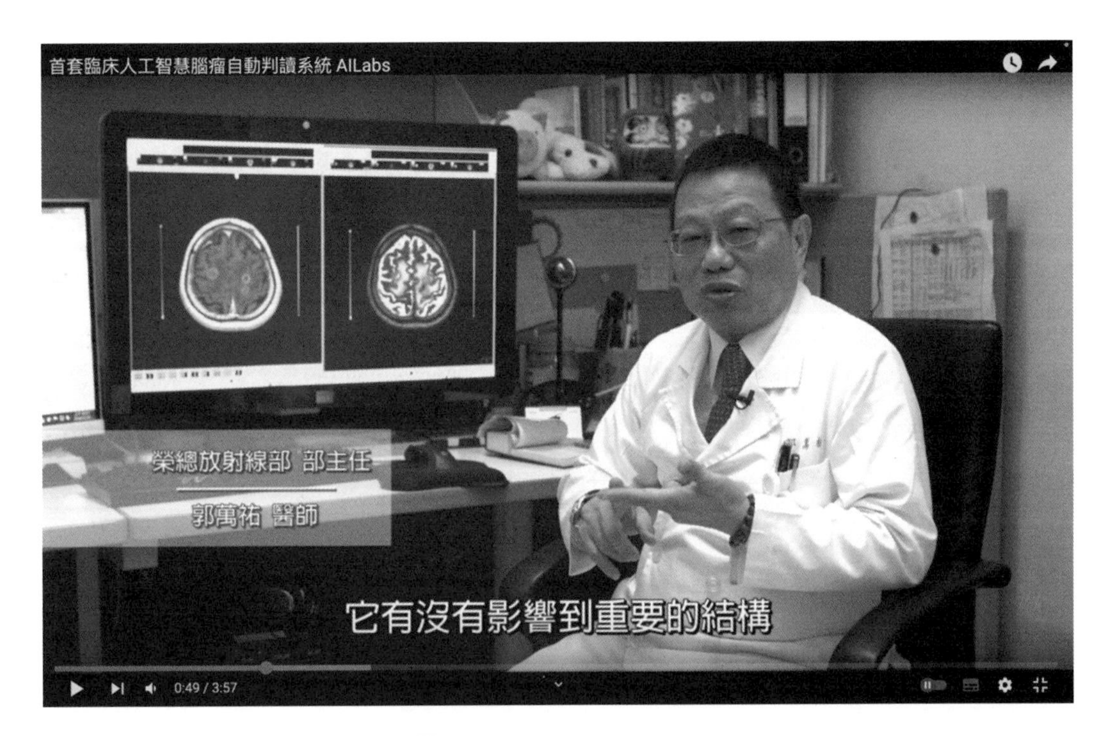

圖 5.5 Deep M ets 展示

圖片來源：截取自 YouTube https://www.youtube.com/watch?v=6neuXHSqTsc

案例（六）：台大腦瘤 AI 圈選系統 VBrain

台灣台大醫院推出了自動圈選腫瘤 AI 系統 VBrain，已經成功運用在 100 多名腦瘤患者身上。這套系統使用深度神經網路 AI 技術，在核磁造影上自動圈選出腦瘤邊界，並且能夠找出不易被肉眼發現的細小腫瘤。台大醫院腫瘤醫學部主任葉坤輝指出，治療腦瘤必須精準地圈選腦瘤邊界，如果圈選的範圍太小，可能殘留癌組織，如果太大，則可能會損傷正常的腦部組織。在 AI 的協助下，能夠提高醫師對於腫瘤的偵測率，約可多偵測 12% 的腦瘤，大多為微小且難以發現的腦轉移瘤。

---

9 資料來源：ITHome 網頁 https://www.ithome.com.tw/news/129883

這套系統經過了臨床測試，適用於腦瘤腦轉移瘤、腦膜瘤、聽神經瘤等三大腦瘤，相關研究成果發表於頂尖臨床醫學期刊 Neuro-Oncology。在 AI 的協助下，醫師能夠更精準地圈選腫瘤邊界，並且減少對正常腦部組織的損傷。腫瘤自動圈選 AI 系統 VBrain 還獲得了美國食藥署的認證，成為全球首次被美國 FDA 批准的 AI 自動腫瘤圈選系統用於放射治療領域的尖端醫療設備。

醫隼智慧公司主導了這項 AI 技術的開發。在將其運用於臨床之前，該公司委託台灣大學醫院以及美國多家醫院完成了為期 18 個月的跨國、多中心的盲性回顧式試驗，總共偵測了 1790 例腦轉移瘤、413 例腦膜瘤以及 363 例聽神經瘤病患。這項技術的成效優異，相關研究成果發表於頂尖臨床醫學期刊 Neuro-Oncology，同時也通過了台灣食品藥品監督管理局的核准。

台灣大學醫學院的吳明賢教授表示，台灣大學的團隊和醫隼智慧的年輕實力堅強的團隊，通過跨國大型臨床試驗，才能如此快速地獲得全球首次 FDA 認證。他表示，台灣大學將持續瞄準未來，透過 AI 研究，解決更多醫療需求。而醫隼智慧的執行長呂任棠表示，這套系統就像是醫師的第二雙眼和第二雙手，腫瘤偵測精準度可達九成，只需要幾分鐘就能完成預測。它可以作為醫師手術參考，大大節省時間。

吳明賢教授還表示，越來越多的 AI 技術導入臨床實踐，可以節省影像判讀時間，讓醫師有更多時間和病患討論病情，並制定客製化、精準的放射治療方案。即使是癌症治療，也能更溫暖、人性化。[10]

案例（七）：林口長庚 AI 輔助外傷影像診斷

為了加強外傷急診醫療水準，林口長庚收集了 5,000 張骨盆 X 光片，利用 AI 演算法幫助急診醫師診斷可能的骨折部位，並抓住治療的黃金時機。準確率超過 95%，且已被美國史丹佛醫院、約翰霍普金斯醫院和新加坡樟宜醫院等多家國際知名醫院和外傷中心採用。該研究成果被刊登在 2021 年 2 月的自然通訊 (Nature communications) 期刊，展現台灣和林口長庚在醫療 AI 的強大實力。

---

10 資料來源：Yahoo 新聞 https://tw.news.yahoo.com/news/%E5%85%A8%E7%90%83%E9%A6%96%E7%8D%B2%E7%BE%8Efda%E8%AA%8D%E8%AD%89%E8%85%A6%E7%98%A4ai%E5%9C%88%E9%81%B8%E7%B3%BB%E7%B5%B1-%E5%88%A4%E8%AE%80%E6%9B%B4%E5%BF%AB%E6%9B%B4%E7%B2%BE%E6%BA%96-051426805.html

林口長庚外傷急診醫師鄭啟桐表示，一名工地工人自高處摔落，造成右大腿骨折並伴隨不穩定的血壓。由於外院無法找到病因，只能進行輸液和輸血治療，病患被送往林口長庚醫院急診。當病患被送至急診科時，外傷科醫師利用 AI 演算法輔助診斷，並發現病患除了右大腿骨折外，還有左側恥骨骨盆骨折。骨盆骨折易引發出血，為了迅速止血，林口長庚外傷團隊進行後續檢查和血管攝影，找到出血點並及時止血，使病患血壓穩定。隔日，病患接受了大腿骨手術，並在一週後平安出院。

廖健宏醫師表示，以前的 AI 演算法通常只能針對單一部位的單一病灶進行分析判讀，但在臨床情況下使用會有限制。當同時處理多個任務時，精確度就會下降，這也是現在 AI 還無法在臨床上推廣的原因。他解釋，在臨床上發現骨盆 X 光片可以顯示許多不同的結構和病灶，如髖骨、股骨、脊椎骨、坐骨和骨盆。如果 AI 只能識別髖骨骨折，對於醫療幫助的效果很有限。骨盆骨折是外傷中最致命的傷害之一，在重大車禍或嚴重外傷中經常發生。因此，臨床醫師最希望的是如何利用一張骨盆 X 光片來診斷各種不同的傷害。

鄭啟桐醫師指出，以前需要用兩到三個不同的程式才能完成這項工作，但長庚外傷團隊利用醫院自己的大量外傷資料庫，搜集了過去十年高達五千張骨盆 X 光片，並且訓練及新設計出 AI 演算法。現在，這個演算法能夠同時辨識各種不同位置及不同類別的外傷型態，還能用熱點標示來精準指出病人受傷的位置。第一線醫師可以參考這些結果，加速且精確地診治病人，提升外傷醫療品質。透過這種人機合讀機制，醫師可以大幅提升診斷的效率。

林口長庚外傷中心領銜美國馬里蘭州 PAII 實驗室研發的演算法，在長庚體系多個院區使用效果超優，在全國各級醫院使用同樣表現出色。因此，多家國際醫院和外傷中心如美國史丹佛醫院、波士頓醫院、約翰霍普金斯醫院和新加坡樟宜醫院等，也紛紛採用此演算法，其診斷準確度依然受到廣泛認同。

依據衛福部統計，「事故傷害」是我國十大死因之一，高居第六位，每 10 萬人口約有 28.1 人。廖健宏醫師表示，林口長庚為北區外傷重症中心，全年無休提供病患適時適當的手術與醫療照顧，尤其是多重外傷及生命徵象不穩定者。因此，在忙碌混亂的情況下，時間至關重要，透過 AI 協助降低延誤診斷或漏診的風險。台灣和林口長庚的醫療 AI 實力也在國際間嶄露頭角。[11]

---

11 資料來源：長庚醫療財團法人網頁 https://www.cgmh.org.tw/tw/News/PressNews/210420001

案例（八）：Google 用手機鏡頭判斷皮膚疾病

Google 投入超過三年利用機器學習及人工智慧來判斷皮膚疾病，發表幾篇論文驗證 AI 模型可行性，包括在《自然醫學》期刊投稿 Google 建立的 AI 皮膚疾病模型，可以達到美國皮膚科醫生相同的準確度。此外在 JAMA Network 上發表論文，證明非專科醫生如何利用 AI 判斷皮膚狀況。

為了確保所有人都能使用此工具，AI 模型考慮了年齡、性別、種族、皮膚類型等因素，使用了 65,000 張照片及已診斷皮膚病例資料、數百萬張的皮膚圖片及上萬張健康皮膚照片來調整 AI 模型。最近 Google 開發的 AI 皮膚症狀辨識工具已通過臨床驗證，並在歐盟獲得 CE 標誌為 I 類醫療設備，但尚未通過美國 FDA 評估。Google 也將繼續開發 AI 皮膚症狀辨識工具，以便更多人能使用此工具判別常見的皮膚問題。[12]

5.2.4 風險預警系統與其他

使用數據建模的機器學習 / 深度學習系統，可以預測趨勢走向。針對風險可以預測其發生率，提出預警，這裡以奇美醫學中心的麻醉 AI 風險預測系統，以及臺北榮總即時血液透析 AI 預警系統為例說明。

另外 AI 可以協助行政效率，提供掛號預約客服機器人…等其他功能，之前萬芳醫院就提供了萬小芳這款機器人來協助掛號。

案例（九）：奇美醫學中心麻醉 AI 風險預測系統

奇美醫學中心率先全台建置「手術麻醉 AI 風險程度預測系統」，2020 年 4 月上線，運用圖形化呈現麻醉風險，迄已評估 5,000 位個案，可以達到更精準的麻醉風險預測，有助病人與家屬的術前溝通。

奇美醫學中心麻醉部婦幼麻醉科主任褚錦承指出，影響麻醉的因素非常多，可分成與手術相關、麻醉相關、疾病相關等，病人臨床資訊愈完整，風險評估愈準確，因此，危險因子及時矯正，能有效降低麻醉風險及死亡率，達到個人化和精準的麻醉風險預測。

---

12 資料來源：T 客邦 https://www.techbang.com/posts/86835-ai-skin-conditions

奇美醫學中心麻醉部於 2019 年成立「醫療大數據庫暨人工智慧運算中心」(AI 中心)，研究將風險評估任務交由人工智慧輔助完成，奇美醫療體系 3 院區每年約有 3.2 萬至 3.5 萬例麻醉，10 年達到 30 萬筆，以此進行機器學習，發展人工智慧醫療。

奇美醫學中心運用近 10 年電子病歷資料庫，擷取 1 萬 286 位手術病人術前基本資料，運用醫療大數據進行機器學習技術，預估手術後死亡率與重大不良反應的風險，建置「手術麻醉人工智慧 (AI) 風險程度預測系統」，提供麻醉醫師臨床輔助，提升醫療品質、降低麻醉風險和死亡率。

褚錦承說，多數病人進入麻醉訪視門診往往很忐忑，通常只接收「有風險」，但對於風險理解有限，這套預測系統以圖像呈現，幫助病人與家屬淺顯易懂，且以前術前麻醉評估至少需花 20 分鐘，現在不到 10 分鐘，效率也提升了。尤其，高齡化社會，偏鄉很多長者共病多，現在有 AI 輔助，溝通起來也容易多了。[13]

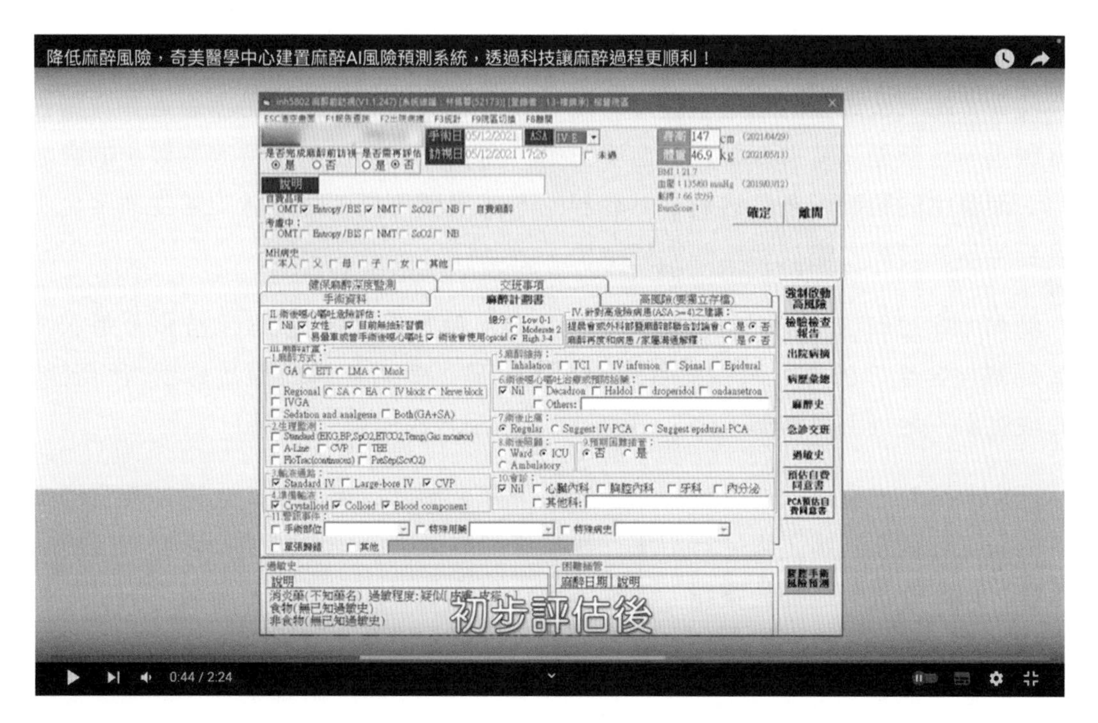

圖 5.6　奇美醫院的手術麻醉 AI 風險程度預測系統

圖片來源：截取自 YouTube https://www.youtube.com/watch?v=Eai8Y8X4A3I

13　資料來源：中國時報 https://www.chinatimes.com/realtimenews/20220624004673-260418?chdtv

案例（十）：臺北榮總即時血液透析 AI 預警系統

台北榮總腎臟科攜手數據分析廠商 SAS，花了一年半的時間，訓練出一套即時血液透析 AI 預警系統。系統能夠根據透析機每秒產出的 200 組參數，預測病人心衰竭風險，準確率達 90%。團隊利用連續型資料庫，在 1 年半的時間內處理了 1.1 億筆資料。基於這個系統，團隊開發了乾體重預測 AI，成功將誤差率降低了 80%。

臺北榮總利用即時的龐大數據，創造出 AI 預警系統，可預測病人心衰竭風險和乾體重。這套 AI 系統能即時處理大量參數的關鍵在於連續型資料庫，可即時處理大量資料，每秒可達上萬筆。臺北榮總在洗腎中心螢幕上呈現 AI 系統，類似於戰情室儀表板，醫護人員能即時處理高風險病患和風險因子。

唐德成醫師是臺北榮總腎臟科的主任，也是這個 AI 預測專案的關鍵推手。他指出，臺灣的洗腎人口密度世界第一，每年超過 9 萬人接受洗腎治療，其中有半數因心血管疾病死亡，心衰竭就是其中一個重要死因。

此外，每次洗腎後的乾體重設定也是一個重要因素。乾體重是指患者在洗腎後的正常體重，也就是沒有過度脫水且血壓正常的體重。這個體重通常需要醫生的經驗來設定，而醫生的經驗大多是透過嘗試錯誤的方式累積而成。有經驗的醫生需要至少三個月到半年的時間才能找到準確的建議值。

例如，病患每次接受洗腎治療約為 4 小時，每月平均接受 13 次洗腎，每次洗腎體重約增加 2 至 5 公斤。如果乾體重設定不準確，就可能導致脫水過度（引發肺積水）或脫水不足（引發血壓下降），對於病人來說容易引發心衰竭。

此外，洗腎過程造成的併發症，如血壓下降、抽筋、出血等，也得仰賴醫師根據當下的病況和儀器判斷，再進行治療。雖然唐德成過去就推動打造一套血液透析無紙化系統，以記錄洗腎過程的資訊，護理人員也可從中查詢病人洗腎時發生的事件和處置。但即便無紙化，患者洗腎時，護理人員仍得每半小時手寫患者所有生命參數。他深知，這個做法難以即時因應突發狀況，因此決定打造 AI 預警系統，根據洗腎機每秒參數變化，進行風險預警。

唐德成、歐朔銘、朱原嘉三位，與數據分析廠商 SAS 合作開發了這套風險預警 AI。這套 AI 有兩種風險預警，第一種是預測心衰竭風險：他們使用臺北榮總大數據中心的健保大數據，包括病歷、檢驗結果、用藥資訊等，以及血液透析機每秒產出的上百組參數。朱原嘉表示，取得透析機產出的參數是一大工程，因為原廠只設定顯示常用的 5、6 組，所以他們需要自行介接其他參數，還得向廠商取得 SDK，討論過程重複多次。

團隊取得參數後，面臨另一個挑戰就是「資料對齊」。朱原嘉提到，不同品牌透析機的參數單位不同，所以團隊要花時間詢問原廠並統一單位。另外，機器每秒產生高達 200 組龐大數據，1 年半內可達 1.1 億筆，包括動靜脈壓、血流量、導電度、脫水速度、脫水量、透析液流速等參數。但團隊必須從中篩選出最具影響力的 10 組關鍵參數，以左心室射出功率 LVEF [14] 為主要指標，呈現在儀錶板上供醫護人員查看。

朱原嘉表示，清理資料和資料介接前置作業佔了專案九成時間。在此期間，他們也建立了連續型資料庫，以處理每分鐘的 130 筆寫入資料。這種資料庫很特別，即使每秒鐘最多可處理上萬筆資料，但朱原嘉指出，它只會記錄有變動的資料，因此不會快速消耗容量。目前，這套心衰竭預警 AI 的準確率為 90%，醫護人員可以透過洗腎中心的儀表板隨時掌握病人的動態。儀表板顯示了所有洗腎病人的健康狀況，使用不同的顏色來表示病人的嚴重程度和風險等級。歐朔銘表示，未來將繼續優化模型，希望將準確度提高到與人類醫生一樣的 95%水平。

除了心臟衰竭風險，這套 AI 還能進行乾體重預測。歐朔銘指出，乾體重調整大約是病人體重的 5%，通常靠醫生經驗，但由於病人體重會動態變化，每次透析前需要微調脫水量（大約增減 300 克至 500 克），來達到設定的乾體重。然而，血液透析過程變化迅速，最後實際的脫水量可能與透析前的預測有所誤差，平均誤差約為 200 克左右。臺北榮總完成心臟衰竭風險預測 AI 後，也馬上利用這些資料，訓練乾體重預測 AI，成功將誤差值縮小至 40 克，也就是讓誤差下降了 80%。[15]

14 Left ventricular ejection fraction，左心室射血分數，射血分數是一個心臟生理學術語，指每博輸出量占心室舒張末期容積的百分比，可分為左心室射血分數和右心室射血分數。資料來源：Wikipedia https://zh.wikipedia.org/zh-tw/%E5%B0%84%E8%A1%80%E5%88%86%E6%95%B0

15 資料來源：ITHome https://www.ithome.com.tw/news/143813

5.3 結論

AI 在醫療的應用包含醫療紀錄分析、加速藥物開發、醫療影像分析，以及風險預警上，如同以上的例子，我們可以知道其已經大大的協助了醫療，並強化了準確率與效率，未來在更多數據收集後，必然會更加快速發展在更多的醫療情境。

CHAPTER

6 金融應用

6.1 介紹

智慧金融是因應全球數位化趨勢而針對金融業應用的科技，人工智慧在其中扮演很重要的角色：透過人工智慧的技術，提供客戶更好、更符合需求的金融產品。而如何讓客戶有好的體驗，讓客戶黏著度高，甚至推薦朋友成為金融機構的新客戶，是很重要的事。

透過攝影機在 VIP 客戶到機構場域中時，第一時間由攝影機搭配影像辨識，立刻通知相關人員 VIP 客戶到場，接下來可以提供此客戶親切的服務，讓客戶有好的感受，相對關係與生意就比較能長久！

另外很多在智慧型手機的支付服務及 ATM/VTM 上的金融服務，需要更精準的人體特徵辨識，這也是人工智慧與物聯網可以著力的地方。

客戶在網頁上的交易軌跡、電話中的服務錄音、客戶的實體交易紀錄…等等數據，結合金融機構跟客戶有關的其他數據，做人工智慧分析，就可以達成更瞭解客戶，因而針對客戶做到精準行銷。

另外，人工智慧可以增加營運效率，達成自動化，甚至強化對各種風險的防範。

6.2 AI 應用架構與案例

為了提升客戶體驗，金融業大量使用人工智慧：利用物聯網裝置收集到客戶的接觸資料，分析以瞭解客戶行為，作為客戶視圖、客戶接觸據點設立依據；而具備人工智慧的無人機更可以作為客戶理賠時第一時間到達客戶災損所在勘查的重要工具。金融業也開始導入 Chatbot 及理財機器人兩種人工智慧軟體機器人，接下來使用的企業會越來越多。另外人工智慧還有用各種數據資料作出信用模型以協助貸款、對客戶精準行銷產品，以及協助法遵、資訊安全防禦與風險管控。

因為智慧金融包含的除了有提升客戶體驗，信用與貸款決策、軟硬體機器人應用（包含無人機）、法遵與風險控管，以及精準行銷，所以本章規劃如圖 6.1。

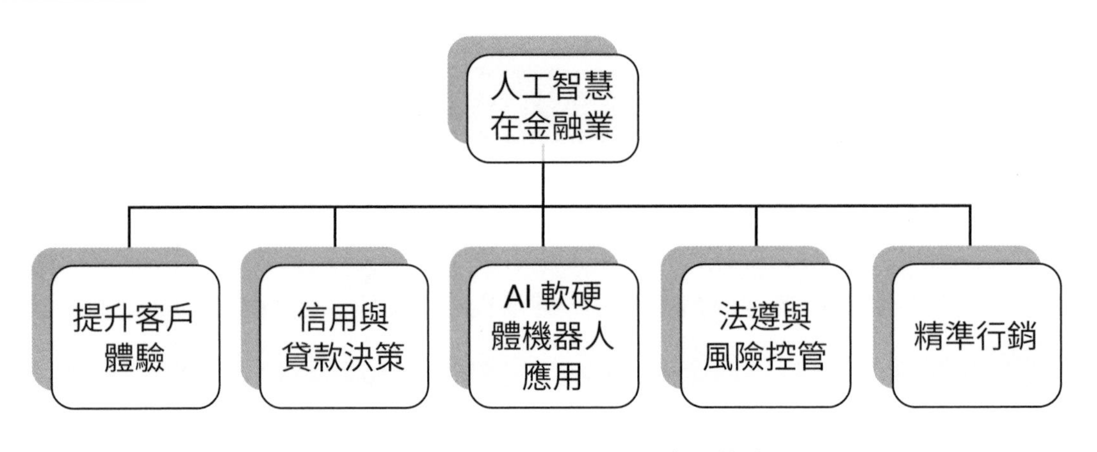

圖 6.1 智慧金融的人工智慧應用範疇

圖片來源：裴有恆製

6.2.1 提升客戶體驗

網際網路顛覆了消費習慣，消費者開始不必去銀行，隨時隨地都可以上網查資訊、轉帳與買進股票及金融資產；保險不只是在網路上可以購買意外險等簡易險，營業員在疫情期間利用線上視訊跟客戶對談買保險，就算是面對面討論，都會利用平板連網提供客戶資訊及紀錄作業。聯網相關的方便性與易於管理，讓越來越多族群在網路上進行金融交易與處理。透過網路與人工智慧的，實體與虛擬融合的金融科技已經是新的趨勢了，所以真正的商機會在如何提升消費者的體驗，讓消費者願意做更多金融交易，購買更多金融商品。

客戶體驗的強化跟客戶隱私的保護如何兼顧，一直是金融業的兩難，因為體驗要強化，要有相關的隱私權的揭露，生物特徵相關之辨識技術已有導入客戶服務之實務做法，考量生物特徵為客戶隱私之一部分，在前任金管會主委顧立雄的任職期間，讓法規鬆綁為 106 年 01 月 10 日發表的「為強化金融服務生物識別運用之相關安全控管」法規：「銀行業者在運用客戶生物識別資料時，內部作業及資料之保存應有嚴謹之控管程序；取得及利用客戶生物特徵資料前，應先取得客戶同意並留存客戶同意之紀錄，以避免爭議，俾符合個人資料保護法之規定。」

中國大陸因為對個人隱私比較沒有像台灣這麼嚴的管制，所以相關的金融科技導入也較早。這裡我們舉了中國大陸天誠盛業銀行以人臉識別強化客戶服務、螞蟻科技集團的支付寶的刷臉支付服務。

案例（一）：天誠盛業銀行的 VIP 客戶人臉識別解決方案

中國大陸的天誠盛業銀行的 VIP 客戶人臉識別解決方案，基於其研發的 SmartBIOS，以人臉識別技術 TesoFace V4.0 為核心。

系統運作流程為透過攝影機去讀取客戶的人臉，與預先保存的 VIP 客戶人臉模板比對，在第一時間識別出到訪的 VIP 客戶。然後系統會透過語音方式歡迎 VIP 客戶的光臨，結合後台發送的簡訊、手持裝置訊息推送等方式，即時將 VIP 客戶到達訊息發送給對應的客戶經理好出門迎接，使 VIP 客戶深切感受到“賓至如歸”的優越服務，提升 VIP 客戶體驗。

這套系統目前已經使用在中國大陸民生銀行。[1]

案例（二）：螞蟻科技集團的支付寶的刷臉支付 Smile to Pay

螞蟻科技集團以支付寶起家，2014 年，阿里巴巴集團分拆旗下金融業務，成立浙江螞蟻小微金融服務集團股份有限公司（簡稱螞蟻金服），2020 年 6 月變更為螞蟻科技集團股份有限公司。[2]

---

1 資料來源：天誠盛業官網。

2 資料來源：Wikipedia https://zh.wikipedia.org/zh-tw/%E8%9A%82%E8%9A%81%E9%9B%86%E5%9B%A2

針對生理資訊認證，支付寶已經支援客戶臉部辨識支付（刷臉支付），這是應用人工智慧的機器學習能力。

2017 年，連鎖餐飲集團百勝中國與螞蟻金服合作，在 KFC 子品牌全新餐廳概念店 KPRO 推出刷臉支付服務，這是全球首次應用刷臉支付 Smile to Pay，免用手機，透過臉部辨識就可完成支付動作。

馬雲在 2015 年 3 月的德國漢諾威消費電子展（CES）上，就展示了支付寶的刷臉支付技術，而經過兩年多的小心測試，並且結合 3D 攝影機來強化支付技術，才真正實際商用。

透過 3D 成像，3D 攝影機能夠辨識視野內空間每個點的三維座標，讓電腦得到空間的 3D 數據，並能夠重建完整的三維世界，實現三維定位，也因此人臉辨識功能可以分辨出平面圖像 / 平面影像 / 化妝 / 皮面具 / 雙胞胎等複雜狀態。

現在這樣的服務在很多阿里巴巴相關企業導入。

圖 6.2 顧客在 KPRO 餐廳使用支付寶 Smile to Pay 刷臉支付功能支付餐費

圖片來源：http://www.yumchina.com/News/Index/2017-1-255

6.2.2 信用與貸款決策

而因為有了交易的紀錄，就可以根據買賣交易紀錄做信用評等及相關模型，來根據對應的模型來做貸款決策。台灣的財團法人金融聯合徵信中心（簡稱聯徵中心）的個人信用評分是由會員金融機構定期報送有關個人的最新信用資料，依受評分的對象的特性，套用對應適用的信用評分模型，而根據聯徵中心網站上的資料得知「個人信用評分模型採用的資料，大致可區分為下列三大類：

繳款行為類信用資料

係指個人過去在信用卡、授信借貸以及票據的還款行為表現，目的在於瞭解個人過去有無不良繳款紀錄及其授信貸款或信用卡的還款情形，主要包括其延遲還款的嚴重程度、發生頻率及發生延遲繳款的時間點等資料。

負債類信用資料

係指個人信用的擴張程度，主要包括負債總額（如：信用卡額度使用率，即應繳金額加上未到期金額 ÷ 信用卡額度；如：授信借款往來金融機構家數）、負債型態（如：信用卡有無預借現金、有無使用循環信用；如：授信有無擔保品）及負債變動幅度（如：授信餘額連續減少月份數）等三個面向的資料。

其他類信用資料

主要包括新信用申請類之相關資料（如：金融機構至聯徵中心之新業務查詢次數）、信用長度類之相關資料（如：目前有效信用卡正卡中使用最久之月份數）及保證人資訊類相關資料等。[3]

因為以聯徵中心的資料為主要資料，而剛出社會沒有信用資料的人很難套用這個模型，所以需要導入其他方式協助。在 AI 時代，因為可以收到的數據很多，特別是電商與社群數據，可以協助原有的模型強化。

這裡以螞蟻金服推出芝麻信用，以及數位融資平台 Funding Societies 提供的服務為例，說明他們如何用各種數據來建立模型。

---

3 資料來源：聯徵中心官網

案例（三）：螞蟻金服的芝麻信用

螞蟻科技集團旗下的徵信業務「芝麻信用」，2015 年起利用數據悄悄為中國大陸的社會掀起另一波新革命。芝麻信用是第三方信用評估與管理機構，透過雲端運算、大數據分析、機器學習等技術，蒐集來自政府（搭配阿里巴巴的城市大腦）、金融機構（網商銀行及合作的金融機構），以及電商平台（主要當然是阿里巴巴的關係機構）、支付工具（支付寶線上跟線下）的數據，形成評分，以呈現出個人的信用分數高低。

因為有網路收集數據的力量，芝麻信用讓過往繁瑣的信用評比過程，透過模型變得簡單而且更接近個人真實樣貌。與傳統徵信機構相比，其數據來源非常廣泛，線上線下各類數據都有，且獲取成本低。其優勢在於掌握了阿里巴巴關係企業淘寶、天貓等電商場域，以及中國大陸主流支付工具支付寶，這些交易數據拿來投入 AI 信用模型，為信用評比立下深厚基礎。而且衍生出各個領域的應用。包含淘寶上的買賣紀錄、與朋友之間的互動、支付寶的每筆消費…等等累積起來了「信用積分」。好信用積分的人可以輕易獲得較好貸款，生活可以更舒適自在，無論是租車、訂高級酒店都免付押金。

芝麻信用是「依據方方面面的數據而設計的信用體系」，透過「信用歷史」、「行為偏好」、「履約能力」、「身份特質」、「人脈關係」五項個人訊息，分析出對應的信用分數。例如，是否會準時還款、即時履約？在購物、繳費、理財、轉帳時的偏好與穩定程度；關於個人資訊是否充足？好友特徵、與朋友的互動程度，這類相關數據，都會被芝麻信用的列入考量，再給予綜合評比信用積分，分數介於 350 到 950 之間，分數越高代表信用水平越好。使用者可以在支付寶帳戶，以及芝麻信用合作機構的系統中查看，要查看別人的芝麻信用積分需要被看的人本人的授權。芝麻信用也設計了「信用 PK」機制，讓使用者與自己的朋友透過競賽的社交元素，來鼓勵使用者進一步完善相關信用資訊。[4]

4　資料來源：數位時代 https://www.bnext.com.tw/article/39961/BN-2016-06-20-162123-195

案例（四）：數位融資平台 Funding Societies

總部位於新加坡的 Funding Societies 是由 Kelvin Teo 和 Reynold Wijaya 共同創立於 2015 年 2 月。[5] Funding Societies 提供從 500 美元到 150 萬美元不等的貸款金額，而其客戶有微型的社區型商店、電商供應端、正經歷快速增長階段的新創公司、不想耗時兩到三個月才能獲得銀行貸款的老公司等。

Funding Societies 選擇利用交易訊息、線上評論和供應鏈數據等數據，來訓練信用評分模型；接著，再透過多元的業務覆蓋率，取得客戶購置成本 (Customer Acquisition Cost, CAC) 和貸款價值比 (Loan-to-value ratio, LTV) 。

雖然 Funding Societies 的利率普遍高於銀行，但低於或等於信用卡，也提供附有簽帳金融卡功能的信用卡來替代公司卡，並與蝦皮、印尼電商 Bukalapak、簿記應用程序 BukuWarung、金融科技 Alterra 和農業科技平台 Tanihub 進行企業合作，提供營運資金貸款給中小企業客戶。除了持續蒐集的貸款償還數據資料外，公司的部分數據是透過合作關係取得專屬使用權。

Funding Societies 的主要市場為印尼，但在新加坡、馬來西亞和泰國都已獲得註冊和執照許可，也展開在越南的營運，並打算進入菲律賓。自推出以來，已通過超過 490 萬筆貸款，並向中小企業發放總計超過 20 億美元的貸款。[6]

6.2.3 AI 軟硬體機器人應用

有了人工智慧，當然就會運用人工智慧的強大運算能力，進行快速的處理，快速的自動化交易這時就是必然做的項目。玉山銀行前科技長陳昇瑋就在 Fintech Taipei 2019 研討會講題「論 AI 與機器學習的特徵與應用現況」中提到「分析證券市場時，交易員必須學習基本面分析、技術面分析、特徵工程等技術與交易規則；但規則對 AI 來說並不是必需的，只需要提供財報、籌碼等市場資訊，AI 就可以自己做預測，自己找出金融市場的交易規則。而 AI 用財經新聞做預測隔日股價漲跌的話，準確度可達 80% 到 85%。目前全球股市已經有 8 到 9 成交易是程式執行的，而全球十大對沖基金中，有 6 個導入 AI 協助交易。除了證券交易，AI 也被用在產業分析，用來預測股價。」[7] 理財機器人就是這樣的機制，這裡以富邦的理財機器人為例。

---

5 資料來源：Wikipedia https://en.wikipedia.org/wiki/Funding_Societies

6 資料來源：數位時代 https://www.bnext.com.tw/article/67925/funding-societies-asco

7 資料來源：TechOrange https://buzzorange.com/techorange/2019/11/30/fintech-taipei-ai-in-finance/

使用無人機與機器人減少人力需求，增加客戶體驗，已經是現在進行式，未來更因為科技進步，無人機與機器人將會更靈活、聰明，可以看到這樣發展的潛力。這樣的機器人有實體的，如服務機器人 Pepper 或無人機，也有虛擬的，如做客服的玉山銀行的隨身金融顧問。而在 2022 年底開始測試，2023 年紅透半邊天的 ChatGPT 等生成式 AI 模型因為反應很人性化，內容又完整，可以創造更好的客服體驗。

另外，透過機器人流程自動化 RPA[8]，因為協助相關輸入、輸出行政流程，也是在金融業及各行各業盛行的機制。

案例（五）：台新銀行 Richart 數位帳戶與智能投資

Richart 數位帳戶是台新銀行於 2016 年推出的數位帳戶，主打金融結合生活，透過網路，就能滿足大多數的金融需求，可以說是把實體銀行搬到網路上，方便是它的主要特色。與台新銀行一般帳戶主要差別在於，沒有實體存摺，所以沒辦法帶著存摺到銀行領錢，但一樣有提款卡，可以到自動櫃員機（ATM）提款或存款。[9]

Richart 到本書完稿前是台灣 No1 的數位帳戶，因為其把所有的服務都整合在小小的 APP 之中，所以任何你想到的服務都可以被滿足，而其透過人工智慧的智能投資，只要 10 元或 1 美元就可以開始投資基金，自動推薦投資組合，也可以進行購買 ETF。[10]

Richart 的智能投資是照著「分析」、「監控」、「調整」三步驟，並透過人工智慧學習，進而預估未來市場走勢，可迅速獲得合適的基金組合。而其標的橫跨全球熱門商品，提供包括新台幣、美元雙幣別投資股票型、固定收益型等基金類型商品。只要在事前設定好停利停損條件，當發生投資人所設定的觸動條件情境，Richart 系統就會自動在智慧型手機上彈出調整投資組合的提醒，幫投資人做財富把關。[11]

---

8 英文 Robotic process automation，簡稱 RPA，是以軟體機器人及人工智慧為基礎的業務流程自動化科技。資料來源 Wikipedia https://zh.wikipedia.org/zh-tw/%E6%A9%9F%E5%99%A8%E4%BA%BA%E6%B5%81%E7%A8%8B%E8%87%AA%E5%8B%95%E5%8C%96

9 資料來源：麻布記帳網頁 https://blog.moneybook.com.tw/?p=1

10 資料來源：這就是人生 https://www.beurlife.com/2021/12/taishin-richart-digital-bank.html

11 資料來源：Yahoo! 股市 https://tw.stock.yahoo.com/news/%E8%A1%8C%E5%BA%AB%E5%8B%95%E6%85%8B-%E5%8F%B0%E6%96%B0richart%E6%8E%A8%E5%87%BA-ai%E6%99%BA%E8%83%BD%E6%8A%95%E8%B3%87-%E4%B8%8A%E7%B7%9A-%E5%80%8B%E6%9C%88%E5%B9%B4%E8%BC%95%E7%94%A8%E6%88%B6%E6%88%90%E9%95%B71-042508018.html

案例（六）：富邦證券的理財機器人

富邦證券與工研院及麻省理工學院（MIT）專家團隊 —— 訊能集思智能科技有限公司（Synergies Intelligent Systems, Inc）合作，打造「富邦理財機器人」，透過智慧工具與大數據精算，提供定期定額買台股（ETF）投資標的組合建議。富邦證券希望透過提供「富邦理財機器人」的服務，提升服務滲透率，讓高資產或者低交易頻率的客戶，都可以依據個人的資產狀況，透過智慧機器人來協助他們，達成理財需求。

這套系統整合機器學習、人工智慧、數據分析等眾多技術，只要透過富邦證券的「WEB 網路交易系統」，或是「富邦 e+」App，即可立即進入「富邦理財機器人」服務平台，以設定投資目標與投資金額。而投資人只要點選 KYC 測驗，並選擇符合需求的理財計劃，透過 KYC 測驗的問答以及您所選擇的投資目標[12]，理財機器人使用機器學習方法了解您的風險屬性、投資偏好、資金需求。系統採用發源自高盛集團的 Black-Litterman Model，不僅顧及了報酬率以及投資風險，還能考量多個投資觀點面向，克服現代投資理論對價格波動過於敏感的問題，好建構更有效率、適合長期投資的投資組合建議。[13]

案例（七）：玉山銀行的 ChatBot「玉山小 i」隨身金融顧問

玉山銀行與台灣 IBM、LINE 合作，在 2017 年 4 月 25 日推出 AI ChatBot「玉山小 i」隨身金融顧問。透過 IBMWatson Conversation 支援繁體中文的自然語意分析技術，與玉山銀行打造出基於 LINE 平台的即時互動聊天機器人服務，提供個人化金融服務建議。

「玉山小 i」將 AI 技術結合至外匯諮詢、房貸評估、信用卡推薦等金融諮詢服務，且能夠與顧客自然對話，提供用戶專屬的諮詢服務。

這項服務的背後憑藉的是 IBM Watson Conversation Service，它於 2016 年 7 月在 IBM Watson 開發者雲網站（Watson Developer Cloud）上推出，目的是協助企業端與開發者在 IBM 雲端平台上快速打造、測試、部署自己的 AI ChatBot 應用；透過蒐集中文對話內容進行語音的分析與辨識，而能產生接下來的對話內容。

---

12 資料來源：聯合報報導 https://udn.com/news/story/7255/2656815

13 資料來源：富邦證券官網

不僅如此，透過機器學習持續式的訓練擴增智慧，並加入玉山銀行行員的專業知識與對話式服務，「玉山小 i」會不斷精進與應對互動的服務品質，提升顧客滿意度。[14]

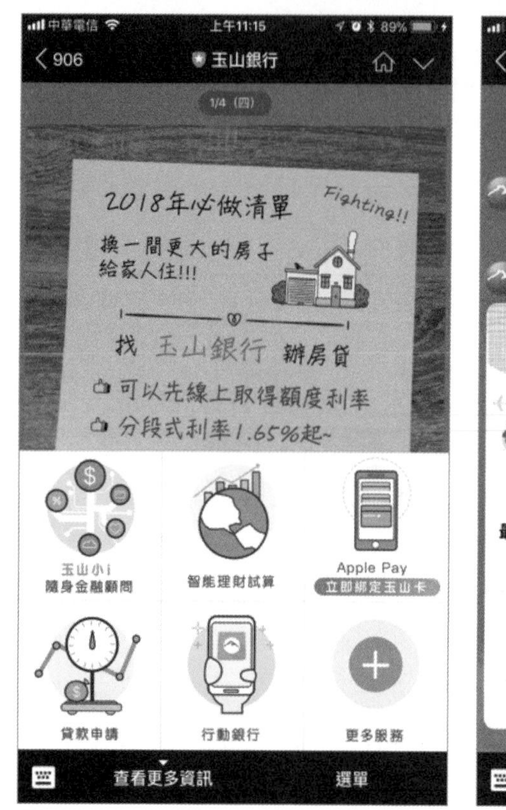

圖 6.3 玉山銀行的玉山小 i 隨身金融顧問使用

圖片來源：裴有恆擷圖

6.2.4 法遵與風險管控

在立法院全球資訊網中強調「法令遵循機制係內部控制制度中重要的一環。所謂法令遵循機制係指在事前將各項法令及銀行內部規章等規範進行辨識，並與銀行內部相關單位溝通、衡量法令之落實，進而提出建議，監督銀行之運作皆符合法令規範之機制。」[15] 由此可知以 AI 科技做好法遵的法遵科技，因為可以幫助銀行做到繁複的法令遵循，避免因為觸法而付出高額罰款。

---

14 資料來源：科技報橘報導 https://buzzorange.com/techorange/2017/04/25/ibm-line-esunbank-chatbot/

15 資料來源：立法院官方網站 https://www.ly.gov.tw/Pages/Detail.aspx?nodeid=6590&pid=85277

風險管控對金融機構是很重要的部分，像是 AML（Anti-Money Laundering），也就是反洗錢，是指金融機構和政府用於預防和打擊金融犯罪（尤其是洗錢和恐怖主義融資）的總體監控的措施和過程 [16]。台灣在 107 年 11 月通過了洗錢防制法，在其中第一條就說明，「為防制洗錢，打擊犯罪，健全防制洗錢體系，穩定金融秩序，促進金流之透明，強化國際合作，特制定此法」。之前台灣兆豐銀行紐約分行，在 2016 年 8 月 19 日因違反反洗錢防制法，慘遭紐約州金融服務署處以台灣金融史上最高罰款 1.8 億美元震撼金融界。[17] 而人工智慧可以大大強化這個部分，我們以玉山金控為案例跟大家說明。

資安是企業的另一大風險，台灣的金融業更是從第一銀行海外分行被駭客入侵後用 ATM 盜取銀行存款開始被矚目。金融業更是駭客入侵的幾大首要目標之一，特別是現在科技日新月異，所以這邊介紹以 AI 防護著稱的奧義智慧的 AI 資安工具。

案例（八）：永豐金控的 AI 法遵智能平台

永豐金在 2021 年 10 月 13 日宣布自家導入法遵智能平台，包括法規智能分析系統、法遵風險評估系統及法遵管理儀表板。

此法遵平台透過賦能與創新科技，將繁複的法令遵循作業智能化及自動化，除可自動蒐集包括金管會、證券暨期貨法令查詢系統等 20 餘個資料源的法令、函釋及裁罰資料，而且每日進行更新。還有導入了 AI 智能及 rule-base 演算法交叉比對技術，將數千部外部監管規範與公司內千餘部內規，建立高密度的「條對條」的關聯比對，一旦監管規範有異動，系統就會通知進行內規檢視，達到自動、即時及精準監控的效果。

此外，該平台也建置法令遵循風險評估（CRA）系統，因應法遵風險評估及管理為主管機關近年來的監理重點，透過此系統，永豐金旗下銀行及證券子公司以智能化方式，執行法令遵循風險評估作業。

16 資料來源：https://medium.com/kryptogo/kyc-%E8%88%87-aml-%E7%9A%84%E5%B7%AE%E5%88%A5%E5%88%B0%E5%BA%95%E6%98%AF%E4%BB%80%E9%BA%BC-c65dac86e3ac

17 資料來源：天下雜誌網頁版 https://www.cw.com.tw/article/5077992

另外，其「法遵管理儀表板」，以文字探勘技術，計算關鍵字於監管規範中出現的頻率，以「文字雲視覺化」的方式，觀察於指定範圍中較顯著的字詞，好瞭解法規異動趨勢，並以智能方式對主管機關裁罰案件進行分析，察知主管機關的監理重點，發掘更深一層的法遵風險變化，以便採取有效的管理措施。[18]

案例（九）：玉山銀行使用 AI 做風險管控

在 2021 年 Fintech Taipei 的玉山銀行的時任數位長唐枏演講中，玉山銀行揭露了自己在風控 AI 上有五大應用，分別是警示帳戶提醒、信用卡盜刷偵測、AML[19] 監控、承作價值模型，以及智能反詐騙平台。底下針對玉山金控對媒體揭露的信用卡盜刷偵測、AML 監控做深入說明。

信用卡盜刷，一直是銀行界想要防範但是勞心勞力卻效果不彰。對玉山銀行而言，不只有數百萬張信用卡在市面流通，每天還得處理數十萬次的刷卡交易。如何從這些交易中揪出異常行為、即時攔截，是他們一直面對的難題。玉山銀行便因此發起一項人工智慧專案，要用刷卡歷史資料，訓練一套信用卡盜刷 AI 偵測模型，好能依此判斷盜刷風險，且提高辨識準確度。最後模型完成，計算風險。再將這筆交易的盜刷機率值，回傳給前端信用卡處系統，以決定交易是否終止，並依據風險程度，來啟動如電話通知、簡訊通知等相對應措施。這套 AI 信用卡盜刷偵測模型在 2019 年正式上線，現在模型可以在 0.1 秒內，就能回傳盜刷風險。玉山銀行內部的統計，這套模型在 2020 年替玉山阻擋了上億元的風險損失。[20]

AML 偵測對銀行業非常重要，玉山銀行靠 AI 模型和三大步驟，來簡化很耗工時與人力的 AML 負面新聞的蒐集工作。其 AML 黑名單偵測流程如下，以自然語言處理（NLP）技術來加速負面新聞辨識，將流程分為負面新聞分類、事件聚合分析、黑名單資訊擷取三大步驟。最後呈現在資訊於前端介面，讓同仁可直接編輯、驗證，大大節省人力跟時間。[21]

---

18 資料來源：鉅亨網 https://news.cnyes.com/news/id/4743495

19 AML, Anti-Money Laundering，中文翻成反洗錢，是指金融機構和政府用於預防和打擊金融犯罪（尤其是洗錢和恐怖主義融資）的總體，更廣泛的措施和過程。資料來源：https://medium.com/kryptogo/kyc-%E8%88%87-aml-%E7%9A%84%E5%B7%AE%E5%88%A5%E5%88%B0%E5%BA%95%E6%98%AF%E4%BB%80%E9%BA%BC-c65dac86e3ac

20 資料來源：ITHome https://www.ithome.com.tw/news/146199

21 資料來源：ITHome https://www.ithome.com.tw/news/146201

在警示帳戶提醒上，玉山銀行是在資料庫端，利用 AI 針對帳戶的過往活動紀錄，對銀行提出警示，精準度就提升了 40 倍之多，有效降低營運風險。[22]

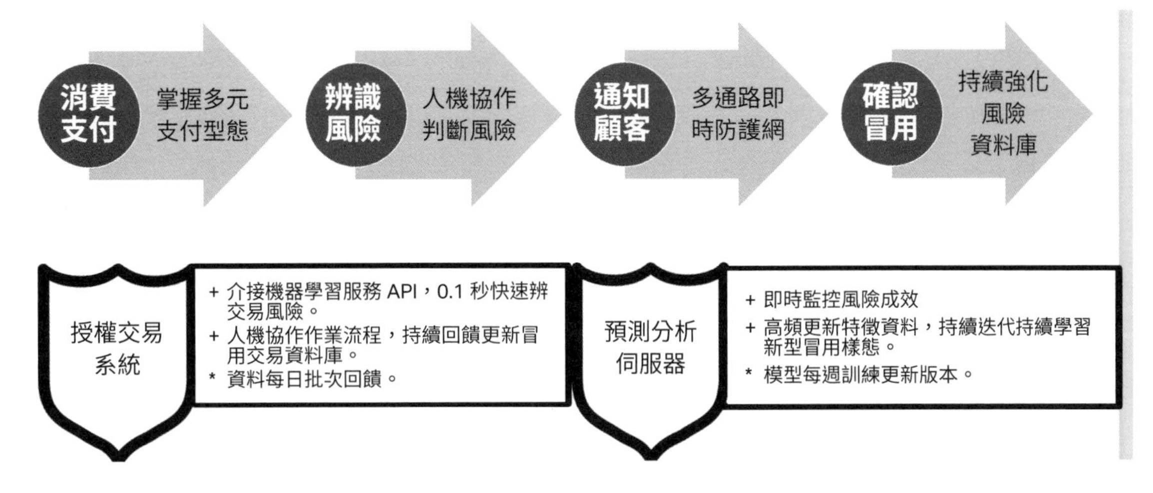

圖 6.4 玉山銀行的智能風控平台

圖片資訊來源：2021 數位新經濟線上論壇玉山銀行 Fintech 後疫情時代以數據驅動掌握行銷致勝關鍵簡報，圖裴有恆製作

案例（十）：富邦金控的人工智慧防詐系統

富邦金控在人工智慧防詐有多個系統，包含防止詐騙案的「智能防詐生態圈」、防止企業識別詐欺的「偽冒網站暨行動軟體 App 偵測及防禦機制」，以及防止金融產品詐騙的「智能風險評估系統」。

富邦金控與刑事警察局 2021 年底開始合作「AI 智能防詐模型」，與台北市警局合作「智能防詐生態圈」是其 AI 防詐的利器：在一般詐騙案件中，通常會有兩個重要的金流關鍵點，第一個是引導被害人把錢轉入人頭帳戶，第二個則是透過車手把人頭帳戶的錢提領出來，而「智能防詐生態圈」就是提前設定攔阻機制，增加阻詐成功率。

轉帳方面的攔阻機制是以大範圍的歷史詐騙態樣建立 AI 智能模型，陸續在台北富邦銀行（簡稱北富銀）分行櫃台、網路銀行及 ATM 提款機等服務節點增設提醒機制，協助民眾及早警覺可疑交易，避免受騙匯出款項。

---

22 資料來源：MoneyDJ 理財網 https://www.moneydj.com/kmdj/news/newsviewer.aspx?a=84eee95a-e57a-49f0-a8fd-b3c27c2eef89

車手提款部分的攔阻機制是智能預警模型自動將發生在北富銀 ATM 的可疑交易資訊對台北市警局進行通報，由巡警加強巡查，及時攔阻車手提款，避免受害者財損擴大，透過科技賦能與創新思維，創造更便利安全的金融生活。[23]

在企業識別詐欺部分，富邦金控亦建立「偽冒網站暨行動軟體 App 偵測及防禦機制」，透過全球性釣魚網站及偽冒行動軟體採全網域全天候監控、檢測、追蹤，以發現非官方架設且看起來類似於金控及子公司之釣魚網站或偽冒的 App，再進行阻擋、下架、關閉，避免大眾遭偽冒資訊進行惡意詐騙並保障客戶資訊安全，獲良好防堵成效。

在金融產品詐欺部分，富邦產險運用數位科技推出「智能風險評估系統」來防止，結合了資深理賠人員的實際查核經驗，建立了包含客戶風險模型、業務員風險模型、交易事故的風險模型，評估後整合成理賠系統。一旦受理賠案並完成相關資料建檔後，即進行初步風險評估結果，與對應理賠案之風險等級，而且可避免內部人員舞弊發生。[24]

案例（十一）：奧義智慧的 CyCraft AIR Platform

奧義智慧為獲 Gartner、IDC 與許多國際大獎肯定的臺灣資安公司，以其專利 CyCraft AI 技術將資訊安全中的端點偵測、威脅情資、數位鑑識、事件調查等資安防護做到全面 AI 自動化，達成全天候、跨系統場域的即時監控，建立完整的聯防體系[25]。奧義智慧提供的 AI 資安工具 CyCraft AIR Platform，包含 XENSOR 為端點安全系統、CyberTotal 全球威脅情資平台，以及 CyCarrier 智慧資安威脅戰情中心。

CyCraft AIR Platform 是以 AI 機器學習進行威脅情資分析與關聯推論，提供案情調查、攻擊情境標記與威脅根因分析，反應快速，做到有效提高資安團隊效率與反應精準度，瓦解潛伏中威脅、強化企業資安，預防風險。可同時檢測數千台端點，進行即時的威脅偵測與根因分析，以 AI 技術進行自動化應對及處理，並可依據企業需求選擇需要的模式。

---

23 資料來源：科技新報 https://finance.technews.tw/2022/06/30/smart-fraud-prevention-ecosystem/

24 資料來源：Hinet 生活誌 https://times.hinet.net/news/24296904

25 資料來源：中國時報 https://www.chinatimes.com/newspapers/20211013000483-260210?chdtv

XENSOR 為 MDR[26] 端點安全系統，結合機器學習演算法和奧義智慧獨特的 FTA 鑑識技術，提供企業自動資安風險盤點，並對進行遠端事件調查、內部入侵行為分析等。

CyberTotal 全球威脅情資平台匯集駭侵樣態，提供 APT[27] 族群歷史情資，並整合全球各式情資來源；透過 AI 自動關聯分析與知識庫的優化，提供威脅情資，協助企業做到快速識別威脅與驗證資安告警。

CyCarrier 智慧資安威脅戰情中心具豐富 AI 情態牆的雲端戰情中心，運用虛擬 AI 分析師與實體資安專家團隊混合編隊，提供不間斷的精確資安分析，達到確保企業防護零死角。[28]

CyCraft AIR Platform 經美國 MITRE ATT&CK 權威公開評測，證實其全自動與零延遲的技術優勢，透過 AI 自動通報，可解決過去企業內專家分析資安能量不足的痛點，且大量降低導入資安防禦體系的成本。[29]

---

26 MDR，英文 Managed Detection and Response，是一種資安委外服務，專為企業提供威脅追蹤及應變服務，其中最重要的就是專業網路資安人才的投入：由資安廠商的研究人員和工程人員來幫 MDR 服務的客戶監控網路、分析事件、回應各種資安狀況。資料來源：趨勢科技 https://blog.trendmicro.com.tw/?p=60557

27 APT，英文 Advanced Persistent Threat，可能持續幾天，幾週，幾個月，甚至更長的時間。APT 攻擊可以從蒐集情報開始，這可能會持續一段時間。它可能包含技術和人員情報蒐集。情報收集工作可以塑造出後期的攻擊，這可能很快速或持續一段時間。資料來源：趨勢科技 https://blog.trendmicro.com.tw/?p=123

28 資料來源：奧義智慧官方網站

29 資料來源：ITHome https://www.ithome.com.tw/news/146201

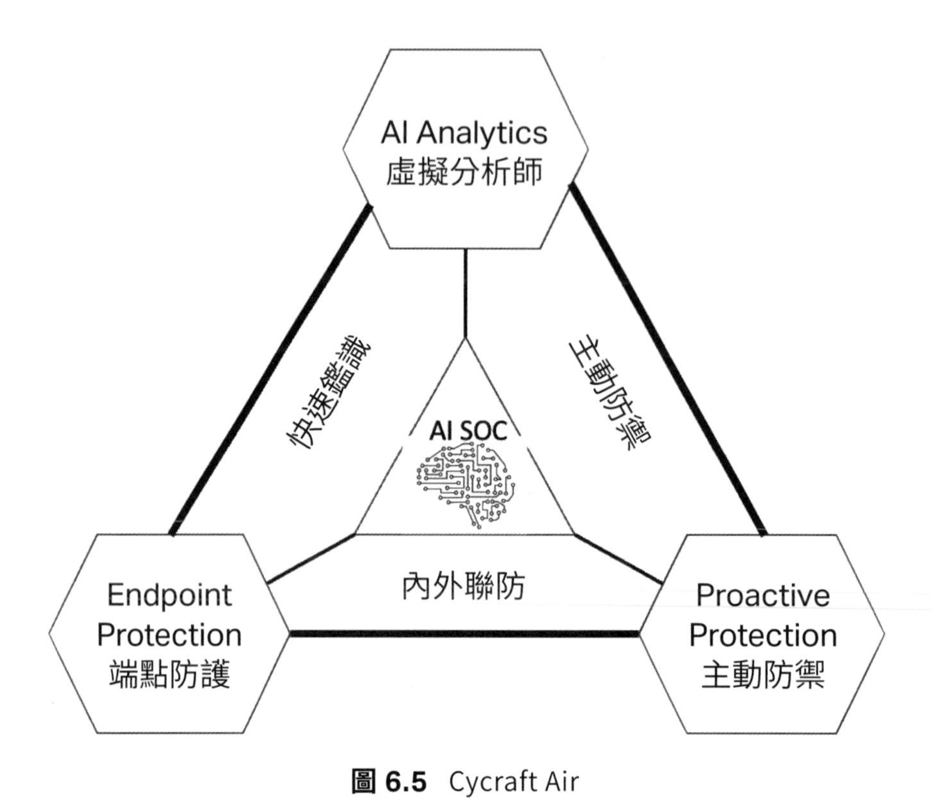

圖 6.5 Cycraft Air

圖片資訊來源：https://cycraft.com/zh-hant/cycraft-air/，裴有恆製作

6.2.5 精準行銷

提供客戶想要的產品或服務，是各個企業的營利方式。透過各個相關的數據，包含瀏覽網頁、關鍵字搜尋等等行為數據，可以透過人工智慧機器學習的模型，協助更了解客戶需求，達成精準行銷。這裡我們以玉山銀行的機器學習行銷預測模型為例。

案例（十二）：玉山銀行的機器學習行銷預測模型

玉山銀行早在 2013 年成立了資料科學團隊，從傳統的資料倉儲分析、BI 分析，進一步開始投入資料科學分析、大數據應用，後來引進機器學習、雲端運算等新興科技。在 2018 年 Google Cloud Summit 活動上，玉山銀行數位金融長暨副總經理李正國揭露了玉山銀行利用機器學習建立預測模型，先從信用貸款開始，達到精準行銷的做法。

玉山銀行在 Google Cloud Platform（簡稱 GCP）建上自行置了一套機器學習系統。再將大量不涉及個資的線上顧客行為資料，儲存到 GCP 上，再抽取出需要的數據，以機器學習來訓練預測模型。因為玉山銀行有很大量的信貸顧客，例如房屋貸款、汽車貸款等，都是透過 Google 關鍵字搜尋而來。顧客從搜尋關鍵字結果進入玉山網站後，首先會接觸到達頁面（landing page）。從顧客在這一頁的行為，加上顧客在站上其他頁面的瀏覽行為，結合顧客過去的成交記錄，就能找出最後讓顧客在網站上會完成信貸送件的關鍵。

另外從客戶一系列複合的瀏覽行為來分析瀏覽深度面向，例如若顧客只瀏覽信用貸款相關頁面，就可以推斷他有信貸需求。但也有顧客不只瀏覽信用貸款網頁，也接著瀏覽信用卡通信貸款，就可推測這名顧客很有可能還是玉山信用卡用戶，或像是顧客還會登入玉山網頁，檢查自己的負擔保責任相關資訊，就表示他名下可能有房屋等不動產，而不只是需要信貸服務就可以了。而從顧客在銀行網站中往返不同產品網頁之間，進一步結合這些顧客瀏覽頁面的次數、看過的產品或方案數量，甚至前述的瀏覽深度等變數，靠機器學習平臺打造出來的預測模型，就可以協助找出消費者購買信貸產品的關鍵要素。而根據顧客新的行為資料，就可以重新訓練出新的模型，讓預測模型可以維持最新狀態，而預測能力也維持好的水準。[30]

6.3 結論

金融業因為是處理錢的行業，其金融資源最需要被防護，也最有資源很早就開始很早就開始使用人工智慧。就如文中所敘述，使用人工智慧能夠幫忙金融業提升客戶體驗、建立信用模型已達成針對中小企業及個人的借款擴張業務、利用軟體機器人達成低成本高效率的理財機器人及隨身金融顧問，做好法律遵循及協助各類風險管控（包含資訊安全），以及做到對客戶精準行銷產品。這些對金融業在人工智慧等數位科技越來越發達的時代，必須能夠好好應用，可以大大地發揮價值，做了不僅可以加強效率，更有好的效果，可以贏過晚做或少做的競爭對手，不可不慎。[31]

---

30 資料來源：ITHome 網站 https://www.ithome.com.tw/news/127071

31 本章參考作者裴有恆另一本書《AIoT 人工智慧在物聯網的應用與商機》

CHAPTER

7 行銷零售應用

7.1 介紹

零售購物是從古時候就有的行為，最早是以物易物，後來發明了貨幣來交易。

根據麥肯錫報告，零售業態已進入虛實整合之全通路時代 (Omni-Channel)；在此前提下，零售商必須力求突破虛實界線，整合實體店面、電商網站、社群網站、電視、電話、行動裝置等多元銷售或服務通路，憑藉創新模式提高營運績效。

也因為行動網路與物聯網的時代來臨，以下現象開始出現：

資訊管道多元化

消費者希望隨時隨地都能了解商家資訊，所以一定要有 APP 或行動網站。

購物通路選擇多元化

購物不再是非要進店不可，手機隨時隨地可以上網購買。

消費需求多元化

顧客開始會提出要求，能滿足顧客需求的商店才能制勝。

體驗方式多元化

顧客愈發難侍候，如何給顧客超乎競爭對手的體驗成為關鍵。[1]

1　出自「零售 4.0：零售革命，邁入虛實整合的全通路時代」一書。

在網路社群形成人們生活重心的現代，傳統大眾媒體廣告有效度大幅下降，消費者購買的主要影響力來自朋友與網路社群，而對產品的忠誠度更透過社群媒體聚眾轉變成粉絲，粉絲經濟是這個時代零售業必須重視的新景況。

而由於人工智慧的進步，以及物聯網的發達，消費者的大量行為與消費數據變得相對容易獲得，之前就發現電商數據可以使用人工智慧建立模型，預測客戶行為，就可做更多銷售，在美國與中國大陸，更因為如此讓電商企業亞馬遜 Amazon 與阿里巴巴透過大量數據以及人工智慧，成為世界與中國大陸最大的零售商。

從零售的行為來看，消費者現在跟以前很不相同，要購買東西之前，會先注意到自己有需要（Attention），然後對相關產品或服務就有興趣（Interest），接下來使用搜尋引擎搜尋網路或問社群朋友的查詢此類服務（Search），確定自己要的產品是什麼後，就執行購買（Action），使用過後就會把經驗分享出來（Share），這種 AISAS 模式，在搜尋與社群扮演了很重要的模式，也因此 Google 跟 Facebook 成了網路廣告大贏家，而這兩家公司也在這方面用了很多人工智慧的分析。而行銷大師科特勒出版了《行銷 5.0：科技與人性完美融合時代的全方位戰略，運用 MarTech，設計顧客旅程，開啟數位消費新商機》一書，強調行銷科技與個人化體驗，這也將應用到各個行銷的各個層面。

7.2 AI 應用架構與案例

美國電子商務巨擘 Amazon 在 2016 年展示了 Amazon Go 的無人商店，2017 年買下了健全食物超市公司，2018 年初 Amazon Go 正式上線，都讓人看到了 Amazon 在虛擬與實體零售通路整合的全通路智慧零售的決心，而美國實體通路巨擘的 Walmart 也在 2017 年開始發展人工智慧，可以看到在全通路零售中人工智慧即將廣為被運用。

在機器人 Pepper 開始在軟體銀行門市成為零售業招攬服務人員，以及 Amazon 使用無人機運送貨物，大家才恍然大悟，原來零售透過人工智慧可以這麼靈活，而這些智慧裝置又剛好能協助改善因為少子化造成的人手不足的問題。

所以人工智慧在商業服務業的應用，除了本身在通路本身上實體與虛擬整合的「全通路智慧零售」，還有智慧裝置「無人機與機器人」的應用，加上宣傳吸引消費者購買的「行銷推廣」，共 3 個部分，所以本章規劃如下圖。

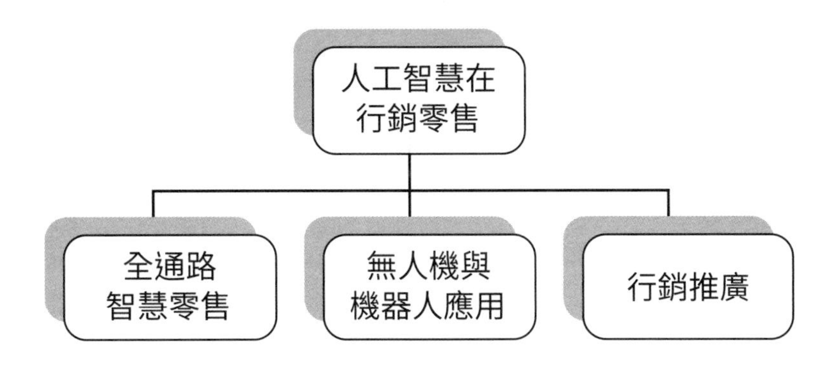

圖 7.1 智慧零售的人工智慧應用範疇

圖片來源：裴有恆製

7.2.1 全通路智慧零售

網際網路顛覆了消費習慣，消費者開始不必去店鋪，隨時隨地都可以上網買東西，這個方便性讓越來越多族群在網路上消費。透過物聯網及人工智慧的加入，實體與虛擬融合的新零售已經是新趨勢了，所以真正的商機會在如何整合，而且最主要的重點是提升消費者的體驗，讓消費者願意掏出錢來。而有了線下跟線上全方面的數據，可以幫助商家建立數據模型來預測顧客的購買行為，並利用物聯網裝置及其他機制提供有關顧客反應，並利用人工智慧達成及時反饋，商家也因此可以及時調整自己的行銷策略。

講到零售業的翹楚，不得不提到 Amazon 及阿里巴巴，而 Amazon 除了在電子商務很強大之外，後來跟推出 Amazon Go 這套提升客戶體驗的商店機制。而 Amazon Go 的做法是把網路商店的做法及流程，利用物聯網與人工智慧的結合達成與線上電商做法類似的流程。以未來性而言，對消費者可減少排隊結帳等待時間的好體驗，對零售商可以掌握消費者意向的數據，做到精準行銷，又可以減少人力需求，只要系統的花費成本合理，相信會越來越普及。台灣的 7-11 跟全家便利商店，也都推出了類似的科技概念店。而 7-11、全家也都是為了要得到消費者消費數據，全家的概念店更強調是結合人工智慧、大數據、物聯網及 RFID，標準的 AIoT 的做法。[2]

另外也有從網路出發，將 App、官網跟實體零售門市系統整合與行銷的方式，像是台灣九易宇軒 91APP，這樣整合透過數據提高消費者體驗，以及協助業主了解

2　資料來源：蘋果日報報導 https://tw.appledaily.com/new/realtime/20180129/1287855/

消費者行為的方式，也是未來的重點商機。而全家也跟 91APP 深度合作，並使用人工智慧，目前可以說是台灣零售業在數位轉型上表現最好的。

Amazon Go 的宣傳影片公佈出來後，中國大陸的阿里巴巴立刻推出快閃無人商店「淘咖啡」，消費者於入口掃描 QR Code，連上支付寶帳戶後，拿起自己想要買的東西，再走過一道掃描門，此時直視螢幕上的鏡頭，臉部辨識判別身分，掃描購買商品種類和數量，最後直接從支付寶帳戶內扣款。後來跟應用這類的臉部辨識機制在很多自家的商店中。

UNIQLO 在紐西蘭的奧克蘭機場都有自動販賣機。日本跟台灣的 7-11、全家都推出了販賣機型的無人商店。重點是接近消費者，讓消費者方便購物，這就是好的零售方式，所以 Amazon 跟阿里巴巴從線上連到線下，讓不上網跟他們買東西的顧客在線下（實體）跟他們買東西，除此之外，還可以利用提供消費者好的實體體驗而黏著，產生對其品牌忠誠度。

2018 年初 Amazon Go 正式終於上線，其商業模式是帶來少了排隊的好體驗，目前已經拿走了其中的重量感測器，而只以攝影機對客戶行為辨識以減低設置成本，接下來等到時機成熟，全面導入是必然的；而阿里巴巴的淘咖啡則是開了很短的時間就關了。

不管是 Amazon 或是阿里巴巴，在線上 / 線下的重點都是獲得數據，線下數據會透過感測器收集，或是透過 POS 機…等等。用人工智慧分析收集到的大數據，以了解消費者的行為，才能做到精準行銷；而其中的影像辨識，都是利用人工智慧達成，阿里巴巴更拿來做臉部辨識支付。關於臉部辨識與大數據分析的做法，台灣的安勤科技結合微軟 Azure 的人工智慧提供了解決方案，以下會舉例說明。

而把線下的實體與線上電商結合的有台灣的人工智慧廠商創意引晴 Viscovery，現在更應用在一之軒的結帳。

案例（一）：安勤科技的智慧零售的解決方案

安勤科技提供的智慧零售的解決方案是跟微軟 Azure 合作，利用攝影設備，感測器…來了解客戶是誰，並提供有用和準確的訊息。

這套系統使用臉部識別技術來識別客戶年齡性別等人口相關資訊，由此顯示跟客戶相關的，能夠互動的和針對客戶個性化的廣告和促銷訊息，以刺激客戶購買。而這些收集到的客戶數據將被存儲在 Azure 上用於進一步的客戶分析，並幫助零售商評估有效的行銷活動和目標客戶群體。

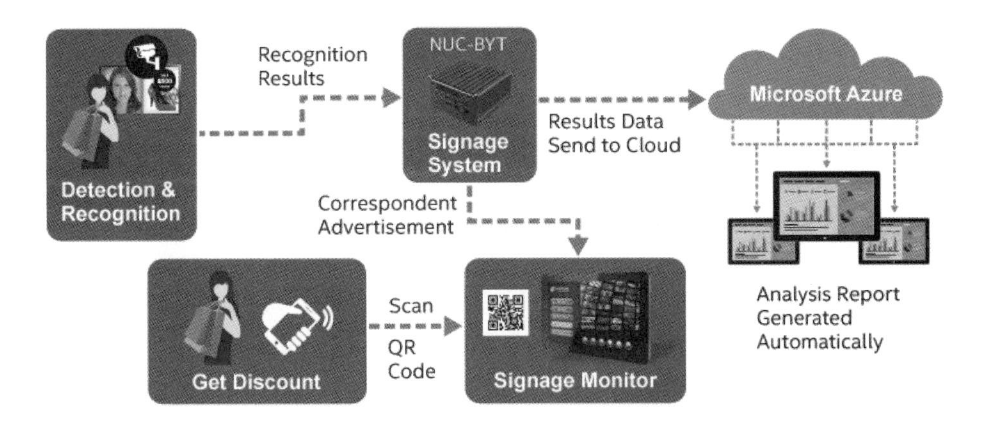

圖 7.2 對進店客戶進行影像識別後促銷流程

圖片來源：取自安勤科技網站出處安勤科技股份有限公司 Avalue Technology

而店內商品被客戶移動的動作將觸發數位看板播放相關促銷訊息、產品介紹等內容，因此客戶可以立即獲得相關產品的知識，無需向店員尋求幫助或者尋求相關推薦。業主因此容易吸引到潛在買家並和其溝通，而且還記錄下重要數據在 Azure 上，而將這些數據分析後，有利協助於零售商的佈局策略。[3]

安勤科技的智慧零售方案，另外增加了拿起物品，就會在螢幕中展現此物品的介紹於螢幕上廣告；以及使用 3D 攝影機，就可以計算進入零售店中的人數的做法。[4]

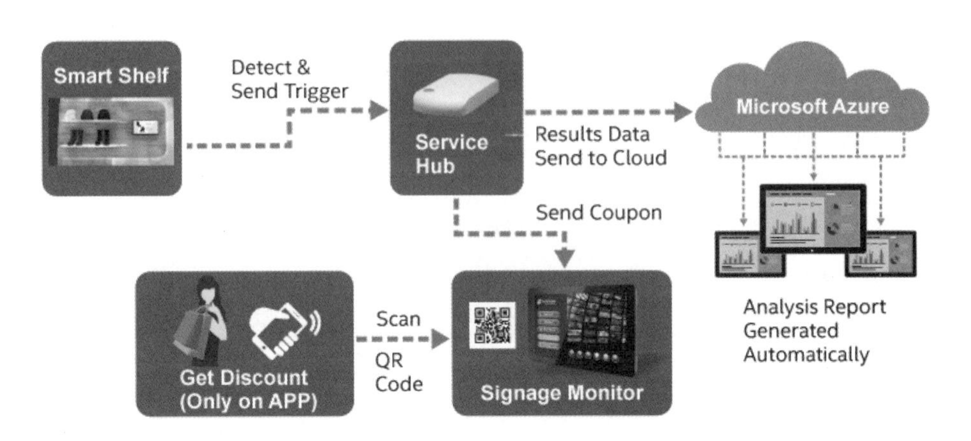

圖 7.3 利用商品移動動作觸發數位看板的廣告

圖片來源：取自安勤科技網站出處、安勤科技股份有限公司 Avalue Technology

3 資料來源：安勤科技官網及 2017 年微軟新零售研討會安勤科技「Empowering a Smart Future」簡報

4 資料來源：Avalue Smart Retail Solution YouTube 影片 https://www.youtube.com/watch?v=H9thyQCJ65U

案例（二）：Viscovery 的圖像搜索及結帳

Viscovery 是台灣新創公司中比較早投入影像辨識的廠商，後來更專注於人工智慧深度學習的影像辨識技術，此技術應用於人臉偵測與追蹤、人臉比對搜索、名人辨識、物件辨識、場景辨識、常用資訊分析以及客製化辨識模型等方面。

在電子商務的部分，它推出了趣味圖像搜索的功能，跟 udn 買東西合作的行動購物 App 及與燦坤合作的黃金傳說 2.0 App，利用手機鏡頭對準想買的物品作影像辨識後，便可以很快地在電商的店舖中找到一樣的商品，即刻下單購買，這是人工智慧的不錯應用。

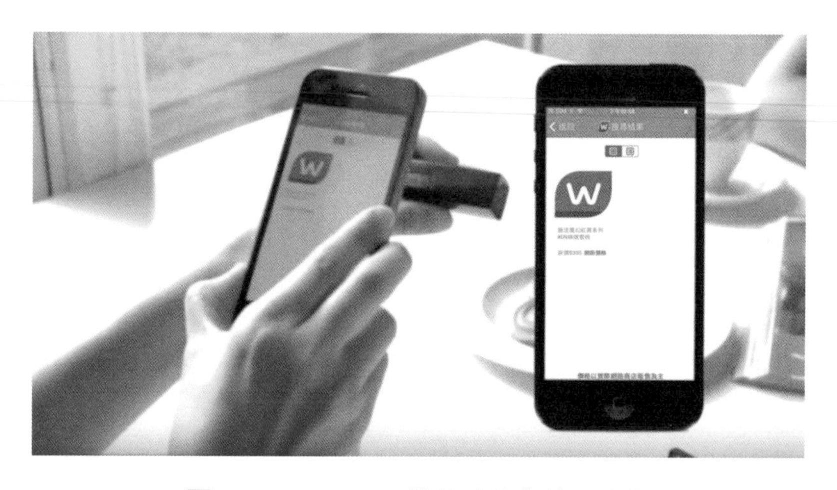

圖 7.4 Viscovery 的趣味圖像搜尋功能

圖片來源：https://www.youtube.com/watch?v=hWw5QvembOs

另外 Viscovery 也應用在一之軒的麵包結帳，因為原先結帳人員用人眼辨識麵包再判斷給出價錢，不僅易出錯，而且效率低，尤其是早起趕上班時，結帳人龍常排得很長，給結帳人員很大的壓力，更容易出錯。透過 Viscovery 針對其開發的該款 AI 麵包辨識結帳系統已於 2019 年 9 月於其旗艦店中上線。

這套 AI 麵包辨識結帳系統主要原理係透過攝影鏡頭來獲取影像，之後再利用電腦依據麵包外型特徵做辨識，也就是說，服務人員將麵包放到平台後，電腦就可以辨識麵包與確認品項，再自動做判斷並計算麵包金額，門市人員接下來按下確認鈕，處理收銀與麵包裝袋的工作，由於流程大幅減少，就加快了收銀台的效率，操作至少省下近一倍的時間。[5]

---

5 資料來源：中時新聞網 https://www.chinatimes.com/newspapers/20191022000252-260204?chdtv

案例（三）：亞馬遜的線下智慧零售 Amazon Go

Amazon Go 是 Amazon 讓它的實體商店更便利的解決方案，在 2016 年下半年以 YouTube 影片公布時，讓大家為之一驚，原來以後在實體零售店的消費可以這麼方便：到商店裡，進門先刷手機 QR 碼，然後進去之後可以拿了想買的東西，出櫃檯時再由系統直接扣款，不用排隊等收銀台的人員一一刷條碼結帳，省下排隊結帳時間。

Amazon Go 透過人工智慧、電腦視覺，以及眾多感應器，達成這整個流程的方便性：進零售商店的門口，就好像網站的登入動作，然後在實體店買東西從架上拿下來，在虛擬系統就是新增購物籃清單；當最後消費者離開實體店時，系統會直接就購物籃的內容進行扣款，就像線上電商結帳扣款。當然這一切很重要的關鍵就是支付系統要很方便，其實這也就如同亞馬遜網站上的 One-Click，透過先登錄自身信用卡後，之後消費者在亞馬遜網站的消費，就會直接扣款，不再問消費者卡號等相關資訊。

亞馬遜公司後來還買下具有 200 多家門市的健全食品超市（Whole Food Market），作者推測 Amazon Go 一但作業順暢，以及成本合適後，所有健全食品超市的門市都會導入這個系統。

之前亞馬遜號稱 2017 年會在自家店舖導入此系統，最後在 2018 年初終於開放。不過導入此系統的零售店舖倒不一定是沒有店員，而是結帳的店員可以沒有，剩下的是上架商品、監督機器運作及與客戶寒暄的人員，畢竟 Amazon Go 解決的是客戶排隊久候的痛。

圖 7.5 Amazon Go 的虛擬購物車運作

圖片來源：https://www.youtube.com/watch?v=WduWDXfBrE4&t=22s

案例（四）：全家以科技概念店展現全通路數位轉型

全家便利商店 2018 年推出了科技概念店影片，強調的不是無人商店的「無人」，而是用科技達成「讓店員更輕鬆」的目的。強調使用幾大技術—「IoT 設備監控」、「電子貨架標籤」、「AI 咖啡助理」、「RFID 貨物快速驗收」等來優化工作流程，降低店員工作量。

「IoT 設備監控」是運用 IoT 設備 24 小時監控，發現問題系統即立即報修；「電子貨架標籤」是用數位標籤，取代傳統貨架標籤，讓店員節省下原來至少每兩個禮拜要換檔一次，平均需花費 1.5 小時的時間，還可以用 QR code 查詢實務履歷，「AI 咖啡助理」是消費者結帳完只需拿出條碼掃描，就能自動做咖啡。在來店物流的部分，「RFID 貨物快速驗收」是利用 RFID 技術幫助貨物快速驗收。[6] 也會利用人臉辨識應用大數據進行分析，幫助店舖人員更了解在地商圈樣貌。[7]

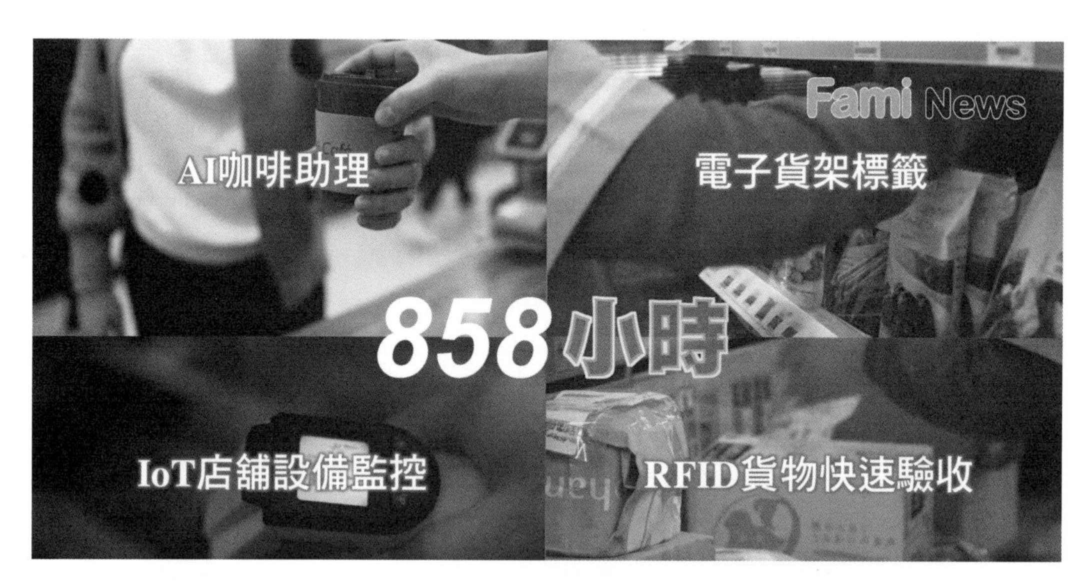

圖 7.6 全家科技概念店的四大技術

圖片來源：https://www.youtube.com/watch?v=nllaXZ6BqO8&t=57s

---

6 資料來源：https://www.youtube.com/watch?v=nllaXZ6BqO8&t=57s

7 資料來源：蘋果日報報導 https://tw.appledaily.com/new/realtime/20180129/1287855/

2021 年底全家推出了更新版的科技概念店的影片，增加了「系統協助訂貨」、「自助結帳」，以及「迎賓機器人」等功能，「系統協助訂貨」是按照數據來做訂貨量建議；「自助結帳」要搭配攝影機追蹤客戶行為，確保客戶自助結帳產品在離開門店之前有確實結帳到；「迎賓機器人」是增加客戶進入門店的動機。

案例（五）：九易宇軒的全通路行銷

九易宇軒 (91APP)，創立於 2013 年，為國內第一家虛實融合 OMO[8] 新零售軟體雲服務公司，其結合「數據 x 電商」加值服務，強化全通路 OMO 營運效益。

九易宇軒的 App 方案強調讓客戶可以使用他們的套件，很快地做出自家的 App，而推出的 OMO 方案，更強調做到 OMO 人貨場虛實融合，具備以下效益：

整合全通路系統與數據

整合門市、官網、App、LINE 多元流量來源、交易行為、CRM、訂單與營運管理等，產生有價值的商業決策。

建立消費者 OMO 體驗旅程

協助品牌規劃 OMO 經營策略與行銷規劃，創造全通路流暢的體驗，吸引會員進入 OMO 旅程。

強化門市人員數位賦能，推升 OMO 銷售循環

賦能門市店員活用數位工具，提升會員跨通路回訪、回購。總部也能完整掌握各店員的全通路會員經營和導購績效。

打造品牌全通路數據資產，最大化營運效益

品牌透過掌握顧客在全通路的行為和偏好，提供差異化服務，創造更好的消費體驗和品牌黏著度。

另外 91APP 也提供「D2C 品牌商務解決方案」，加速提供品牌電商與 OMO 成長效益。

8 Online Merge Offline 的縮寫，指虛實融合。

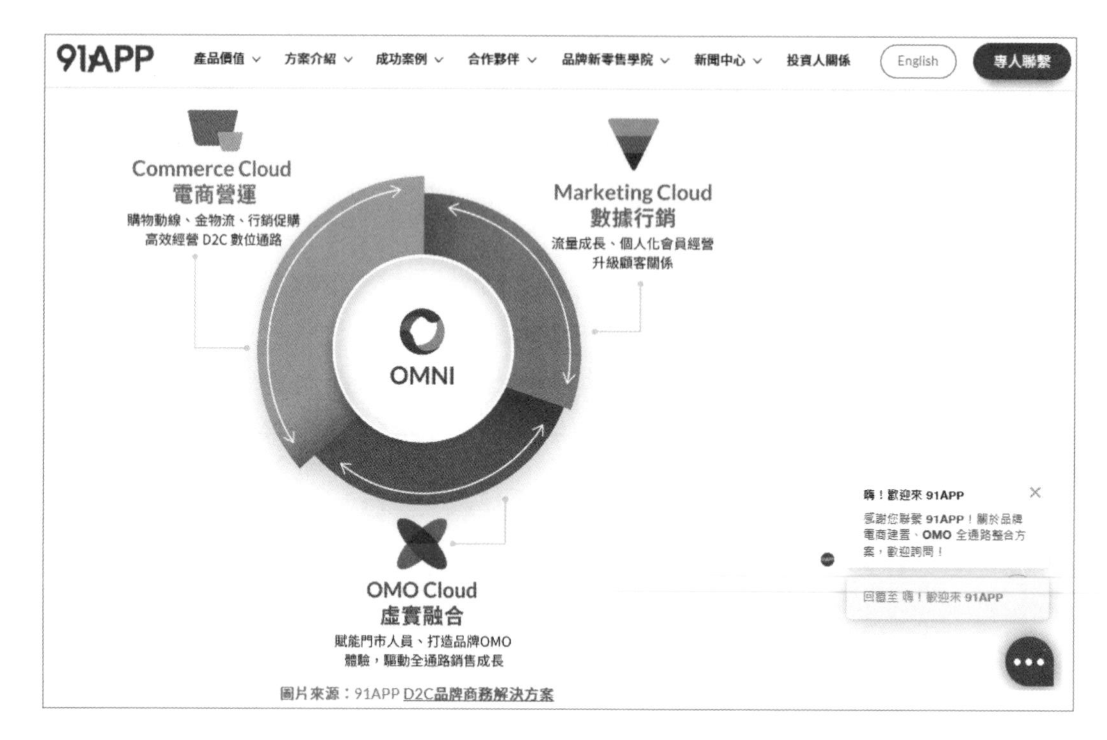

圖 7.7 九易宇軒的 D2C 品牌商務解決方案

圖片來源：裴有恆擷取自九易宇軒官網

91APP 人工智慧的應用，在數據雲中有詳細說明，具備以下做法：

- **應用會員數據，建立個人化溝通策略**

  根據不同商品偏好、瀏覽行為、會員活躍度、近期購買意圖…等等數據，設計個人化行銷訊息，對特定會員週期性自動溝通、促進轉換。

- **品牌數據串連廣告媒體，精準導流**

  將品牌客戶的第一方數據串接數位廣告平台，提升導流轉換成效，而做到一站管理廣告追蹤碼、產品目錄、LINE 官方帳號…等導流設定。

- **全方位會員經營洞察，挖掘成長機會**

  透過其產生的導流歸因報表、名單成效報表、會員關鍵指標、會員經營趨勢…等達成深入解析多通路導流導購成效。

- **打造品牌會員制度，提升顧客終身價值**

  多元彈性的會員禮、會員升降等機制設定，讓品牌量身打造各式會員禮遇，提升會員忠誠度和消費貢獻。[9]

7.2.2 無人機與機器人

使用無人機與機器人減少人力需求，增加客戶體驗，已經是現在進行式，未來更因為科技進步，無人機與機器人將會更靈活、聰明，在少子化的時代，協助提高效率已經是不得不的做法。

傳統的機器人公司都偏向於工業機器人，使用強化學習搭配已經成熟的影像與語音辨識，結合越來越成熟的語意辨識，是接下來這類機器人發展的必然做法，而機器人端的邊緣運算與對人類的影像表情與語調情緒識別會是接下來大量發展的商機，尤其這樣可以保護客戶隱私權，又可以提升客戶體驗。

在智慧零售中，無人機與機器人的應用越來越普遍，這些無人機與機器人，不只應用於物流系統，也應用於零售業的服務機器人店員。

在智慧物流系統中，機器人負責在倉庫中負責檢貨、搬運，無人機負責運送到客戶端的最後一哩路，這些都需要應用到人工智慧的電腦視覺，及機器學習中的增強學習方式。其中最出名的，就是亞馬遜 Amazon 的物流系統。

零售業服務機器人最出名的則是日本軟體銀行的機器人 Pepper，天生的萌樣，可以跟客戶互動，讓他在日本大受歡迎。

而軟體客服機器人的應用，Appier 的 BotBonnie 是國內很常協助企業做客服的系統，另外也有很多企業跟新創合作導入這樣的系統。未來隨著 ChatGPT 這類強大的人工智慧大語言模型系統的普及，將可以協助更多的客服功能。

案例（六）：Amazon 使用無人機與機器人的物流系統

亞馬遜的物流系統做到了透過機器人做倉儲處理，2016 年的統計結果顯示，每日出貨品項 150 萬個，速度上較人類揀貨增加一倍，並增加儲存空間 24%（從 2,100 萬個品項到 2600 萬個品項）。而且利用電腦視覺與人工智慧系統，控制卡車卸貨與收貨作業，大幅縮短作業時間到 30 分鐘以下。

9 資料來源：九易宇軒官網。

亞馬遜並且於 2016 年底針對英國客戶開始提供無人機送貨服務（Prime Air）：顧客只需要在家裡下單，無人機就會從倉庫取貨，並且在 30 分鐘內將貨物送到顧客家門口，一切全自動。在新冠肺炎期間，亞馬遜也開始使用機器人做運貨搬運。

圖 7.8 Amazon Prime Air 的無人機

圖片來源：https://www.amazon.com/Amazon-Prime-Air/b?node=8037720011

Amazon 的物流系統的成功，是因為有強大的人工智慧，協助其作出物流運籌最佳化，這當然也是要收集到夠多的數據，建立對應模型。

案例（七）：服務機器人 Pepper

Pepper 機器人是軟體銀行子公司開發，委由鴻海代工生產的人形機器人，在 2015 年 6 月在日本開賣，2016 年在美國試著在加州數個實體門市進駐：例如在 Palo Alto 的「B8ta」科技門市工作一週後，該門市當週來客數大增 70%，另外 12 月份在「B8ta」的 Santa Monica 門市工作，造成該門市營收上升 13%，某項熱賣產品銷售量增加 6 倍。[10]

10 資料來源：MoneyDJ 新聞 https://www.moneydj.com/KMDJ/News/NewsViewer.aspx?a=4257ec04-f3c9-4cda-866a-78199d03580c

Pepper 機器人不只可以跟顧客聊天、回答問題、給予指引，它能夠跳舞、左顧右盼、害羞、跟路人自拍、根據人們的外表判斷喜怒哀樂，也根據客戶需求播放音樂與點燃燈光，而且可以從語調中偵測出人們是否有疑問。

而全球已經有超過上萬個 Pepper 機器人進入職場工作，工作地點在各大零售店中，如必勝客、軟銀門市等，在養老院中，甚至進入日本家庭。

圖 7.9 Pepper 在日本零售店中服務

圖片來源：https://theloupe.io/pepper-the-humanoid-robot-f88c09774dc6#.bwr8x0xyr

Pepper 有自己的雲端系統（不過在中國大陸是另外用阿里雲系統），根據與客戶互動的學習經驗，在雲端整合大數據與機器學習，Pepper 越來越會跟客戶互動，創造客戶進入門店的誘因。Pepper 在 2022 年停產，本書作者認為是新的機器人的取代，而 Pepper 的手不能端東西，且其智商始終只停留在幼兒階段，吸引人有限。但是 Pepper 讓服務機器人在零售及服務業的影響已經開始，現在有越來越多的服務機器人導入各行各業。

案例（八）：Appier 的 BotBonnie

沛星互動股份有限公司 Appier 在 2012 年成立，2021 年 3 月 30 日，沛星互動在東京證交所 Mothers 板塊上市。[11]

BotBonnie 是 Appier 提供的對話式行銷平台，透過聊天機器人達成行銷效果。其特色有：

- **直覺的拖放式操作工具**

  讓品牌客戶快速建構機器人。透過豐富的訊息格式，打造顧客與品牌間的多元互動，讓顧客做出決策。

- **互動式行銷套件**

  內建多元行銷套件，包含名單收集、問卷調查、發票登錄、每日簽到、輪盤抽獎等套件功能，達成在 10 分鐘內就輕鬆完成多種行銷活動。

- **自動化對話流程**

  具備自動化的對話功能，以有效強化顧客體驗，創造更多銷售業績。當顧客在網站上搜尋產品時，即刻與潛在顧客展開對話互動，掌握互動商機。

- **進階區隔受眾**

  透過對話過程收集顧客資料，並依據顧客的回應及行為加以貼標記錄，不但能提供個人化的體驗，更能一次鎖定大規模的目標受眾，擴大成效。

- **行銷活動洞察報告**

  從互動到轉換，掌握用戶與品牌每次的洞察數據，並依據行銷活動績效擬定成長策略。

- **AI 預測及再行銷**

  利用 AI 技術分析及預測用戶興趣、互動程度及購買意圖，打造個人化的產品推薦及顧客服務。[12]

---

11 資料來源：維基百科

12 資料來源：Appier 網站 https://www.appier.com/zh-tw/products/botbonnie

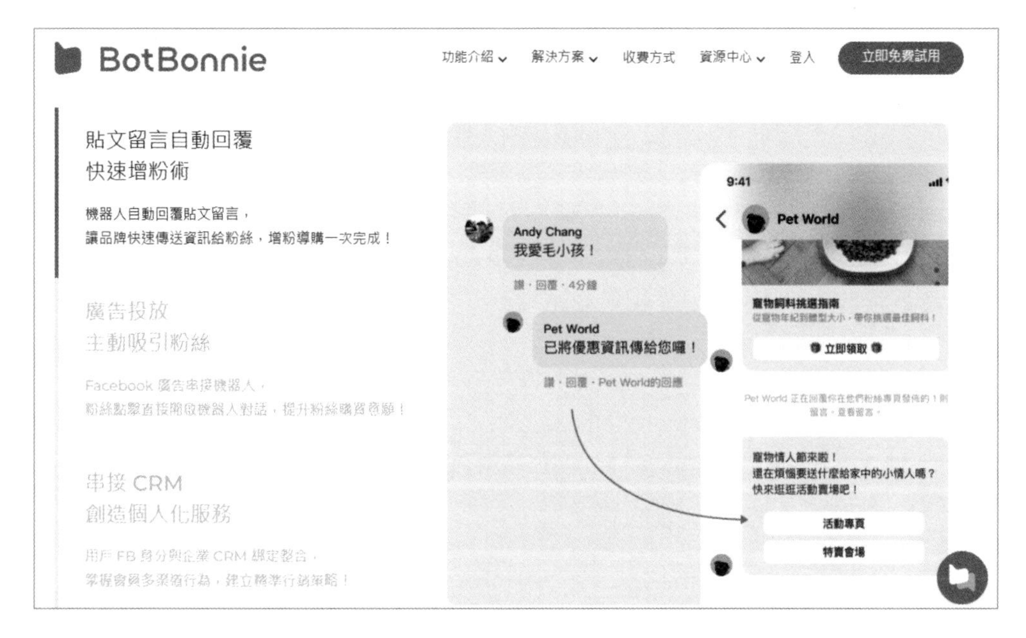

圖 7.10 BotBonnie 的 FB 機器人貼圖留言自動回覆功能

圖片來源：https://www.botbonnie.com/zh/facebook，裴有恆擷取

7.2.3 行銷推廣

人工智慧在行銷推廣上的應用有自動建立廣告組合、個人化建議、預測顧客購買行為等。

利用人工智慧推播廣告，是台灣人工智慧的很大應用，像是 Google 提出的即時競價模型，Appier 公司推出的 CrossX 跨螢品牌行銷就是很好的應用。但是如何針對消費者做精準行銷，就需要搭配從各個來源得到的數據了。在美國，Google 與 Facebook 來自這方面的收入也最多：Google 透過即時競價、YouTube 廣告、關鍵字廣告…等等方式；Facebook 透過粉絲頁廣告、動態時報廣告…等等方式，背後都是強大的人工智慧運算。

而前線媒體則是應用電子看板，做到影像辨識，即時辨識看廣告的人得出相關數據，做到精準推播廣告的例子。

案例（九）：前線媒體 Oviewer

前線媒體是數位看板聯網頻道與收視數據的公司，佔有率超過 20%，刊播據點有：7-11、全家、麥當勞、屈臣氏、高雄捷運站…等等位置，在台灣已建置超過 7,000 台聯網螢幕，也因此在台灣每 2 個人就有 1 個人每天會接觸前線媒體的數位看板。

這些數位看板上配置攝影鏡頭，利用影像辨識與其他感應器，探析消費者收視行為：針對看螢幕的消費者分辨出其大約年齡、性別…等等資訊，才能達成精準投放目標消費者的作用，也因此在 2012 年開啟收視才計費 (CPV, cost per view) 的商業模式。[13]

Oviewer 是前線媒體的數位看板收視量測系統，該系統可記錄與儲存數位看板媒體的實際觀眾收視人次、與收視時間標記，在與播送廣告的流程進行資料比對，這就是 CPV 的收視計追蹤數據。

前線媒體的人臉辨識技術，可同時針對 75 度視角內的多人進行進行人臉辨識，而且判斷其是否正對著螢幕觀看（正臉），而且是否觀看超過收視時間設定參數值 (最少兩秒)，才列入計算為有效收視人次。

針對收視的結果，可以推估每一檔次可接觸收視人次，以及每人次收視成本；也可推估收視偏好時點分析與周間差異的統計。[14]

7-11 還跟前線媒體合作過，在客戶在櫃檯結帳的時候，拍照，並將分析結果傳給 7-11。

圖 7.11 前線媒體 Oviewer 分析觀看受眾

圖片來源：https://www.youtube.com/watch?v=8LXSZ9U2DKU

13 資料來源：前線媒體官網。

14 資料來源：前線媒體總經理馬志堅「O-Viewer 消費者目標分群與分析技術」簡報。

案例（十）：Appier 的 CrossX AI 平台

Appier 開發的 CrossX AI，運用人工智慧演算法來辨識最符合行銷目標的最佳受眾，並透過預測得到每分鐘跨螢行為的方式。

這個平台整合了龐大的使用者行為和裝置使用者資料。其 CrossX AI 人工智慧技術，產生的模型可以及時瞭解使用者行為，協助預測哪些受眾，在什麼時間、什麼裝置上購買的可能行為。而 Appier CrossX 平台結合了受眾的購買功能、廣告流量 / 版位、即時競價及優化架構等工具。[15]

圖 7.12 Appier CrossX 分析得知客戶在哪個設備上的使用者行為示意圖

圖片來源：https://www.youtube.com/watch?v=FtCGUoDZPQI

案例（十一）：Google 廣告的精準行銷

Google 是舉世知名的最大的搜尋平台，它同時也提供了許多種廣告服務，而因為收集了跟客戶互動的大量數據，在客戶需要時，它的廣告服務可以做到精準行銷。

Google 廣告服務有六種類型：

15 資料來源：Appier 官網

搜尋廣告

唯有消費者搜尋相關字詞時，廠商的廣告才會出現在他眼前，廣告費不會花在對那些「沒有需求」的人曝光，預算的花費也相對也更有效用。其呈現的方式，為以「文案」的形式，看起來就像其他搜尋結果一樣，不過廣告會在搜尋引擎的自然排序前顯示，並標示為「廣告」。因為 Google 的搜尋也因為透過人工智慧做到精確相關度排序，而獲得消費者信賴，而搜尋廣告在此時雖放在醒目處，也因為消費者有此需求，而產生效果。

購物廣告

Google 搜尋時呈現的購物廣告會呈現「產品圖片、名稱、價格、商店名稱」等資訊。廠商需要透過先建立 Merchant Center，上傳商家資料、產品資料，以製作廣告，好讓 Google 在客戶搜索時向潛在客戶投遞廣告。而這是比文字搜索廣告更豐富的被動廣告。

圖 7.13 Google 的搜尋廣告及購物廣告

圖片來源：裴有恆擷取

Google Ads 的最高成效廣告

透過人工智慧，根據設定的廣告目標，讓系統透過 AI 學習、系統大數據的判斷，可以協助找到最合適的版位、受眾、時間，更自動化地投遞廣告，藉以爭取最佳廣告成效。廠商只需要設定一組「廣告素材」，便能在 Google Ads 的所有通路投遞廣告（即搜尋聯播網投放廣告，包含 Google 搜尋結果網頁，以及其他 Google 網站：如 Google 地圖和 Google 購物，還有與 Google 合作顯示廣告的搜尋網站，多媒體廣告聯播網：YouTube、Blogger 和 Gmail…）。

多媒體廣告聯播網

Google Display Network (GDN)，有文字、圖像、影片、原生廣告等多媒體類型可以選擇，並以「主動曝光」方式呈現在消費者眼前。這種廣告會提供在 Google 合作的網站、應用程式、YouTube、Gmail 展示你的廣告，其在廣告的右上角有顯示圓形的「i」圖示。Google 會按照上傳的素材依照版位，自動調整文案及圖片大小，產生廣告，並呈現媒體網站推薦閱讀的地方，消費者很可能不小心就會以為是文章點進去。

探索廣告

是與多媒體廣告大同小異，但只會出現在 Google 自家產品的：「YouTube」、「Gmail」上的廣告。在使用探索廣告活動前，須在帳戶中啟用「全網站標記」[16]，才能透過安裝程式碼，讓 Google 更好追蹤，以達到更精準地做投遞。

YouTube 插播影片廣告

觀看 YouTube 影片時插播的廣告，廠商可以選擇在影片的開頭、中間、結尾放送廣告，可依照自己的需求做設定。[17]

這些廣告播放都會依據消費者在 Google 產品、平台（包含 Google Analytics、Google Ads…等等）及其他互動而 Google 可以獲取的數據，因此造成對消費者的了解，而做到精準行銷。

16 詳見 Google Ads 說明 https://support.google.com/google-ads/answer/9148089?hl=zh-Hant

17 資料來源：電玩陪跑社網頁 https://runningmatemarketing.com/blog/2022/08/24/google-%E5%BB%A3%E5%91%8A-6-%E7%A8%AE%E5%BB%A3%E5%91%8A%E6%B4%BB%E5%8B%95%E9%A1%9E%E5%9E%8B/

案例（十二）：愛卡拉的 CDP

因為 Google 計畫在 2024 年下半年全面禁用第三方 Cookie，業者自己經營客戶數據、蒐集第一手資料的顧客數據平台（Customer Data Platform，簡稱 CDP）更因此受到重視。在未來，每一間直接面對消費者的企業內部，都會有 CDP 好做數據行銷。因為在消費者對服務要求不斷升高的時代，CDP 是唯一能以「千人千面」的方式針對每一位消費者進行行銷客製化與自動化的工具。iKala 在 2021 年推出 iKala CDP，協助企業客戶數位轉型。

iKala CDP 具備數據整合、預測模組，與行銷應用三大功能。

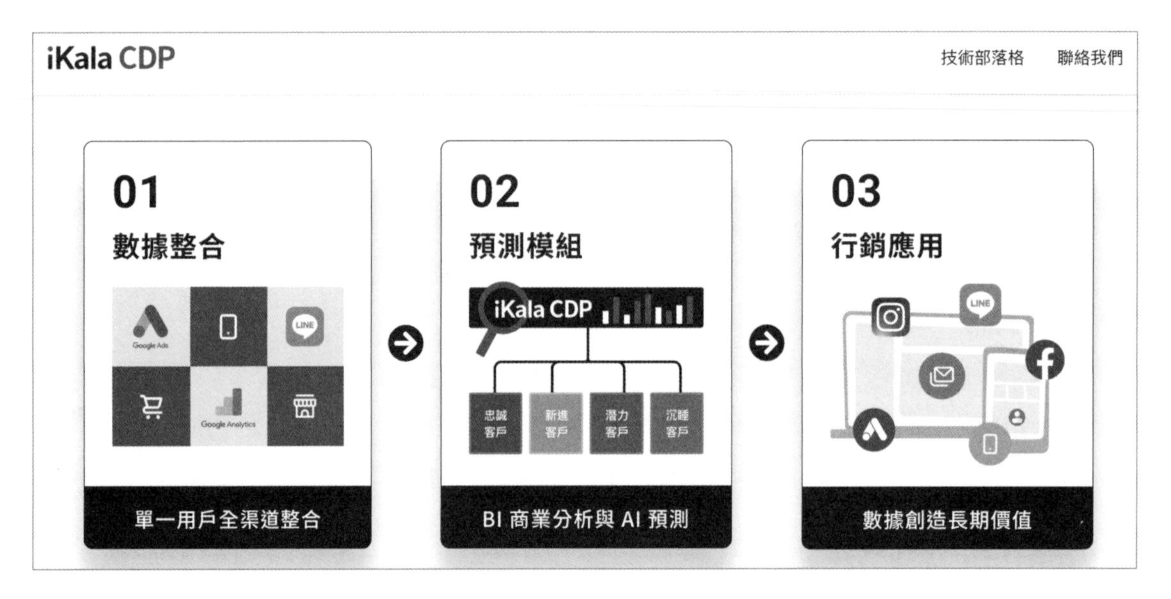

圖 7.14 iKala 的 CDP 功能

圖片來源：裴有恆擷取自愛卡拉官網

❶ 數據整合

全方位收集包含會員基本資料、顧客行為數據、金流與物流等顧客數據，以呈現單一用戶的行為軌跡，協助企業掌握顧客樣貌。並釐清數據來源，全方位支援應用場景。讓數據從收集、分析、儲存至運用，皆有完整體系，以有效發揮數據價值。其內建 BI [18] 分析模組及串接 BI 工具端，可進一步與 Tableau、Data Studio、

18 Business Intelligence，商業智慧，商業智慧指用來分析業務資料，將其轉換為可據以行動的洞察，並幫助公司內每個人制定更周全決策的流程及工具。它也被稱為決策支援系統（DSS），BI 分析目前和歷史資料，並以易讀的方式在企業內共享報表、儀表板、圖形、圖表及藍圖。資料來源：https://www.sap.com/taiwan/insights/what-is-business-intelligence-bi.html

PowerBI 等進行整合，支援多元儀表板呈現，為圖表視覺化提供高度彈性。

❷ 預測模組

具備顧客價值預測模型，以及 AI 自動化分析預測模組。顧客價值預測模型採用三項指標：(1) 顧客最近一次消費 (R：Recency) (2) 顧客購買頻率 (F：Frequency) (3) 顧客消費金額 (M：Monetary) 來衡量顧客價值。透過預設 RFM 標籤，協助企業掌握顧客狀態。而 AI 分析能迅速掃描大量資料，以輔助行銷決策，降低企業 trial and error 時間，並能貼標 RFM 客群，並依此預測顧客終生價值。以此達成最佳溝通時機，透過最佳行銷渠道，提供最佳溝通內容給顧客。

❸ 行銷應用

此系統在本書付印前具備「動態貼標、分眾篩選、建立自動化名單」，以及「自動化行銷平台優化訊息推送」兩種應用。其「自動化行銷平台優化訊息推送」應用會根據顧客行為，達成即時推播及自動化推播，掌握顧客關鍵轉換時機。[19]

7.3 結論

馬雲在 2017 年提出了新零售的主張，其實就是利用科技讓零售智慧化，不再區分線上與線下的做法。而新零售的智慧就是要讓消費者有感，讓商家掌握消費者行為，提高行銷與銷售效果與效率，結合了實體零售處感測設備感測到的行為數據、手機與電腦的輸入行為數據與人工智慧的分析與建立模型，讓銷售變得越來越精準而且有效率，不過，使用者隱私問題造成的糾紛可能是接下來發展會引發的插曲。[20]

---

19 資料來源：iKala CDP 官網 https://cdp.ikala.tv/?gclid=Cj0KCQiAwJWdBhCYARIsAJc4idBEkEKuRVmkXyLwNGejFqTCaZPLnVXtBFyYJ4drcwMxq5HFzKT9IhAaAnD8EALw_wcB

20 本章參考作者裴有恆另一本書《AIoT 人工智慧在物聯網的應用與商機》。

CHAPTER

8 工業應用

8.1 介紹

AI 在工業上的應用被稱為「智慧工業」，而智慧工業在各區域有歐盟的「工業 4.0」，美國的「工業網際網路」，中國的「中國製造」，以及日本的「工業價值鏈」，後來更推展到「社會 5.0」。其中「工業 4.0」是最被大家認同的說法，而現在歐洲議會更進一步提出了「工業 5.0」。

自從 18 世紀瓦特改良蒸汽機開始，以機器力替代人力，自此進入工業 1.0 時代；到了 1866 年西門子發明電動機，以電力取代蒸氣力，而美國福特汽車的老闆亨利．福特也發明流水線的生產線，也因此製造又便宜又好的汽車，這段期間是工業 2.0 時代；之後電腦越來越普及，可邏輯控制器（Programable Logic Controller，PLC）導入工廠，利用資訊力達成自動化讓整體製造效率大為提高，進入工業 3.0 時代；接下來是物聯網、人工智慧與虛實整合的時代，透過這些技術讓機器製造更智慧，進入工業 4.0 時代。現在歐洲議會提出了「工業 5.0」，是因應人們希望把經濟、社會與環境三大方面一起納入考量。因此工業 5.0 有三大支柱：以人為本、有韌性，以及永續。為了達成彈性，就要導入敏捷的方法。其中永續的部分因為包含金融、零售、工業，以及農業，我們會在第十章中做更進一步的討論。

美國雖然在 2011 年就以國家角度推出「先進製造夥伴」（Advanced Manufacture Partnership，簡稱 AMP）計畫，但真正形成國際標準卻是因為民間的力量，由奇異公司 GE 發起，聯合眾多企業，在 2014 年成立的「工業互聯網聯盟」（Industrial Internet consortium，簡稱 IIC），並且聯合主導了相關的工業標準，成為美國業界的發展主流。而美國製造業早年以六標準差的資料分析處理聞名世界，而奇異公司更是這方面的翹楚，所以這些標準當然會延續之前六標準差的資料管理，特別是結合大數據的人工智慧，更強化了預測能力，大大強化了生產效率。

日本在 2015 年開始非官方的「工業 4.1J」實驗計畫，同年也成立了「工業價值鏈促進會」（Industrial Value Chain Initiative，簡稱 IVI），產生了相關的工業標準，而 2017 年人工智慧以「社會 5.0」角度納入。在社會 5.0 中，將基於網路空間發展，涵蓋範圍包括金融（FinTech），移動性（Mobility As a Service，簡稱 MaaS，其中最受矚目的是自動駕駛汽車），醫療保健（HealthTech），工廠安全（智慧安全）和城市管理（智慧城市）。日本的工業價值鏈促進會（Industrial Value Chain Initiative；IVI）的成員包括三菱電機、富士通、日產汽車和松下等日本電子、資訊、機械和汽車行業，約有 300 家主要企業為代表[1]，也包含中國的華為、德國的西門子，以及美國的思科。

中國大陸在 2015 年提出第一個十年行動綱領「中國製造 2025」，可說是跟德國密切合作產生的製造指導方針。而中美貿易大戰，美國對於「中國製造 2025」諸多反感，中國大陸近年來不再提「中國製造 2025」，而改為「中國製造」取代。[2]

智慧工業現在備受重視的原因，除了技術進步引導工業升級外，由人工作業員人為疏失導致的損失，一直是老闆心中的痛，加上少子化缺工的趨勢，以及資深員工老年化退休無人替代，於是加速引進工業機器人及升級工廠設備是必要之舉。台灣也因此在 2015 年 9 月提出「生產力 4.0」計畫，之後 2016 年政黨輪替，民進黨政府上台，在 2017 年 7 月提出「智慧機械」為新的智慧工業執行計劃。

---

1 資料來源：日經中文網 https://zh.cn.nikkei.com/industry/manufacturing/39986-2020-04-30-05-00-00.html

2 資料來源：《AIoT 數位轉型在中小製造企業》一書

智慧機械的規劃架構如下圖。

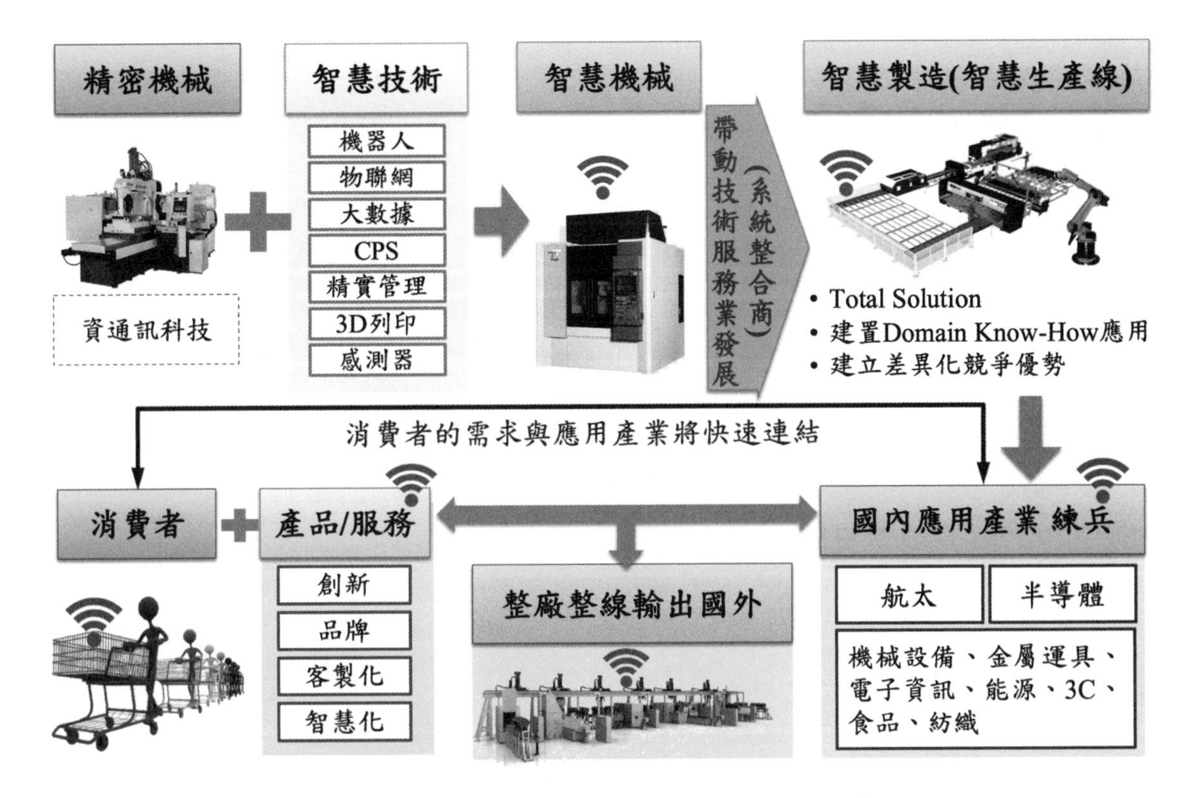

圖 8.1 建構智慧機械產業生態體系

圖片來源：行政院

8.2 AI 應用架構與案例

從工業生產流程來看，我們可以得到如下的流程圖：

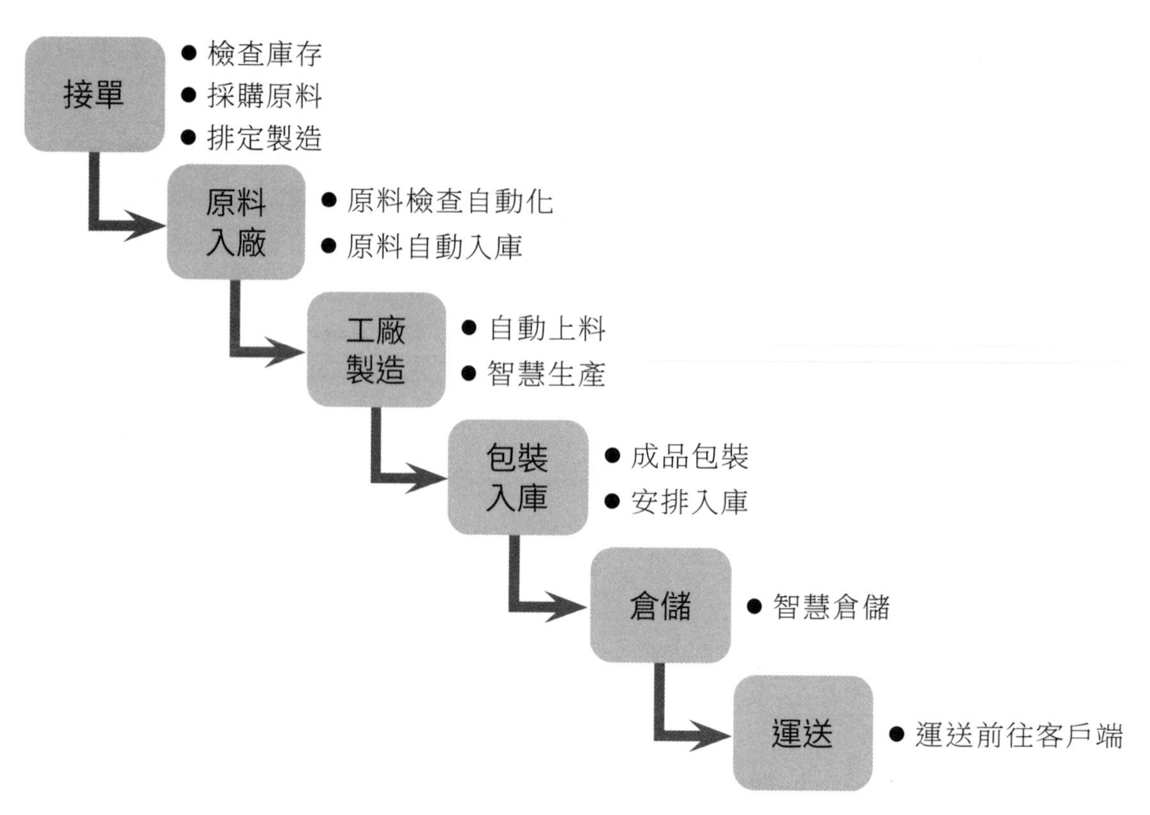

圖 8.2　工業生產流程從接單到運送

圖片來源：裴有恆製作

由此看出，人工智慧可以應用在原料、半成品與成品的檢查自動化，這可以透過電腦視覺達成、生產時利用生產大數據建立模型提升良率，以及工業機器人在運送、製造與倉儲的應用上，以及虛實對應的數位孿生（包含生產設備的預測性維護應用）等。所以本章規劃如下圖。

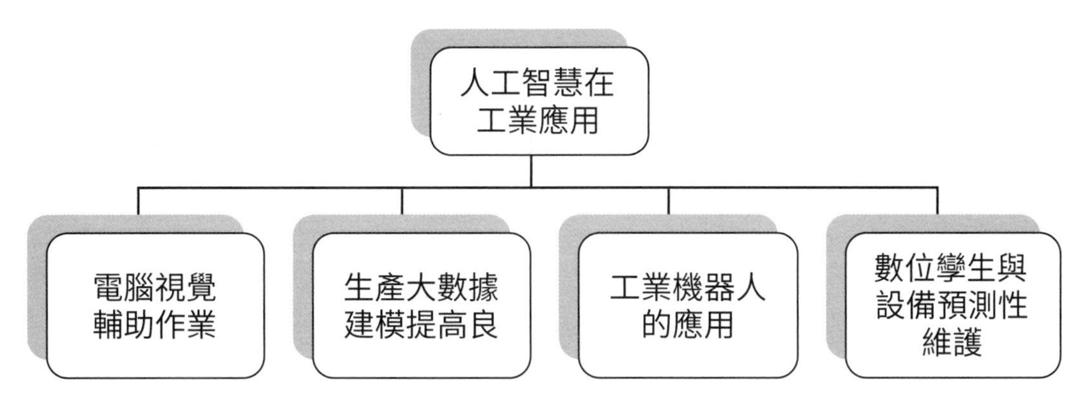

圖 8.3 人工智慧的工業應用範疇

圖片來源：裴有恆製作

8.2.1 電腦視覺輔助作業

電腦視覺利用機器學習，可以達到很高的識別準確率，在人臉識別的能力已被證明超過人類。

透過電腦視覺，可以辨識物品，辨識後有多種應用，移動、導引、挑出不良品…等等，我們以挑出不良品為例說明。而電腦視覺辨識，在工廠中還可以針對工安[3]問題來做預防處理及即時警示。

案例（一）：慧穩科技的視覺辨識技術

慧穩科技成立於 2016 年，為一深耕於視覺影像之應用，其採用深度學習為 AI 技術核心。它為客戶提供客製化的視覺影像應用方案，業務包含 AI 視覺影像辨識軟體開發、產線自動化軟硬體整合、設備監控軟體客製化，以及人臉辨識應用。

慧穩科技服務模式是透過討論及瞭解客戶需求，然後收集內外部資料整理與量化，接下來資料轉為數據並分析，以此建立數據分析平台並訓練及驗證人工智慧模式，最後策略擬定並提供人工智慧軟硬體解決方案。

慧穩科技已幫助很多廠商完成工廠中導入視覺辨識，包括高爾夫球製造商、鞋類製造商、紡織布料製造商…等等，現在更強化在非破壞式檢測的解決方案。

---

3 為工業安全的簡稱，又名產業安全、職業安全，內容研究和關注職業崗位上的安全問題。資料來源：Wikipedia。

這樣的技術因為可以減少重工[4]，大大增加效率，這也是在需要用視覺做品質分析的產線中很受歡迎的。而慧穩科技的方案也導入在工安，以監視人員是否有職業安全顧慮，減少職災與工作場合中的意外傷害。

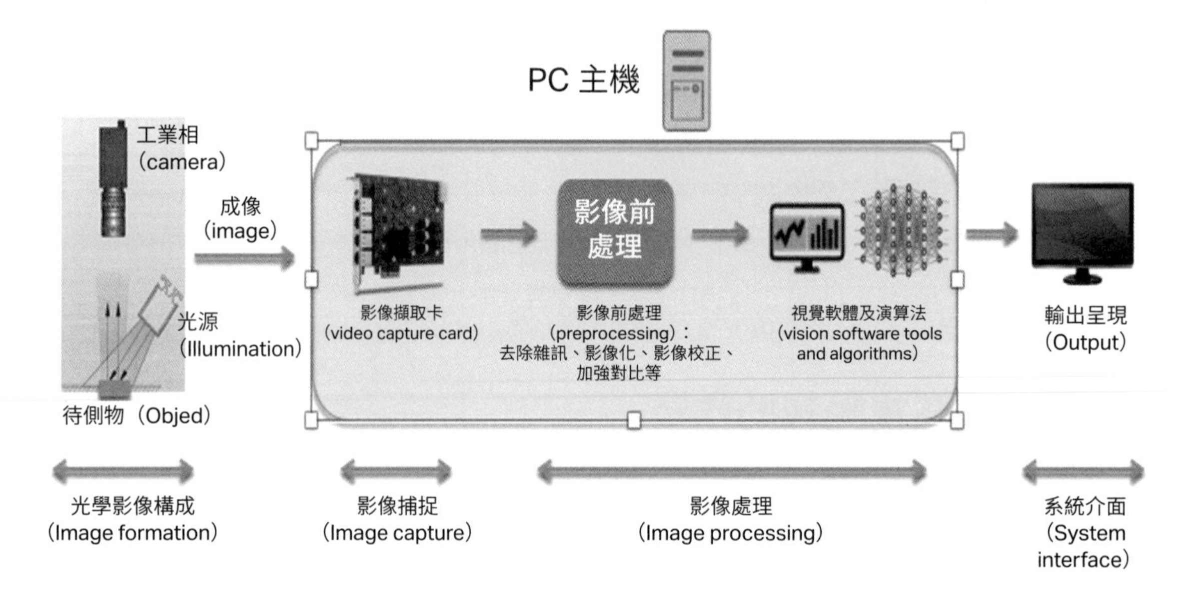

圖 8.4 慧穩科技的視覺辨識流程

圖片來源：慧穩科技提供

案例（二）：至德科技的利用視覺辨識技術強化新呈工業廠內效率

新呈工業股份有限公司（以下稱新呈工業）是一家專業客製化線材加工廠，身為接班創二代的陳泳睿，因為本身就是 IT 科班出身的背景，對數位趨勢自然很是敏感，而針對自家工廠實地狀況，他就一直在想如何去進行升級強化，於是在 2014 年七月成立了至德科技有限公司（以下稱至德科技），以新呈工業為場域，導入 IT 與電子科技技術，強化運作效率。

在工廠中，很多機器是沒能聯網的，相關機器的參數如何傳到系統中呢？針對有顯示參數的機器，陳泳睿想到每個員工都有手機，就讓至德科技開發程式協助新呈工業讓員工直接利用手機最為實惠：利用手機鏡頭照下機器上的參數，透過 APP 做影像分析獲得參數數據值，而這樣可以直接在下次的工單直接秀出上次的參數設定，這

4　英文為 rework，指不合格產品為符合要求而對其所採取的措施，其措施能讓產品達到原訂的品質水準。資料來源：IATF 16949 條文 8.8.1.4。

樣新手也可以立即上手，不會受到老師傅經驗的限制。這樣的設計避開了因為老師傅不願傳承經驗，而造成工廠轉型升級不順的可能。

圖 8.5 至德科技的視覺辨識流程

圖片來源：至德科技提供

8.2.2 數據建模提高良率與能源效率

在工廠裡需要的感測數據種類有動作方位感測、影像感測和環境偵測三種：動作方位感測指的是智慧機器本身的動作與方位透過感測器得到的數值，光學影像感測指的是透過光學影像辨識，環境監控指透過感測器監控溫度、濕度、水質、水的酸鹼度…等等環境的即時資料。

有了這些數據，透過網路傳到雲端，以人工智慧分析，形成機器學習模型，可以做到良率的提高與能源使用的最佳化。

案例（三）：新漢智能利用人工智慧提高生產效率

新漢智能股份有限公司是新漢集團於 2014 年創立之子公司，致力於提供工業物聯網解決方案，也是台灣頻率元件智慧製造聯盟的成員之一。

新漢智能協助全台最大汽車 Tier 1 方向盤生產商全興創新科技股份有限公司，導入其工業物聯網解決方案，建置生產製程數據平台以 AI 進行製程數據分析，並建立戰情中心，可視化與分析製程品質。而最後達成的成果：

- 原每次試模約需損失 50kg 原料與 20 組方向盤以上，但透過人工智慧分析結果導入，大大降低試產時依經驗試誤之物料調配時間與原料浪費。
- 透過人工智慧導入，將老師傅調配硬度之經驗轉為生產參數，防止人員異動造成技術斷層。
- 即時監控避免因氣候變化造成硬度不良。

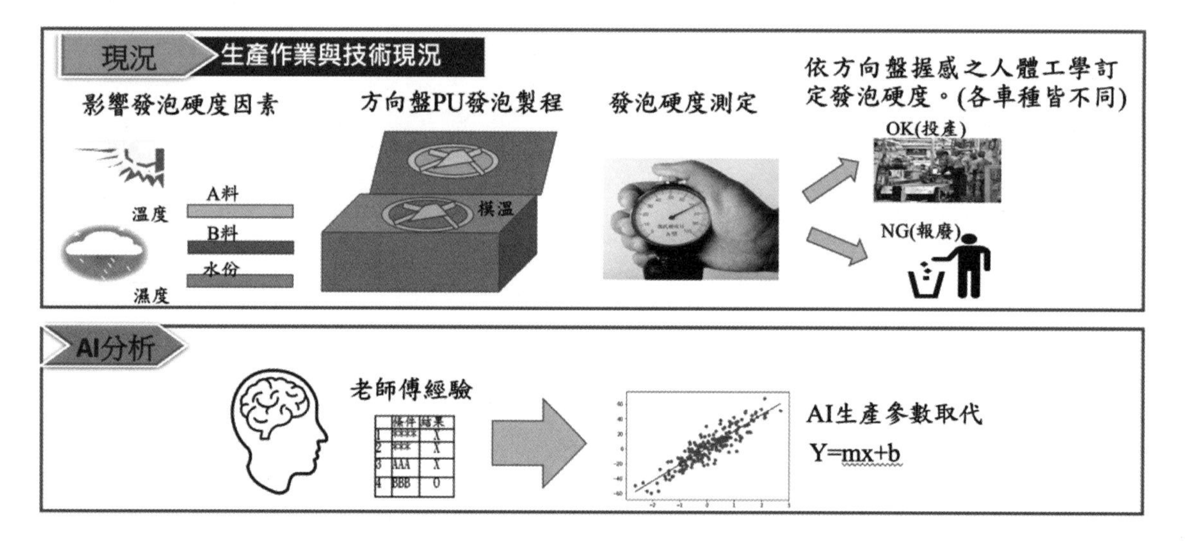

圖 8.6 新漢智能在方向盤廠導入提高效率示意圖

圖片來源：新漢智能提供

案例（四）：先知科技協助新呈工業做好良率提升

先知科技成立於 2009 年，為國立成功大學研發團隊 Spin-off 的衍生公司，願景為成為提供領先全球「製造智慧化」的服務業者。它協助新呈工業股份有限公司透過之前就完成的機器聯網輔導專案，把需要的數據收集到，再依此分析以提供 AIoT 智慧生產管理以及智慧故障預警的輔導服務，服務架構如下圖所示：

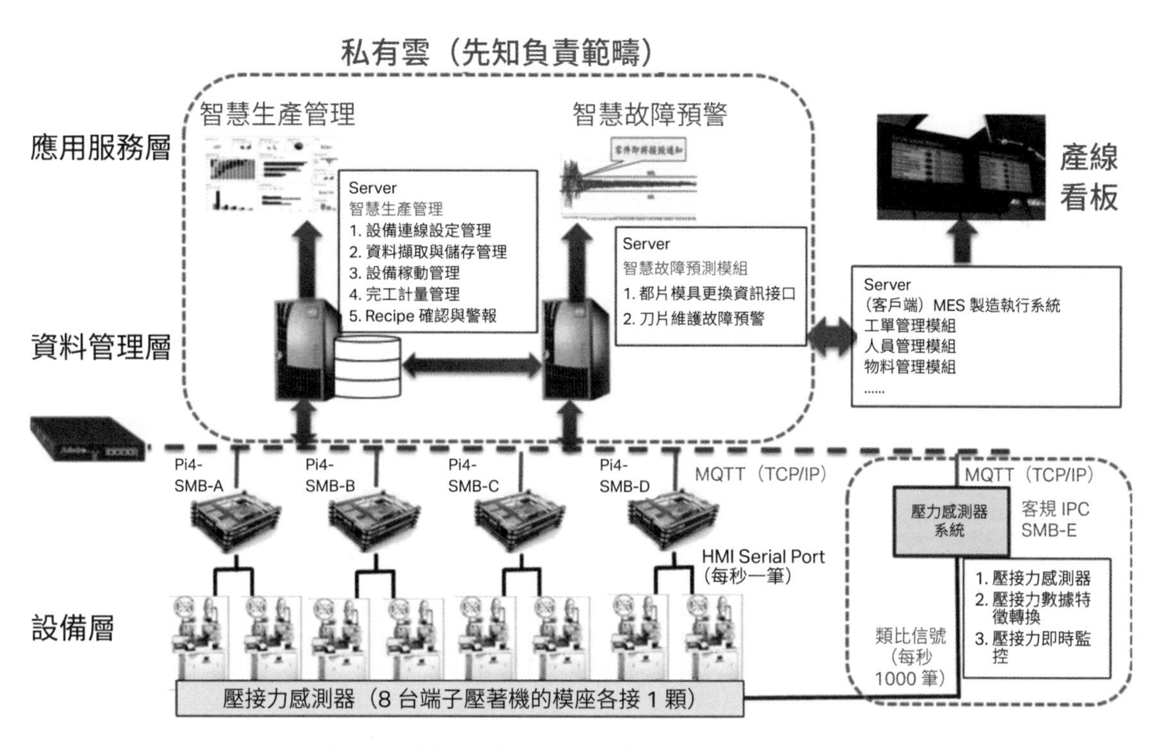

圖 8.7 先知科技幫新呈工業完成的服務層級圖

圖片來源：先知科技提供

在之前執行這個服務的專案達成三大效果：

- 減少退貨處理成本，每年由 6 萬降至 2 萬以下。
- 提高產品良率由 80% 提升至超過 90%。
- 縮短維護設備導致停機的時間，由每年 48 小時無預警停機降至 15 小時以下。

案例（五）：台達電運用工業數據作最佳能耗管理

台達電鏈結了製造業數位轉型 know how，開發了解決方案，包含最前期的顧問諮詢，到系統實際導入與事後維運，以降低製造業者的轉型負擔，確保能解決生產痛點、滿足客戶廠房的需求。

這套解決方案在導入前期，台達電將跟客戶一起盤點廠房內的設備資產，接著依據現場狀況提出建議。而導入解決方案期間，更會結合過往協助其它廠商數位轉型的實戰經驗，組成適合此客戶的智慧綠能製造系統。這個綠能製造系統擁有智慧化設備機台、聯網系統、IIoT [5] 智慧管理平台、生產可視化管理平台、智慧化的廠務監控系統、能源管理系統、戰情中心等。透過台達的 DIALink 設備聯網平台，就可達成無縫串聯 OT [6] 與 IT 兩大系統；而 DIAMMP 製造可視化管理系統則可依不同的需求者的職權，讓運作數據以不同的內容方式呈現，如產線上的 PQM 看板、廠長室中的廠房管理、企業總部內的戰情室等。而台達電的一家傳統製造業的客戶，則在導入台達智慧綠能方案後，單一廠房的能源支出費用減少了 30%，產線上產品的品質問題大大減少，成效顯著。[7]

案例（六）：台積電使用大數據分析提高生產良率

台積電以大數據改善良率是由清華大學簡禎富教授主導。根據簡禎富教授發表在哈佛商業評論上的文章，我們得知台積電的良率提升是針對在一片晶圓上產出最多可賣錢的晶粒，也就是「綜合晶圓效益」(Overall Wafer Effectiveness, OWE)，所以台積電利用資料分析，以改變晶粒排列方式提升晶圓良率。利用大數據與資料採礦方法整理出最佳化晶圓產出的 IC 尺寸設計指引（Gross DieAdvisor），使工程師可以迅速地決定晶圓曝光的最佳配置方式，並有效增加晶粒產出、提升工作效率和設備效益，平均效益估計每年可達新台幣 4.25 億元。

---

5 Industrial Internet of Things 的縮寫。

6 Operation Technology，操作技術是通過直接監視和／或控制工業設備，資產，過程和事件來檢測或導致更改的硬件和軟件。資料來源：Wikipedia 英文版

7 資料來源：科技報橘報導 https://buzzorange.com/techorange/2020/06/02/delta-green-energy-starts-from-otit/

半導體奈米製程的技術難度和變異很難處理，而完全自動化的 12 吋晶圓廠月產能超過十萬片，線上同時用十幾種製程配方參數以生產各種產品，每片晶圓要經過數百道到上千道反覆循環的製造程序，而每個工作站有幾個到幾十個精密的反應室（chamber）可以選擇、生產過程中可以隨著時間讀取幾萬種即時監控資料、近萬個線上抽樣檢測的量測值，以及在一片晶圓上幾百種，不同位置測量的電性測試參數，再加上積體電路複雜的生產模式，使得資料除了具有大數據的 4V 特性[8]之外，還有資料主效應不明顯、資料分布不均衡、前後製程的交互作用複雜等挑戰。而隨著半導體製程持續微縮挑戰物理極限，允差[9]也不斷緊縮，使得從大數據中迅速找出製程異常的原因變成困難。尤其台積電製造智慧半導體製造各階段中產生的資料，具有密切的關聯性，因此，必須考慮資料的時間性、群集性、連動性，再結合簡禎富教授團隊發展的理論方法，將團隊從實戰中學習到扎實的資料準備技巧和分析技術，進一步透過大數據分析技術，轉成有價值的資訊。

簡禎富教授透過與台積電合作開發單位和領域專家的密切合作，結合理論與領域知識作全面性的資料分析，以建立對複雜半導體製造系統的了解與掌握，整合大數據分析、資料採礦等人工智慧技術、圖形化技術、和決策分析等方法，發展適合半導體資料特性之機器學習架構與算法，終於成功發展多變量事故分析和診斷等不同分析技術模組，縮短使用者的學習曲線，輔助工程師進行後續的資料分析等專業判斷，大幅提升工程師的決策品質，加速良率提升。[10]

台積電現在更是把人工智慧做到產線上的普遍應用，特別是現在 10 奈米以下製程的高良率，是台積電利用人工智慧加強製程的重要成就。

---

8 4V 指的是大量 Volume、多樣 Variety、快速變動 Velocity 以及真實性 Veracity。

9 資料來源：對指定量量值的限定範圍或允許範圍

10 資料來源：台灣哈佛商業評論網站 https://www.hbrtaiwan.com/article_content_AR0002794.html

8.2.3 工業機器人的應用

工業機器人從開始到現在歷經好幾個階段，最早是所有行為都要用程式先寫好規範，接下來是可以由人拉著機器人的手臂帶著機器人走過一次流程來學習行為，最近的做法是讓人跟機器人一起協作。透過機器學習，可以讓工業機器人更聰明。

應用案例（七）：達明機器人 TM Robot 系列機器手臂

TMRobot 系列機器手臂是廣達旗下廣明科技的子公司達明機器人所生產，而達明機器人現在全球協作型機器手臂市占排名第 2。而廣達產線從中國大陸移往台灣，不到 1 個月就能完成，其中在自動化產線建置方面，達明機器人發揮不小的作用；而廣明光電泰國廠實作工業 4.0，達明機器人也扮演著重要角色。

達明機器人所生產的 TMRobot 系列協作型機器手臂，都搭載了視覺鏡頭，以使協作型機器手臂更聰明，且操作簡單，例如當機器手臂的透過視覺鏡頭看到異狀時，會自動控制速度。另外，廣明泰國廠也加入 AOI（自動光學辨識系統）搭配人工智慧技術，協助機器手臂在視覺上去做分析，以提升產線製造出來的產品品質。[11]

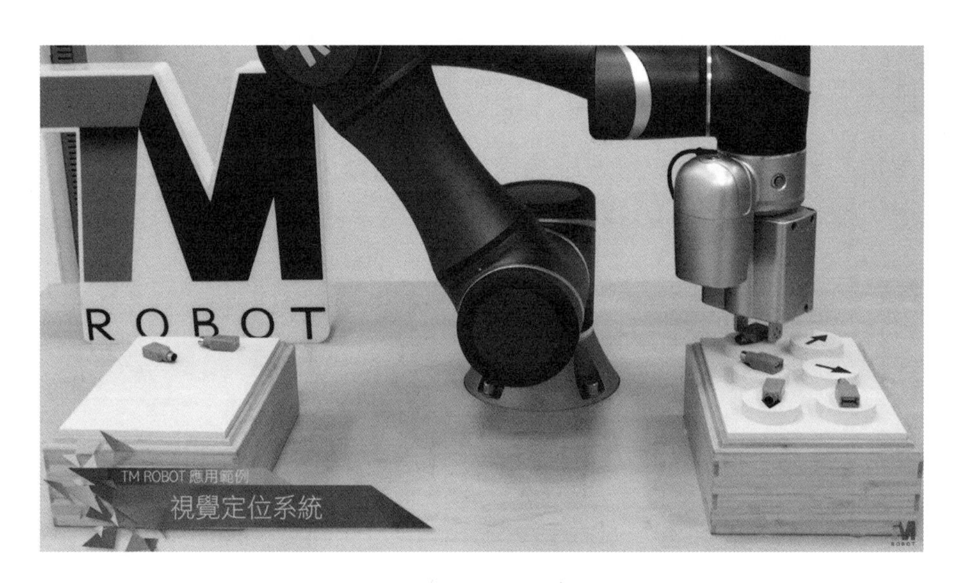

圖 8.8 達明機器人的協作機器人 TM Robot 展示智慧取放應用

圖片來源：https://www.youtube.com/watch?v=SG9iDEmY1hcl

11 資料來源：達明機器人官網

8.2.4 數位孿生與設備預測性維護

工業 4.0 的做法強調智動化系統，其實就是透過虛擬與實物整合的網宇實物系統（Cyber Physical System，簡稱 CPS），虛擬系統包含虛擬設計、虛擬製造和虛擬量測系統。這樣的系統結合人工智慧，強化成了數位孿生，讓虛擬與現實對應。而數位孿生透過人工智慧，在虛擬世界中反應真實世界的問題，而跟現實系統的對應也仰賴將物理世界中的感測器們傳輸數據做到分析。這樣會節省下可觀的時間與金錢成本。而在製造方面就可以結合虛擬製造和虛擬量測系統的做法來達成。

虛擬設計包含虛擬產線、製程設計，以及虛擬產品設計模擬。虛擬產線與製程設計就是在工廠規劃時，利用 3D 建模直接虛擬設計工廠各部位設施的位置。而如果是已經有既有設施的舊廠房，就針對設施與建築用雷射掃描，將兩者結合，還可以查看是否有機構干涉問題存在。虛擬製造可以利用電腦軟體模擬製造流程，確定其可製造性，與流程設計是否有問題。虛擬量測是針對半導體產業，透過軟體讓使用者介面可顯示線上即時的虛擬量測值。也就是說，在加工完成後 5 秒內，可即時預測且顯示出該剛加工完之工件的虛擬量測值。虛擬產品設計是透過人工智慧協助設計，先在虛擬世界進行模擬，去除模擬後無效的，而找出可能的方式可以大大加速產品研發的進展。在案例十二中會以 NVIDIA 利用人工智慧加速設計為例說明。

預測性維護可以說是數位孿生的一種應用，對工廠而言，如果賴以生產的設備無預警的故障，將會造成停機，原來計畫的生產將被延宕，而原來生產到一半的物件可能因此而丟棄；如果是在礦場等危險區域使用的機器，停機甚至會造成員工傷亡的慘劇。如果透過生產大數據可以從中找出警示方式，提早保養或安排備用設備取代，其實能減少很多的損失。不只製造業，所有有生產力需求的設備都有這樣需求。

而數位孿生推到極致，可達高度自動化以滿足大量客製化的需求，透過人工智慧主導生產流程，達成智慧化全自動的生產，是智慧工業的最高目標。

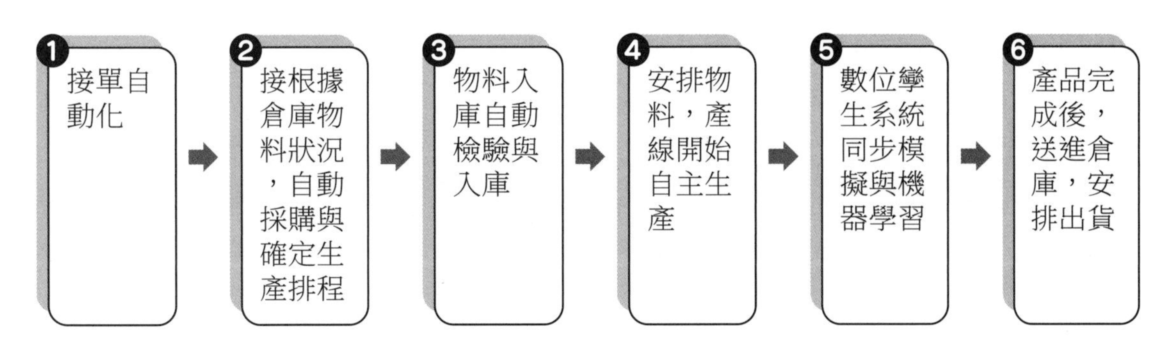

圖 8.10 人工智慧主導全自動生產流程

資料來源：電子時報 AIO 邊緣運算專輯

針對人工智慧主導全自動生產流程，底下是各個步驟詳述：

❶ **接單自動化**

收到訂單，AI 根據現有產能狀況，評估交貨時間，若是急單另行調動行程，確定後接單。

❷ **根據倉庫物料狀況，自動採購與確定生產排程：**

系統發出物料清單（BOM），制定物料需求計畫。針對料件不夠者，啟動自動化採購系統進行採購。最後智慧生產與排程系統按現有條件排入生產排程。

❸ **物料入庫自動檢驗與入庫：**

物料進入工廠之後，先做物料自動檢驗（透過影像與感測器）。檢驗完畢沒問題就自動入庫（透過智慧機器或機器人），有問題則自動聯絡相關人員，安排進一步處理。

❹ **安排物料，產線自主生產：**

產線機器人自動化至倉庫拿所需物料。由人工智慧主導，100% 全自動生產。每個在產線上的半成品會配備 RFID，用來紀錄這種產品是哪種產品、這個產品目前做到哪個步驟，另外整個產線會依據這個紀錄的狀態來決定生產步驟，協作人員在這個過程中扮演協助或調整的角色。因應客戶需要的即時看到工廠生產狀態的需求，會將數據資料提供給客戶或高階主管，利用平板或智慧型手機連網後，以圖形化方式呈現。

❺ **數位孿生系統同步模擬與學習：**

前端設備建立之感測器，將感測資料送至後台建立數位孿生系統。由數位孿生系統，同步重建現場狀況，以人工智慧探知問題所在，並以機器學習相關狀況數據，作為日後產能與排程預估模型最佳化基礎。

❻ **產品完成後，送進倉庫，安排出貨：**

從包裝完畢開始，安排入庫，就由智慧搬運系統的自動搬運車[12]或自動移動機器人接手，送進倉庫。倉儲的部份在工廠是必須分成原料倉庫與成品倉庫的，如果流程有分多段製造的，還得有半成品倉庫。針對採購入庫、出庫製造、入庫準備進入下一階段與出庫都要有相對的管理方式，而智慧倉儲利用 RFID 的可以讀

---

12 Auto Guided Vehicle，簡稱 AGV，根據磁條或有色導引色帶做固定路線運送的工廠內運送物品車。

寫的特性，可以同種物料整批的放置，減少放置空間與出錯機會。透過物聯網的感測器，可以了解倉庫放置環境並自動調控。最後在運送的載具（如卡車）到達後，透過機器人自動裝載，加強效率，也減少出錯機率。[13]

整體流程人類扮演的是監控角色，而由 CPS、人工智慧、智慧設備與機器人完成所有動作。

案例（八）：微軟利用 Azure 在倫敦地鐵的大數據預測性維護

倫敦地鐵是全世界第三大的地鐵網路，總長為 402 公里，共有 11 條路線、270 個車站，平均每日載客量高達 304 萬人，2014 年的資料得知全線共有 426 部電扶梯和 164 部電梯，而電梯數量近年來也不斷增加。

透過感測器記錄各個地鐵站內各區域的使用量，在多處設備（如鐵軌、火車、電梯、電扶梯…等等）上，設有多達上萬個感測器即時蒐集地鐵硬體設備的各種數據，如溫度、濕度、振動等。針對這些數據，微軟採用 Azure 機器學習和大數據分析來預測電梯或電扶梯需要保養或維修的時間點，節省了大量需要經驗的老師傅人力，卻也正常維持了地鐵平日的營運。[14]

案例（九）：Omoro Automation 的預測性維護解決方案

Omron 歐姆龍旗下的 Omron Automation 公司提供多種專為預測性維護（Predictive Maintenance，簡寫為 PdM）的解決方案，這讓關鍵的服務中機器可藉預測性維護方案好達成在維護週期之間運作更長的時間，另外還可減少故障排除時間及技術人力成本。此方案為運用感測器及其他監測裝置，並透過 IIoT 解決方案或無線網路，在現場或遠端持續提供即時資訊。

其 PdM 系統可監測關鍵機器元件的即時實際狀況，藉此判斷何時需要進行維護。數據蒐集與故障偵測是預測並避免故障發生的關鍵要素，能讓機器與系統運作可靠。

---

13 參考資料來源：電子時報 AI 邊緣運算專輯 特刊

14 資料來源：iTHome 報導 https://www.ithome.com.tw/news/90956

在 PdM 應用中，其 S8VK-X 系列電源供應器做到監測 DC[15] 電壓、DC 運行電流與峰值電流，並記錄運作時間及計算更換時間。K6CM 馬達狀況監測器等其他產品，則可追蹤振動、溫度、電流與絕緣電阻（接地故障）等數據，K6PM 可監測熱像儀監測溫度，還可監測的狀況包括：音量、外觀、顆粒放電、電暈偵測、壓力、潤滑劑品質、產品瑕疵與偏異偵測等等。視客戶的製程需求而選擇適合的感測器測量製程效能，建模後判定維護時間，這涉及運作時間的測量，需與一組機器學習到或已知的元件數據進行比對，發現蒐集電氣與機械的異常狀況並且回報。透過自動化執行資料的蒐集與分析，達成全天候 24 小時進行即時狀況監測。[16]

案例（十）：通用電氣的數位孿生技術

建立在通用電氣工業互聯網平台 Predix 基礎之上的數位孿生技術，是它用來確定最佳行動方案的做法，從發動機到動力渦輪機都用到了。

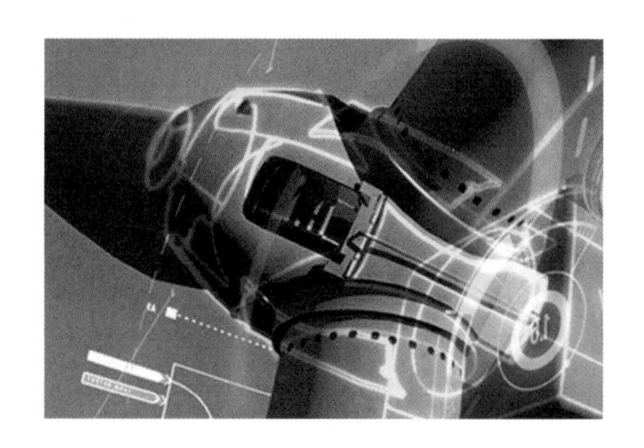

圖 8.11　奇異電器的數位孿生

圖片來源：取自 GE 官網

為了創建一個完整的數位模型，通用電氣根據定義其生命週期相關的所有數據。從設計到構建階段，開始於一個新設備的發展軸線，比如發電系統或新的噴射發動機。這個軸線繼續運行資產及其服務歷史 —— 所有這一切都預測了接下來會發生什麼，並且建議在整個週期中進行改進和優化。

15　直流電。

16　資料來源：Digi-Key https://www.digikey.tw/zh/blog/npi-blog-omron-automation

透過分析這些數據並辨別資產可能發生的情況，同時不斷做人工智慧學習和改進模型，這非常適合電力基礎設施和航空工業，對其而言，意外的設備故障是無法被接受的。

透過數位孿生，可以提前確定相關噴射發動機的需求，並且有助於規劃擴大資產使用的方法。例如一架飛機在中東地區乾燥含沙的空氣中度過大部分運行壽命後，接下來可能會建議將飛機重新安裝在太平洋西北地區，模擬時以提供涼爽潮濕的空氣以達成減少發動機故障的風險。

奇異電器認為數位孿生橫跨所有價值在資產和更複雜系統的行業。它具有提供早期預警、預測和優化的能力。[17]

案例（十一）：西門子的數位孿生技術

西門子的工業 4.0，加入人工智慧後發展了數位孿生。西門子的數位孿生是基於 MindSphere 的平台的軟體，分成三種類型「產品」、「生產」，以及「性能」三種類型。

❶ 產品數位孿生

使用數位孿生高效設計新產品，可用於虛擬世界中驗證產品性能，同時還可以顯示您的產品目前在物理世界中的表現。這種「產品數位孿生」提供了虛擬 - 物理間的連接，好分析產品在各種條件下的性能，並在虛擬世界中進行調整，以確保下一個物理世界的產品在現場完全按照計劃運行，從而做出最佳決策。因此縮短了總開發時間，提高最終製造產品的品質，並加快響應客戶反饋的迭代速度。

❷ 生產數位孿生

就是在製造和生產計劃中使用數位孿生，其可以幫助驗證製造過程在車間實際投入生產之前的運行情況。通過使用數位孿生模擬流程並分析事情發生的原因，企業可以在各種條件下都保持高效的生產。通過創建所有製造設備的產品數位孿生，可以進一步優化生產。使用來自產品和生產數位孿生的數據，企業可以防止設備突然停機的問題，甚至可以預測何時需要進行設備維護，使製造操作更快且高效，以及可靠。

---

17 資料來源：GE 官網

❸ 性能數位孿生

就是使用數位孿生捕獲、分析和處理營運數據。因為智慧產品和智慧工廠會生成大量關於其利用率和有效性的數據。性能數位孿生從運行中的產品和工廠捕獲這些數據，並對其進行分析。通過利用性能數位孿生，企業可以創造新的商機、獲得洞察力以改進虛擬模型、捕獲、匯總和分析營運數據，以及提高產品和生產系統效率。

西門子為強化自己在人工智慧上的弱項，2022 年宣布跟 NVIDIA 合作，讓企業組織透過連接 NVIDIA 的元宇宙創作平台 NVIDIA Omniverse 與 Siemens Xcelerator 這個西門子的數位轉型生態系平台，創造出接近十分真實的數位孿生，以串連從邊緣到雲端的軟體定義人工智慧系統。[18]

案例（十二）：NVIDIA 輝達的 NVCell 人工智慧晶片設計工具

輝達以 300 人的團隊，利用基於 GPU 架構的人工智慧技術進行其下一代 GPU 的設計。相關工作被分為幾個部分，比如說供電模擬設計、從電路到 GPU 規模的大型積體電路設計、架構網路以及儲存系統管理等等。

輝達利用 NVCell 的人工智慧晶片設計工具，做到根據標準的處理單元佈局來自動產生晶片的設計圖，並且可以用來檢驗人類員工設計出來的晶片佈局中有無錯誤。據 NVIDIA 首席科學家的說法，這套工具只需要在配備兩個 GPU 的平台上，短短幾天的時間，就可以超過一組十人員工一年的工作份量。

這套工具可以做到以下工作：

❶ 利用 AI 進行執行電壓預測

幫助晶片設計時達到更精確的功率預估，提升晶片能耗效率以及性能表現。

❷ 預測電晶體的關連效應

透過人工智慧深度學習的神經網路訓練，可以在晶片設計過程中預測出晶片性能表現，以及不同電晶體與運算單元之間造成的關連效應；人類設計者只需要給予特定參數，就能產生相對應功能的晶片佈局，這可以大大加速設計。

18 資料來源：電子時報，裴昱琦分析報告

❸ 標準運算單元庫以及自動佈局

通過使用 NVCell 這個工具，利用人工智慧以學習歷年設計晶片所累積的標準處理單元設計庫，讓機器分析過去的設計擁有怎樣的特性，以及不同設計的效率差別。如此便可在設計新晶片的過程中，可以節省大量人力的投入；模擬過程讓機器學習在不同電路佈局中安放最適當的電晶體，同時不斷進行檢測與修復。

透過這個 NVCell 自動化工具，人工智慧不只能模仿人類晶片設計者的風格，累積晶片設計經驗，甚至能夠挑出人類在晶片設計工作過程中所犯下的錯誤。過去設計一款新的晶片，需要在成千上萬的電晶體組合單元，以及各種參數不斷嘗試錯誤；但用此工具，只需要人類設計者給出設計目標，和一些必要參數，就可以在短時間內設計出一顆晶片。

不只輝達如此，晶片設計業者普遍使用的 EDA 軟體，已經逐漸具備晶片佈局自動最佳化功能，並嘗試在晶片設計工具中加入人工智慧學習能力，讓晶片設計者的重複工作降低也是未來業界共識，隨著技術發展，AI 的確有可能取代更多工作內容。[19]

8.3 結論

工業結合人工智慧能夠產生更大效應，透過收集更多數據後作分析，這必須結合流程，找出模型，協助決策以增加效率，如上所提，對機器提早保養，生產良率增加，甚至未來透過數位孿生預先模擬狀況，做到機器自我決策與生產流程全自動整合，甚至可以加速產品設計時間與品質。

全世界的工業升級將透過新一代機器人、大數據及人工智慧的技術，根據公司的需求，一步一步的升級。如果太急躁，很可能沒辦法滿足生產上的需求，而且很可能造成金錢浪費，需要謹慎。現在更因應 ESG 大趨勢，升級到工業 5.0，特別是被客戶要求減碳、或者將被歐盟要求課徵 CBAM 邊境碳關稅的產品的生產廠商，都要注意。[20]

---

19 資料來源：財訊 https://www.wealth.com.tw/articles/4fbc3865-14a7-44fb-8fcd-408ccc0de3d9

20 本章參考作者裴有恆另兩本書《AIoT 人工智慧在物聯網的應用與商機》以及《AIoT 數位轉型在中小製造企業的實踐》。

CHAPTER

09 農業應用

9.1 介紹

AI 關乎食衣住行育樂各個方面，與食物有關的就是智慧農業。智慧農業就是透過物聯網的架構，來做好生長環境監測，以提供食糧生產最適當的培育環境。

民以食為天，中國大陸對智慧農業就非常重視。而德國工業 4.0 的範疇後來也加入了智慧農業，把農業當作食物生產的流程。因為智慧農業討論的是我們的自然食物的來源，裡面討論就包含「種植農業」、「畜牧業」及「養殖漁業」這三類，而這些得到的自然食材，就是食物生產的原物料。

透過人工智慧的分析與監控，可以將整個養殖 / 種植生長環境最佳化，這樣會有最好的生產效率與效果。地球人口增加，但是天候越來越極端，透過人工智慧的協助，智慧農業是因應這個趨勢的最佳方式。

另外這些產品還可以運用人工智慧輔助營運以及運輸送達零售商的庫存地點與門店，並且透過適合的方式保鮮，例如需要低溫保鮮的使用冷鏈物流。

9.2 AI 應用架構與案例

從 CBInsights 2017 年的 Cultivating ag tech 報告中可以得到農業科技的各種應用分類方式，其中跟人工智慧有關的是看出人工智慧在智慧農業的應用包括精準農業、無人機與農業機器人，集中在環境監控感測器與影像分析產生的數據分析處理與機器人的使用。

因為智慧農業包含了種植農業，以及畜牧業與養殖漁業，結合機器人解決方案，另外還有相關的營運與運輸，所以本章規劃如圖 9.1。

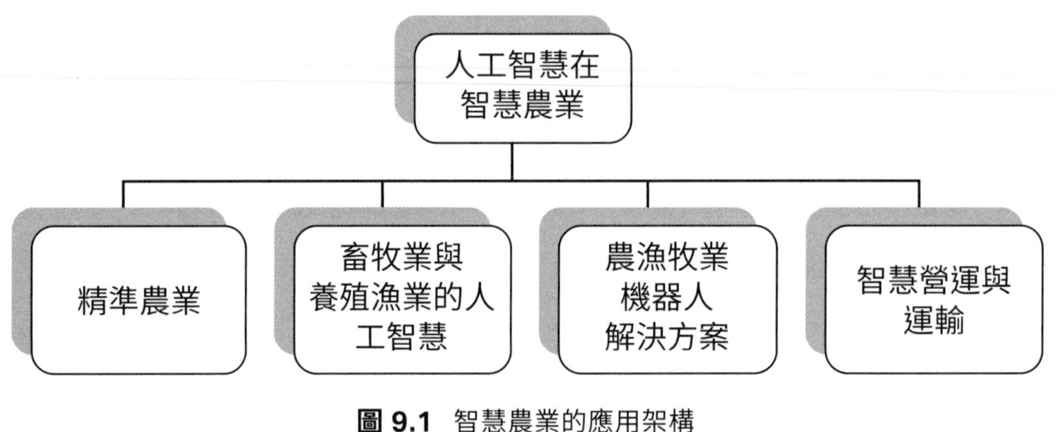

圖 9.1 智慧農業的應用架構

圖片來源：裴有恆製

9.2.1 精準農業

精準農業指的是利用各種感測器測得數據，監控瞭解農作物本身與環境狀況，並施以對應控制。

根據維基百科的說明 [1]，精準農業的重點在農作物管理。以衛星和航空影像地形圖、土壤、環境、天氣數據，整合機器數據，以便進行更精確的播種。目的在優化田間管理，達成農作物科學，環境保護以及經濟考量。其中農作物科學是透過將農作方式與農作物需求相匹配，環境保護是為了減少農業的環境風險，經濟考量是因為提高效率與效果而提升競爭力。而且為農民提供了豐富的信息，因此農民可以建立農場的數據紀錄、改進決策力、培養強力的可追溯性、提高農產品品質與行銷能力。

1 資料來源：https://en.wikipedia.org/wiki/Precision_agriculture

在 20 世紀 80 年代，美國就提出精準農業的構想，當時利用數位電子技術，強化智慧監控技術、農作物生長模擬、栽培管理、量測土壤成分，好決定施肥做法。摩托羅拉當年做了智慧電腦灌溉控制系統，並將其應用於溫室控制，90 年代更做到根據溫室農作物特點及需求，針對室內溫度、濕度、光照度、二氧化碳及施用肥料來做自動控制。甚至利用溫差技術實現管理農業開花與結果的時間，以符合市場需求。現在美國已經將全球定位系統（GPS）、遠端監控系統、農田訊息收集與環境監控系統、地理資訊系統（GIS），決策支援系統與自動化農業機械結合人工智慧等應用於農業。

以色列的科學家們針對溫室種植方面設計了一系列的軟體應用，對溫室的施水、施肥、氣溫與農作物生長環境進行自動控制[2]，讓以色列成為歐洲的水果主要供應地。另外，以色列也導入了人工智慧在農業上。接下來的案例 Prospera 就是以色列人工智慧運用在農業種植的廠商。

而全球主要經濟體裡，日本糧食自給率僅 40%，讓日本政府長年視為國安危機，但是土地與人工昂貴，日本農產品只好走精緻路線，只訂下 2030 年達成 45% 糧食自給率的略微前進的目標，現在日本決定，要以數位農業突破。[3] 而植物工廠是日本先提出的，植物工廠可以說是利用環境自動控制、電子數位技術、生物技術、機器人和新材料等進行連續生產的系統，利用感測器量測到的溫度、濕度、光照、二氧化碳濃度、營養液等環境條件進行電腦自動控制，人工智慧技術已經開始導入，例如九州先端科學技術研究所，與當地栽培草莓的農家合作，裝設感測器，加以分析溫室的室溫、二氧化碳濃度等。

另外在精準農業投入的人工智慧新創越來越多，從學界與研究界出發，協助農民。

另外值得注意的是 Benson Hill 這家公司，它的技術結合雲運算、大數據與植物生物學，同時它也是跟 Prospera 一起在 CBInsights AI.100 2018 農業方面的兩家廠商。

2　資料來源：中國大陸「智慧農業導論理論、技術和應用」一書

3　資料來源：Technews https://technews.tw/2021/07/06/how-japan-is-using-digital-farming/?fbclid=IwAR1vbgkcpLIlwAy

案例（一）：Prospera 的精準農業系統

以色列廠商 Prospera 使用深度學習技術、電腦視覺和數據分析等技術幫助本來靠直覺照料農作物的農民。安裝在農場上的攝影機和溫濕度等天候相關感測器能夠即時分析，幫助農民瞭解農作物的情況。透過這些技術，農民能夠瞭解農作物的各種狀況，做好管理，並可預防與解決農田因為病蟲害、灌溉問題，以及作物營養缺乏影響而出現產量不佳的重大問題。

Prospera 的技術可以協助農民以一種更加高效率效能、並且可利用永續發展的方式種植農作物。此外，它們還可以確保農民只按需求使用水、農藥和肥料，讓田地達到最大產量。它的客戶群包括歐洲、北美和以色列的中型與大型農場，而某些為歐洲和美國一些規模大的零售商供貨的農場已經採用了 Prospera 的技術。[4]

圖 9.2 Prospera 的感測器偵測環境

圖片來源：https://www.youtube.com/watch?v=k-jv49B6SuA

案例（二）：Benson Hill Biosystems

Benson Hill 本身對植物生物學有很深的了解，所以做到跟合作夥伴一起，利用植物測序、基因分型和表型分類 [5] 分析後來提高農作物的品質與表現。

人工智慧核心是 CropOS™，將農作物的數據和分析後，與 Benson Hill 的科學家以及合作夥伴的生物專業知識和經驗相結合的人工智慧引擎。經過不斷學習以得到改進，從而增強系統的預測能力。也就是說，通過 CropOS，合作夥伴就可以從自己的數據中更快地學習：他們做了一系列用於作物改良的基因方面做法。

4 資料來源：台灣以色列商業文化促進會網站 https://www.ticc.org.tw/archives/761

5 phenotyping 又稱表現型，對於一個生物而言，表示它某一特定的物理外觀或成分。

同時 Benson Hill 也提供了 Breed 這個功能強大且可定製的軟件解決方案，整合了來自所有來源的數據和知識，達成最佳育種方式。

Benson Hill 還提供了 Edit 這項工具，可以精確地刪除，編輯或替換基因序列，結合 CropOS 的數據和分析工具，以確定植物基因組的序列。

案例（三）：Greenbelt 智慧環控專家系統

Greenbelt 智慧環控專家系統為鍠麟機械有限公司與智慧價值股份有限公司合作產出的系統，智慧價值股份有限公司負責其中雲端軟體平台與人工智慧相關軟體的部分，其餘部分為鍠麟機械有限公司負責。

Greenbelt 系統主要為農業設施生產物聯網系統（感測層、網路層、平台層及應用層等），透過對生長環境、施肥、施藥、病蟲害等之網路監測與監控。並以作物生長模式之大數據分析，達到對作物生理管理及行銷管理。[6]

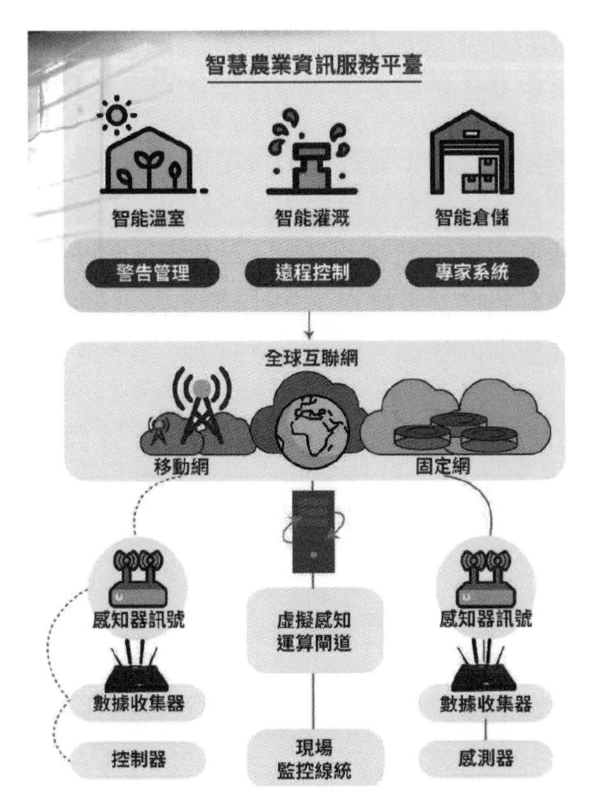

圖 9.3 Greenbelt 農業資訊服務平

圖片來源：智慧價值提供

6 資料來源：鍠麟機械有限公司官網

案例（四）：台灣農林與茶改場合作的智慧農場

台灣農林在自家的老埤農場實施智慧農場，達成與農機團隊改良移植機、操作無人機噴灑農藥、結合以色列的滴灌系統強化灌溉、導入智慧化系統。其平時就蒐集了氣溫、濕度、生長狀況、資材運用等數據，導入生產預估模式，好讓工作人員提早掌握採摘期，把握採茶黃金時段，達成及早調度人力及工時，以掌握好茶品質。

為了強化效率，農林以自動化機具結合智慧化技術，如茶改場與農林公司合作運用無人機，搭配多光譜作業，透過巡航蒐集茶園數據，能快速顯示有問題的地方，除了累積影像資料庫，並且觀察茶樹生長、病蟲害徵狀，好讓工作人員可以及早應對。另外蒐集各品種生長狀況、施肥效益、茶菁品質等數據，並達成輔助決策系統。[7] 出動無人機巡田，白天拍攝田間空拍照傳回雲端，供管理者判斷哪塊農田可能出現病蟲害；到了晚上，再換具噴藥功能的無人機上場除蟲。每個地塊噴藥紀錄，都會匯入資策會開發的「神農知識管理平台」，以此安排採收時間，確保採收的茶葉不會有農藥殘留。利用無人機一天能進行藥劑防治約 13 至 16 公頃，比傳統大型桿式噴藥車的 5 至 8 公頃，效率增加兩倍以上，而無人機內建 GPS 系統，可檢視作業範圍，且可加入風速、氣候等當下環境數據，做到更精準噴灑作業。

另外建置了微型氣象站，監測不同地塊的溫濕度、雨量與風速等大氣資料，一遇下雨，滴灌裝置便自動停止供水，避免浪費水源。此外，透過土壤感測器，監控土壤濕度、溫度及影響植物吸收水分及肥料的參數 - 電導度，系統可自動分析每個地塊最適栽種條件。再依土壤及氣候狀況，施用不同比例及施量的液肥，從中蒐集各類參數數據，以成為智慧化生產管理的依據。

台灣農林也跟全球最大自動化滴灌設備公司以色列 Netafim 聯手，導入智慧化解決方案，透過每公頃布建的 14,000 個滴孔，除注入茶苗所需液肥與水源，更可精準到算出每株茶樹每天需喝多少水，相較過去大面積灌溉，省近 70% 用水、50% 肥料使用量。[8]

7　資料來源：台灣農業故事館 https://theme.coa.gov.tw/theme_list.php?theme=storyboard&id=424

8　資料來源：Technews https://finance.technews.tw/2019/02/09/ttc-chairman-smart-agriculture/

9.2.2 畜牧業與養殖漁業人工智慧

畜牧業的人工智慧應用，有擠奶機器人了解母牛狀況、放牧機器人以了解動物狀況、牲畜監控裝置，以及透過影像辨識了解牲畜是否生病…等等應用。

例如日本大阪大學的研究人員透過人體步態分析的衍生，經由牛步態影像，開發了在早期檢測乳牛因蹄病而跛行的方法，準確率高達 99 % 以上。[9]

養殖漁業的人工智慧應用現在都是利用數據分析來協助達到產能及品質最佳化，因為這樣的解決方案現在很貴，所以都是用在經濟價值高的魚類養殖，等到解決方案降低到能讓中低經濟價值的養殖漁業業者負擔的起，就會有更廣的應用。

畜牧漁業業人工智慧的重點在應用影像辨識與物聯網收集大量數據做好相關處理。最近幾年很多學界都有在做這方面的協作，而已經商業化許久的有 Lely 的乳牛農業解決方案，包含它的擠奶機器人。

養殖漁業的部分，以感測器收集數據，分析後找出最適合的養殖方式，瀚頂生物科技公司的魚類養殖物聯網系統就是很好的例子。

案例（五）：Lely 的乳牛農業解決方案

Lely Astronaut A4 機器人是 Lely 公司生產的擠奶機器人，這是為了讓乳牛在機器人的擠奶罐裡製造更多的牛奶，利用機器人設計好讓乳牛透過直線路線，讓擠奶時乳牛可以很簡單的進出，快速的擠奶。擠奶系統收集每頭乳牛的牛奶生產量和乳牛的健康數據，即時提醒任何狀況，讓農人將注意力集中在最需要的乳牛身上。因為真正洞察乳牛的健康可以預防疾病和生產損失，Lely Qwes 乳牛識別系統每兩小時測量一頭牛最重要的數據，然後用 LelyT4C（Time for Cows）農業管理系統管理，透過提供儀表板上的所有數據，可以得到哪些乳牛需要特別注意。還提供脂肪和蛋白質含量的評估，確保牛奶的狀況，而透過數據的監控，就可以有更健康的畜群，降低看獸醫次數的成本。Lely 也協助對畜群的乳腺炎關注，目前已經達到 90% 以上的正確性，讓農人可以即時處理。另外因為每次擠牛奶時對乳牛都會進行秤重，因此可以了解乳牛的體重波動。[10]

---

9 資料來源：PHYS ORG https://phys.org/news/2017-06-image-analysis-artificial-intelligence-ai.html

10 資料來源：https://www.lely.com/solutions/lely-t4c/

Lely 另外還提供其他農業的解決方案，包含飼育、住房與養護、健康、能源等。[11]

圖 9.4 Lely Astronaut A4 機器人擠牛奶

圖片來源：http://www.agriland.ie/farming-news/lelys-live-robotic-milking-and-zero-grazing-return-to-the-ploughing/

案例（六）：台灣瀚頂生物科技公司的魚類養殖系統

瀚頂生物科技公司於 2013 年 10 月創立，專注於魚菜共生與魚類銷售的公司。他的魚菜共生系統藉由水池底部的數百個感測器，每天 24 小時不間斷，把水裡的溶氧量、溫度、酸鹼值、導電度、氧化還原值等數據，送到大數據庫，讓管理階層可以從手機、平板電腦即時監控場內的水質狀況，確保場內的石斑魚與鰻魚能健康成長。建立養殖大數據後，就可分析出最適合養殖石斑魚和鰻魚的科學養殖模式，其單位產量較傳統養殖業高出 20 至 40 倍，並將水產養殖良率從千分之一不到提高至百分之八十。[12]

---

11 資料來源：Lely 官網 https://www.lely.com/solutions/milking/

12 資料來源：農業生技產業季刊第 48 期

圖 9.5 瀚頂生物科技的漁場使用物聯網系統監控

圖片來源：YouTube https://www.youtube.com/watch?v=dAZilTvpWbI

案例（七）：寬緯科技的智慧養殖監測與控制平台

寬緯科技將感測器、4G、NB IOT、雲端系統服務、資料運算、人工智慧等等技術綜合起來，將人工智慧、大數據分析、自動化管理應用在水產養殖業，打造了可以智慧監測、紀錄、警示以及控制的產品水聚寶和智慧電箱。水聚寶二十四小時不間斷地每五分鐘紀錄一次數據；智能電箱則是可以連結打水車、飼料、抽水馬達等桶設備的開關，藉由「水聚寶」收集的數據資料決定該操作哪些設備，不僅可以即時處理，也可以省下電力成本。[13]

以旭海安溯創辦人黃國良的漁塭達成的成果為例，寬緯科技的智慧養殖系統擁有以下好處：

透過 APP 就可掌握魚塭狀況

只要拿著手機，螢幕顯現魚塭水質中的溫度、含氧量數字曲線變化。

省下電費

例如養殖漁業最大成本之一是水車打水增加魚池含氧量的電費支出，導入此系統後，電費單一個月費用從三萬元降至一萬五千元，整整省下一半。

---

13 資料來源：數位時代創業小聚 https://meet.bnext.com.tw/articles/view/46308

提出預警減少損失

魚塭硬體裝備下隱藏了各種感測器，收集包含溶氧感知、酸鹼度感測、氧化還原電位檢測和水質監測等四種數據。好判斷魚塭中藻相和水相變化，有效監控著魚塭水質的含氧量、有機物殘餘量等等關鍵變數。此系統每五分鐘產生一個數據，以虱目魚約九個月的生長週期，會累積將近二十四萬筆資料，目前已經能做到兩天前預警虱目魚可能暴斃的狀況。[14]

「水聚寶」名稱是希望成為漁民的聚寶盆，透過專家協助，主要在於即時了解水質狀況，透過蒐集水中溶氧等關鍵資訊來驅動水車，改善養殖的效率；而智能電箱系統，解決現場配電施工不易，透過太陽能板與儲存電池，整合 4G/LTE 傳輸資料，也可以支援 LoRa 等無線傳輸技術。自從 2016 年上市以來，已經銷售數百套產品。目前客戶主要的養殖物種是白蝦、龍蝦、鰻魚，或是稀有石斑…等漁塭。[15]

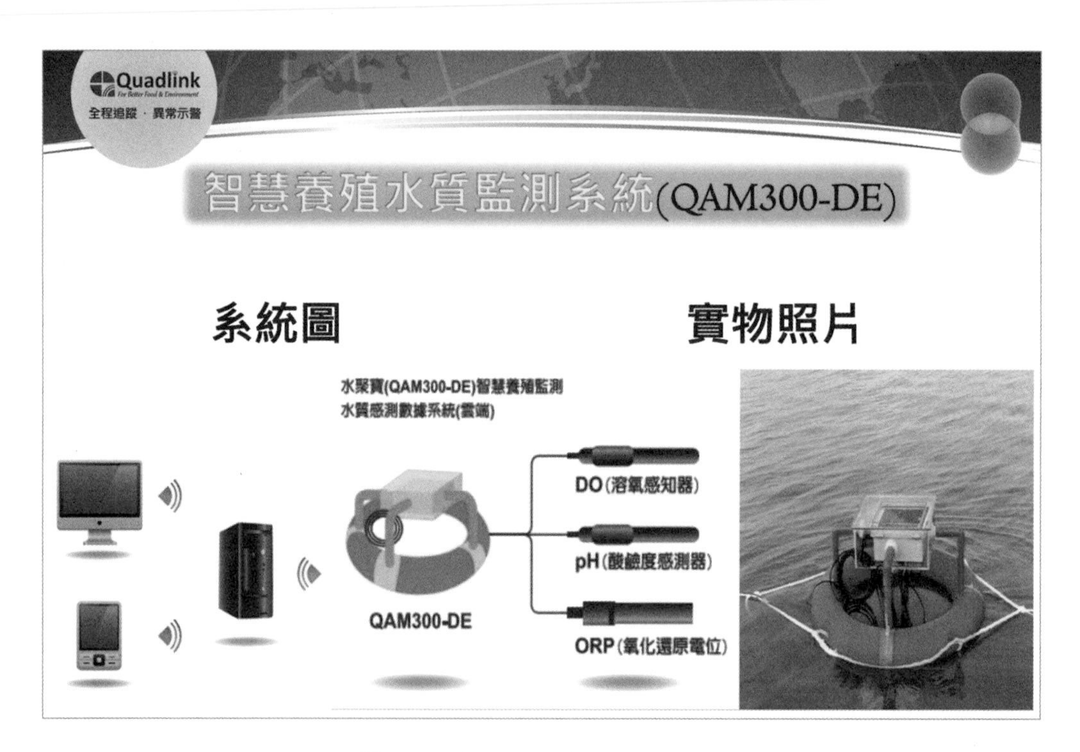

圖 9.6 寬緯養殖水質監測系統

圖片來源：寬緯科技提供

14 資料來源：今周刊 https://www.businesstoday.com.tw/article/category/80394/post/201901230022/

15 資料來源：電子時報 https://www.digitimes.com.tw/iot/article.asp?cat=130&cat1=20&cat2=75&id=0000595539_G7U62AKK2YRXALLQMP7JE

案例（八）：艾滴科技的智慧蝦養殖服務

艾滴科技於 2017 年成立，以水質監測系統起家，現在致力於蒐集水的數據，初期開發機台以光學方式檢測民生用水，住戶只要拿著家中的水，配合手機 APP，走到社區大廳或區公所等地的機台，15 分鐘就能知道水的數據，包含：亞硝酸鹽、TDS、濁度、PH 值、餘氯等。

接下來艾滴科技打造 IoT 水質監測系統「ID Water」，其能夠 24 小時監控多項水質指標，如 PH 值、鹽度、溶氧、亞硝酸鹽濃度等數據，並即時更新至 AI 系統，就能在第一時間連動相關設備，做到自動換水、進行增氧，或根據水質變化調整餵食。「ID Water」不但安裝成本低，更可定時上載至雲端，方便客戶用手機查閱數據；當數據發生異常時，也會收到 LINE 的緊急通知。結合過去研發的水質監測系統「ID Water」及 AI 影像辨識技術，有助於觀察蝦子食用飼料的狀況，讓飼料投餵、水質更換全部自動化。[16] 舉例來說，深度學習過的影像辨識系統，對白蝦除了從外觀大小，還可以從腸線辨別健康狀況，如腸線粗大、顏色深就代表蝦子食慾好、進食狀況不錯，健康的機率很高，但如果腸線太細、顏色淡就表示可能蝦子進食有問題。[17]

現在艾滴科技提供以人工智慧為基礎的一站式養殖服務：從前端的影像辨識、深度學習，到後端人機介面，整套系統不僅能監測水質、生長狀況，且能夠自動判別投餌頻率、份量、放苗密度、決定何時該餵新種類的飼料等 47 個會影響白蝦收成的關鍵指標。[18]

9.2.3 農漁牧業機器人解決方案

因應著農漁牧從業人口減少，但是食物需求量卻變大的趨勢，使用農漁牧業機器人的需求量越來越大，以協助達成大量育作收成。

無人機這幾年十分盛行，其實就是會飛 / 游泳 / 潛水的機器人，結合人工智慧可以協助做很多農業用途，比如生產時數量的計算，對是有病蟲害的植物株的確認，在漁牧業上可以協助監控養殖業上的狀況，提高生產品質與數量。甚至可以管理牛群 / 羊群，協助放牧。

---

16 資料來源：數位時代 創業小聚 https://meet.bnext.com.tw/articles/view/48574

17 資料來源：科技報橘 https://buzzorange.com/techorange/2022/10/13/aiot-idwater/

18 資料來源：科技報橘 https://buzzorange.com/techorange/2022/10/13/aiot-idwater/

在少子化與缺工的狀況下，無人機與機器人用在農漁牧業協助上已是必須做的趨勢了，而這方面中國大陸的大疆與法國 Parrot 兩家無人機大廠，都在農業上下了功夫，導入專門的農業無人機，不僅是攝影，也協助了植物保育。而在農業上結合人工智慧的使用多在結合巡航時錄下影片的影像辨識，以及感測器量測到後蒐集的大數據分析。而農業機器人用在很多方面；除了之前提到的除草、剪枝，還有施肥、育苗、分檢果實、摘採蘑菇、協助授粉…等等功能[19]。這樣的機器人，未來將協助農人在人手缺乏時發揮很大作用，而且它們可以做到又快又好。如法國的 Wall-Ye 機器人可以做到剪枝與去除雜草、雲數智能的水中無人機可以做到漁業管理、FFRobotics 的 FFRobot 可以協助收穫水果，以及 Swagbot 可以除雜草以及放牧，以下以案例分別說明。

案例（九）：大疆的植保無人機 MG 1 系列

大疆是現在全世界無人機佔有率第一名的公司，之前還以幫名歌手汪峰成功運送鑽戒給章子怡求婚成功而在中國大陸聲名大噪；而在台灣，大疆生產的無人機也因為撞上台北 101 而引起注目。

在 2015 年 11 月，大疆發佈了 MG 1 農業植保機，後來更推出了植保無人機 MG 1S、MG 1S Advanced、MG 1P 跟 MG 1P RTK 等機種（至 2017 年底）。這一系列產品可幫助農民對廣大農田增加農業噴灑效率。據官方數字，最早的 MG 1 就可以增加 40-60 倍的噴灑效率，到 MG 1P 還支援一台遙控器控制多架無人機的做法，以協助解決遙控手不足的問題。

大疆一開始就以打造完整的農業植保無人機生態鏈為考量，進行一系列的計畫：首先是在中國大陸多處建設植保示範田，並成立專業植保團隊，同時支持科學研究團隊分析作業結果，建立農業植保資料庫；其次是與各地機構合作培訓 1 萬名農業植保機飛行控制人員；因為農人一開始可能沒這麼多錢，大疆推行「萬人植保創業」計劃，讓符合資格人士可申請無抵押貸款購買 MG 1 系列機種，再到指定學校接受培訓，並獲購機補貼；最後是在 2016 年建立 100 個售後服務點，提供設定、售後快速回應、機器維修等售後服務，同時也提供試飛服務。

---

19 資料來源：每日頭條報導 https://kknews.cc/zh-tw/agriculture/48qnno2.html

大疆 2016 年起也陸續導入使用人工智慧在飛行時避免障礙物的 Phantom 4 與 Phantom 4 Pro 系列。

圖 9.8 大疆無人機 MG 1P

圖片來源：https://www.youtube.com/watch?v=Js5Nsa_sLFE&t=87s

案例（十）：法國 Wall-Ye 公司的農業機器人

Wall-Ye 是法國的機器人製造公司，它所製造的農業機器人 MYCE_VIGNE 及 MYCE_AGRICULTURE 分別是幫農田對農作物剪枝及去除雜草使用的機器人。

MYCE_VINGE 機器人使用太陽能面板充電，利用 GPS 確定工作區域是否正確，總重量 80 公斤，可以爬上 40% 斜度的斜坡。它利用攝影機精確地測量樹林大小，也利用傳感器執行相關的感測，並且精確地計算產量跟承受度，將這些訊息傳輸到軟體，做對應處理。如果機器人出現失敗狀況，兩天內會進行更換成另一個機器人。[20]

MYCE_AGRICULTURE 機器人電池壽命可達 20 小時，使用攝影機及傳感器，本身可以做到監測土壤、施肥、修剪枝蔓、去除嫩芽等工作，而且具備安全系統，如果發生意外事件，它能夠自動啟動安全系統，進而避免造成重大損失。[21]

20 資料來源：Wall-Ye 官網

21 資料來源：每日頭條報導 https://kknews.cc/zh-tw/agriculture/48qnno2.html

圖 9.9 MYCE_AGRICULTURE 機器人田間運作

圖片來源：https://www.youtube.com/watch?v=lP48BnDSuaA

案例（十一）：雲數智能的水中無人機解決方案

雲數智能股份有限公司創立於 2020 年 5 月。其創辦人之前在德國、義大利參與人工智慧及如何加強雲端開放式架構與人工智慧運算分散式架構等研究，基於研究成果在歐洲委託生產硬體驗證新式人工智慧計算架構，並且配合研發出人工智慧生產平台，以預備在全球市場協助人工智慧進入產業化階段。

雲數智能的解決方案搭配無人機已應用在智慧農業、智慧漁業，以及智慧城市上。為了做好漁業管理，開發了這台水中無人機，搭配自家的人工智慧解決方案。

這台水中無人機，可設定巡航路線做動態巡迴，收集水下各種深度、維度巡航，視覺及聲納探測池底及生物狀態資訊，以人工智慧判定生物現行生長情況及水質的相對影響，調整養殖策略，隨時掌握漁獲量及損耗狀態。結合其他多種水質感測器，以及天氣與大氣感測，滿足蝦塭、魚塭環境感知的需要。而所有偵測數值的儲存、分析、會做長期的運作統計、形成人工智慧模型，在收穫期統計滿足漁場主人需求，達 95% 以上精確度。

圖 9.10 雲數智能水中無人機養殖運作運用聲納與視覺感測示意圖

圖片來源：雲數智能提供

案例（十二）：FFRobotics 的採蘋果機器人 FFRobot

以色列新創 FFRobitics 提供了一個獨特的專利機器人水果收割機 FFRobot，使用三爪搭配視覺辨識摘採水果，工作速度是傳統工人的十倍以上，同時還具有將每棵樹採摘的果實、英畝和果園的數據收集和分析的能力。

這個解決方案結合了簡單且精確的機器人控制，快速和準確的人工智慧圖像處理，以及先進的演算法來挑選和區分可用的農產品、已經壞掉的、患病的和還未成熟的水果。而且很容易修改，讓它可以選擇不同類型的新鮮水果工作，使其在多個收穫季節發揮作用。[22]

圖 9.11 FFRobotics 公司的 FFRobot 摘取蘋果

圖片來源：http://www.goodfruit.com/the-latest-on-ff-robotics-machine-harvester/

22 資料來源：FFRobotics 官網

案例（十三）：放牧與收割機器人 Swagbot

澳洲雪梨大學研發的放牧機器人 Swagbot 被設計為在農業上同時具備能夠幫助農民放牧、收割農作物和牽引拖車等三大功能。現在利用人工智慧達成自主工作，且能夠識別和根除雜草，同時監控牧場和農作物，也具備自動放牧牛群的能力。[23]

Swagbot 的最高時速為 20 公里 / 小時，並已在澳洲的新南威爾斯州中部的環境中進行測試。Swagbot 具有 GPS、視覺和雷射光等感測器，可為提供導航和防撞信息，以達成路徑規劃和控制演算法配合使用，可幫助機器人繞過障礙物並追蹤動物。[24] 在為期兩年的試驗中，其被用於放牧牲畜，同時檢測體溫和步態變化的熱傳感器和視覺傳感器可識別生病或受傷的動物。Swagbot 還可以牽引一輛標準拖車，此拖車可以裝載木柴、圍欄材料和工具。[25]

圖 9.12 Swagbot 放牧牛群

圖片來源：YouTube https://www.youtube.com/watch?v=oxpZ1c7TsPI

---

23 資料來源：AFD https://afdj.com.au/swagbot-autonomous-robot-raises-6-5-million-imminent-release/

24 資料來源：Future Farming https://www.futurefarming.com/tech-in-focus/australian-farm-robots-to-assist-aging-workforce/

25 資料來源：The Farmer https://thefarmermagazine.com.au/farm-robots-are-coming/

Swagbot 還能夠與無人機協同工作。無人機一般提供地形的精確測量繪製訊息和雜草的檢測，讓 Swagbot 可以為這些雜草定義更準確的規劃，並且更容易地避開障礙物。[26]

9.2.4 智慧營運與運輸

農產品不只是養殖，之後更是要處理成食品，而人工智慧可以協助營運，像是電宰系統、包裝系統…等等，這裡以福壽實業的例子讓大家了解。而生鮮食品，因為要保鮮運輸，所以冷鏈以及運送以最佳路徑送達變成很重要，這裡以新竹物流，以及工研院的例子說明。而最佳路徑運送不只是對農業，對工業與零售業的運輸都是很重要的。

案例（十四）：福壽實業用人工智慧營運

福壽實業在 1920 年以第一部木製榨油機開啟集團的事業，是國內油脂製造的先河。福壽在 2018 年便設立 AI 辦公室，導入 AI 智能製造及智能營運。

2018 年福壽實業與工研院、資策會合作，簽訂為期 3 年的智能製造及智能營運計畫：與工研院合作導入智慧製造技術，建立生產監測戰情平台；以及與資策會合作，進行智慧營運。其中人工智慧技術的導入，像是在油廠中設置智慧監控系統蒐集數據、行動營運 APP 的建置，以及雲端數據整合平台，做到改善公司內部流程，預測未來趨勢，以達到精準效率的生產模式。

目前達成不錯成果，例如油品包裝線產能數據智慧管理系統，原本採取人工線上檢出登錄統計作業，每批量耗時 20 分鐘，錯誤發生率 0.3 %；推行 AI 智慧製造產線管理分析系統後，達成全程即時達成，不僅更省時且將錯誤發生率降至 0%。[27] 而白肉雞飼養場建置智慧環境監控設備、智慧磅秤，收集資料並進行數據分析，預測毛雞重量，優化飼養管理，而協助研發的微生物導入電宰廠透過 AI 影像辨識，自動區分屠體等級，進行品質監控與管理，以目前電宰量估算，一年約可節省 2 千萬元；飼養端可減少電費、水費與飼料消耗，約 729.5 萬元。福壽實業整合了既有系統

---

26 資料來源：Future Farming https://www.futurefarming.com/tech-in-focus/australian-farm-robots-to-assist-aging-workforce/

27 資料來源：知勢 https://edge.aif.tw/fwusow-chairman-learns-ai/

有飼養環境管理資訊平台、成本指標（福壽 ERP）以及 IOT 設備資料等，達成強化整個白肉雞供應鏈的數據資訊化、可視化與即時化。[28]

另外，福壽實業在台中港廠進行輸油管優化，做到 AI 管路排程與模擬軟體建置，閥門與流體監測感測器裝設與遠端 IoT 網路佈建，以及遠端控制電動閥門佈建。沙鹿總廠因所在地逐漸都心化，生產飼料時所產生的異味（動物嗜口性原料添加），造成附近居民的困擾，也透過智慧監測，進而改善降低異味。[29]

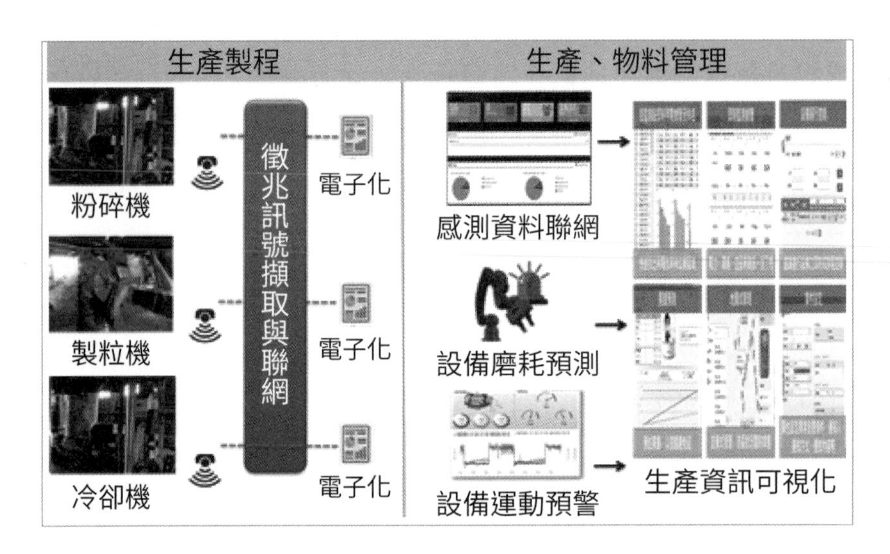

圖 9.13 福壽實業的有機肥料生產 AI 管理系統

圖片來源：福壽實業 2021 年董事長在智慧農業線上國際研討會演講「打造下個百年基石 - 智慧營運數位轉型之路」簡報

案例（十五）：新竹物流的人工智慧決策物流

新竹物流於 1938 年成立，持續都在研究如何讓物流更有效率，因此投入資訊科技，包含現在的物聯網以及人工智慧。

20 多年前開始，新竹物流就開始跟工研院合作，目導入多項技術。如導入小物自動分貨機後，機器會判斷貨件條碼自動分類成 60 個點，較人力分揀速度又快，正確率又高。還有在輸送帶上導入「材積自動辨識系統」，箱子通過時，以雷射光反射的時間差判斷尺寸，精準度可控制在正負 3 公分內，同時拍下照片，留存證據減少爭議。

28 資料來源：福壽實驗提供。

29 資料來源：福壽實驗提供。

另外引進了 RFID 技術，可感應附近 30 到 50 公尺範圍，工作人員只要站在中央處，手拿終端機，轉一個圈圈就差不多全都盤點完畢，達成每天可以盤點 2 次，速度比以前快了 50 倍。而針對貨車有「SD 自動導航系統」，用自動導航 APP，系統會自動排單、導航，是新手司機的好幫手。

2019 年新竹物流與工研院協力打造全臺首座導入 AI 人工智慧決策的物流中心，不單有人工智慧，而是整合電商平台的訂單系統、新竹物流的倉庫系統，跟現場所有進出貨作業流程，打造出完整的 AI 電商自動化。此系統可依商品熱銷程度算出最佳儲位，設計最短、最優的揀貨排程，透過高速穿梭車來回行駛，把儲物籃搬到揀貨人員面前。以物就人的方式大幅提高倉儲效能，不僅商品出庫時間減少 60%，在雙 11 的訂單高峰期，產能可達原來的 10 倍。[30]

新竹物流與工研院合作，更做到以人工智慧規劃車行路線，可根據當時的交通狀況，環境與路徑數據，以人工智慧規劃，達成最佳行駛路徑。[31]

案例（十六）：工研院的智慧冷鏈物流

面對生鮮雜貨低溫冷藏需求，工研院開發出了「智慧冷鏈物流解決方案」，當中以符合國際化標準的介接、溫控低溫配送服務，提供給中間轉運低溫包裹需求的陸路物流運輸業者科技配送，創造更佳的冷鏈服務。在低溫配送過程中，應用溫溼度感測器偵測、收集溫度及濕度資訊，再透過智慧監控應用程式 (App) 傳送至監管平台，如果發現在溫度及濕度上有異常狀況，數據就能即時透過 Wi-Fi 或藍牙等，傳到通訊軟體和 E-Mail 來通知管理人員，立即處理失溫問題，協助倉儲與物流業者將全程的冷鏈配送做完整的監控、反饋和決策。[32]

---

30 資料來源：工業技術與資訊月刊 https://www.itri.org.tw/ListStyle.aspx?DisplayStyle=18_content&SiteID=1&MmmID=1036452026061075714&MGID=1072356716441215703

31 資料來源：「工研院&新竹物流導入智慧物流之成果分享」簡報

32 資料來源：DIGITIME https://www.digitimes.com.tw/iot/article.asp?cat=158&cat1=20&cat2=140&id=0000629638_T6W53MA64S8HQX7UZJSIC

9.3 結論

智慧農業就是要在氣候惡劣、地球暖化，但是世界人口不斷增加的趨勢下，透過人工智慧來達成農產品的增產，這已是不得不的做法。隨著越來越多的人工智慧新創投入[33]，這塊未來會有非常大的發展。而少子化也讓農業機器人及無人機越來越興盛。另外，營運及運送導入人工智慧以加強效率，也是必然的趨勢。[34]

33 根據 CBInsights 2017 年 Cultivating ag tech 的報告上，被列出的農業科技的人工智慧廠商就有 30 家以上，其中絕大部分是新創。

34 本章參考作者裴有恆另一本書《AIoT 人工智慧在物聯網的應用與商機》。

CHAPTER

10 未來展望

10.1 介紹

AI 的應用發展，在 2020 年起的新冠肺炎肆虐的期間，讓我們看到了很不一樣的未來，一是因為地球暖化造成的氣候異變，讓氣候的變化大大地超出了我們意料，而聯合國氣候大會（UN Climate Change Conference）第 26 次大會（COP26）讓世界上排碳比重大的國家領袖宣告了淨零碳排的時間，特別是很多國家宣告在 2050 年完成淨零碳排，而中國大陸宣告 2060 年完成，印度宣告 2070 年完成。另外，在 2015 年，聯合國宣布了 17 個「2030 永續發展目標 SDGs」，這兩個因素讓 2021 年起世界上大部分國家都開始重視 ESG（Environmental, Social, and Governance），而且決定強化 ESG 永續發展，而 ESG 可說是將 SDGs 更明確的理出能實現的行動，讓企業有方向去執行，

另外，在新冠肺炎疫情期間，因為很多時候必須做到零接觸，保持社交距離，甚至有時必須隔離在家工作、遠距教學、遠距開會，讓元宇宙這個重視 3D 感官體驗的遠距連線在虛擬空間的做法被大家所重視，而元宇宙所需要的各種技術，是所有現代資訊科技的大成，所以談到未來展望，就一定要談永續發展跟元宇宙。

10.2 AI 應用架構與案例

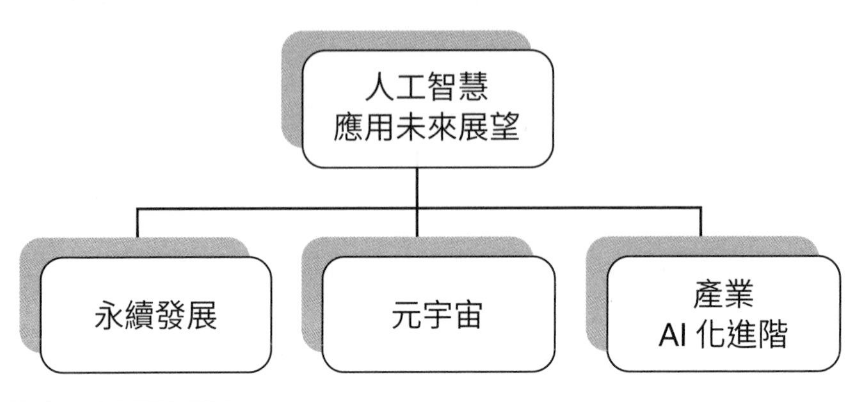

圖 10.1 人工智慧應用的未來三大主題

圖片來源：裴有恆製

10.2.1 永續發展

2015 年，聯合國宣布了 17 個「2030 永續發展目標」，這 17 個永續發展目標分別是如圖 10.2 的 17 個目標：

(1) 終止貧窮

(2) 消除飢餓

(3) 健康與福祉

(4) 優質教育

(5) 性別平權

(6) 淨水及衛生

(7) 可負擔的潔淨能源

(8) 合適的工作及經濟成長

(9) 工業化、創新及基礎建設

(10) 減少不平等

(11) 永續城鄉

(12) 責任消費及生產

(13) 氣候行動

(14) 保育海洋生態

(15) 保育陸域生態

(16) 和平、正義及健全制度

(17) 多元夥伴關係

圖 10.2 聯合國 17 個永續發展目標

圖片來源：文化部台灣社區通網頁[1]

細究這 17 個目標，可以發覺我們之前提到的各類 AI 應用跟這 17 項很有關係：「終止貧窮」跟「AI 金融應用」有關，「消除饑餓」、「保育海洋生態」、「保育陸地生態」與「AI 農業應用」有關，「健康與福祉」與「AI 醫療應用」有關，「工業化創新及基礎建設」與「AI 工業應用」有關，而其他的項目皆有機會利用 AI 協助強化效率與達成效果。這 17 個永續發展目標跟 ESG 的對應如表 10.1。

1　網址：https://communitytaiwan.moc.gov.tw/Item/Detail/%E7%A4%BE%E5%8D%80%E7%87%9F%E9%80%A0%E8%88%87%E8%81%AF%E5%90%88%E5%9C%8B%E6%B0%B8%E7%BA%8C%E6%8C%87%E6%A8%99%E3%80%88SDGs%E3%80%89%E7%9A%84%E9%80%A3

▼**表 10.1**：聯合國 17 個永續發展目標跟 ESG 的對應關係 [2]

SDGs 永續發展目標	E	S	G
01. 終止貧窮		V	
02. 消除飢餓		V	
03. 健康與福祉	V	V	
04. 優質教育		V	V
05. 性別平權		V	V
06. 淨水及衛生	V	V	
07. 可負擔的潔淨能源	V	V	
08. 合適的工作及經濟成長	V	V	V
09. 工業化、創新及基礎建設	V	V	
10. 減少不平等		V	V
11. 永續城鄉	V	V	
12. 責任消費及生產	V	V	V
13. 氣候行動	V		V
14. 保育海洋生態	V		
15. 保育陸域生態	V		
16. 和平、正義及健全制度		V	V
17. 多元夥伴關係			V

裴有恆 製表

以永續的角度來探討 AI 能協助的應用，在這裡我們針對「優質教育」、「淨水及衛生」、「可負擔的潔淨能源」、「永續城鄉」，以及「氣候行動」等目標來做案例探討。

教育是人才形成的基礎，透過 AIoT 技術，讓教育方式更智慧化，因此能對個別學生達成學習效率更高的結果。因為教育是對人的行業，人有個別差異，從古時候孔子就說要因材施教了。而在人工智慧科技的作用下，智慧教育可以達成協助教師減輕

2 資料來源：SustainoMetric 網站

負擔，甚至個別引導，而達成更佳教育效果。我們可以從案例一的科大訊飛中了解其做法。

淨水及衛生對人的健康及環境是很重要的一環，而臥龍智慧環境在這方面的 AI 應用有很不錯的表現，在案例中我們會詳細說明。

燒煤炭及石油的發電造成的大量二氧化碳，是讓地球暖化的重要因素，所以全世界都決定開始採用綠色能源，像是太陽能、風電、沼氣發電、潮汐發電…等等做法，但是這打破了過去的集中控管的方式，必須使用分散式系統控管的做法，慧景科技在這方面的 AI 應用有很不錯的表現，在案例中我們會詳細說明。

在城鄉應用方面，公共安全的議題，一直是各國政府施政的重點。物聯網科技更是現在做到公共安全的必要技術。智慧的處理公共安全會利用各種感測器收集到的資料及大數據分析，以提高預先準備與事態感知能力，也能在發生事件及預防時更智慧地利用資源，來達到更有效的回應，盾心科技的場域安全解決方案是很好的案例。

氣候行動是針對減碳而有的行動，這個部分一般會有對應到組織，以及產品的兩大範疇，對應到組織的是針對組織的所有可能的排碳行為，包含直接排碳、使用能源的間接排碳，以及其他排碳三大範疇，可透過包含智慧工業、智慧運輸、智慧零售…等等之前提供的 AI 應用在提升效率達成節省能源，以減少排碳；而針對產品，從原料到製造到配送到使用到棄置或回收，過程中的所有排碳總和，被稱為碳足跡，而如果要達成減碳，可以利用循環經濟的做法來強化，而循環經濟的 AI 平台管理，以及 AIoT 系統強化使用效率是 AI 可以協助的部分。本章以開拓重工的案例說明。

案例（一）：科大訊飛的暢言紙筆智慧課堂

科大訊飛的人工智慧在中文語音辨識能力是中國大陸最強的，所以中國大陸第一波四大開放平台（另三個是百度、騰訊、阿里巴巴），它就負責智慧語音的部分，而教育系列產品在 2017 年佔很重要的營收比例。

科大訊飛深耕教育領域很久了，它的暢言紙筆智慧課堂解決方案是針對這方面開發的物聯網系統。這套系統對應的對象是在學學生，直接跟大部分的中國大陸正版教材資源在雲端連結，可以同步呈現。教師可以讓手機、平板、電子白板同步呈現講授內容。

而教師跟學生都有對應的手寫板。手寫板保留傳統的紙筆書寫的功能，比較不傷視力，手寫板所寫的內容可以即時同步到手機、平板、電子白板的螢幕上。在學生考試作答時老師可以即時監控學生書寫過程，直播學生練習結果，給予作答的回饋。

整個課堂教師上課過程在設備上的紀錄可被錄下來，在雲端提供給學生複習，也可以擷取精彩內容分享給學生。學生因此可以按照需求學習。

這套系統通過課堂互動、課後作業及課堂測驗，來關心與了解每一位學生的課堂反應，以提升課堂參與感，提高課堂效率。因為記錄下學生學習軌跡，就可以透過人工智慧分析學生學習狀況。

案例（二）：臥龍智慧環境用 AIoT 處理水

臥龍智慧環境有限公司創立於 2021 年 4 月，是將 AIoT 應用在水資源管理的新創公司，技術為以水質感測器佈建 / 中控系統建立 / 人工智慧 AI 系統為主要技術，做廢水 / 水回收系統解決方案與工程服務，提升效能；現在也提供電力與碳盤查系統輔導與建立。在水資源方面的智慧 AIoT 應用包含預測與決策水處理系統、水處理操作程序參數最佳化，以及智慧水處理管理平台三大主題。

臥龍智慧在水處理上有 AI Sensor 加值自動防禦系統及 AI 精準加藥系統，以下分別說明：

❶ 透過 AI Sensor 加值自動防禦系統可以做到判斷水機台上的感測器發出的警訊，自動判斷是感測器問題還是水質異常的系統問題，降低警報的亂報引發的困擾；還有提供 Sensor 異常預警與狀況排除說明，以及保養與健康狀態不良的警示。

❷ AI 精準加藥系統可以做到 AI 精準加藥，減少人力負擔、減少化學藥品浪費，還達成減少污泥產生量。含因為效率提高，減少碳排放，節約能源，並且延長系統壽命。

以 AI 精準加藥系統應用在國家研究單位為例：原來此單位飲用水質維持需值班人員需手動調整 12% 原濃度藥液調至加藥所需濃度，手動加藥，造成人員負荷，且使用後饋式混凝劑加藥造成不及時與誤操作風險。在導入臥龍智慧環境的 AI 精準加藥系統後其效益為水質改善濁度改善 200 倍，節省藥劑達每年約 5.5 噸藥劑費，降低污泥量與過量加藥所產生偏鋁酸鈉污泥約 5-10 噸，以及全自動加藥達成減少人力負荷與人為失誤風險，降低人力負擔，維持穩定產水水質。[3]

3　資料來源：裴有恆於新北市工業會雙月刊中發表文章。

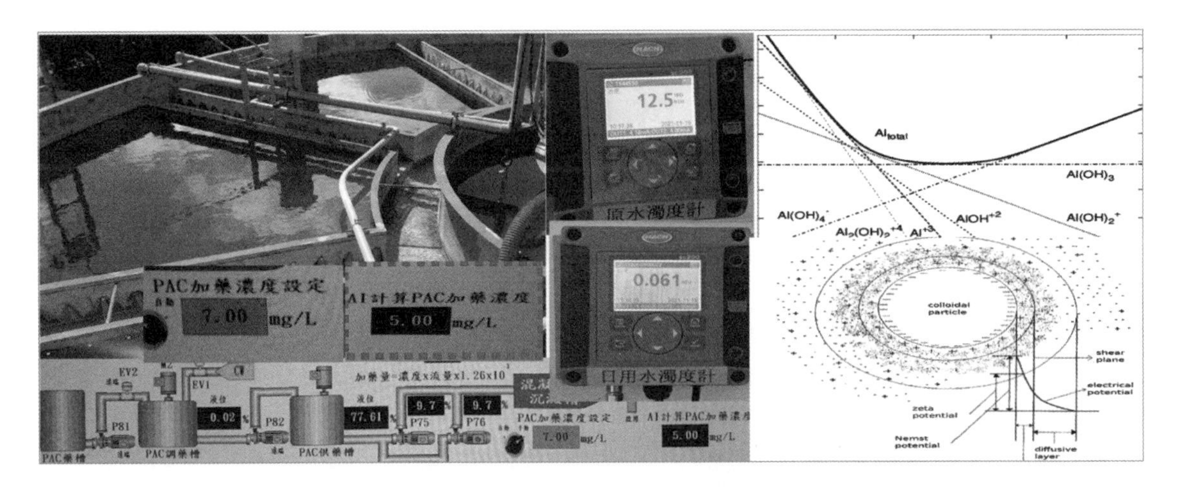

圖 10.3 臥龍智慧環境在國家研究單位自動加藥系統圖

圖片來源：臥龍智慧提供

案例（三）：慧景科技的智慧電網管理系統

慧景科技 2017 年創立，同年推出的 SaaS 產品 PHOTON 智能太陽能維運監控系統，目前已是台灣市佔率最高的監控平台，並銷售海外多個國家，海內外管理超過 2000 座案場。其將人工智慧應用在光電領域，增進管理效率與自動化是全球科技趨勢。

因為再生能源小而分散在全台電網末端，有電池、太陽能、風電等等，以及用戶的需量反應等資訊需要聚合與管理，台電在 2019 年啟動了「DREAMS」（導入配電級再生能源管理系統）計畫，慧景科技協助完成了 DREAMS 的軟體平台，以因應再生能源併網後對電網的電壓與頻率產生的影響，並有效監測和管理全台灣併在台電電網上的再生能源，最後利用 AIoT 系統將這些數據聚合起來管理。

案例（四）：盾心科技的自主視頻安全系統

盾心科技於 2014 年成立，其自主視頻安全系統應用深度學習針對影像辨識做到偵測出可能或已經發生的異常行為，像是人員闖入未授權區域、肢體衝突、徘徊、翻牆、尾隨，以及路口事故或保全區域內的其他動靜等，這樣的應用可以強化區域安全防護，而且可以降低保全人員的負荷，所以它的客戶遍及公司、學校、政府機構與商業場所，且這樣的辨識技術不涉及人臉識別，重點是動作。

以盾心科技的校園解決方案為例，如圖 10.4，一旦有非法人士翻牆侵入校園，此自主視頻安全系統會將此狀況立即通知保全人員去處理。

圖 10.4 盾心科技自主視頻安全系統的翻牆偵測功能解決方案

圖片來源：https://www.youtube.com/watch?v=mi8uOO3cfHc

案例（五）：開拓重工的 AIoT 互聯系統

開拓重工幾乎所有的新設備都自帶 IoT 聯網能力，其 Cat® Inspect 是一款為聯網和非聯網設備而設計，用戶可自行下載這一程序並逐步執行開拓重工的設備檢查。Cat® Inspect 為全面設備管理提供了一種簡化的方式，可以進行變化跟蹤、創造客戶報告和捕捉隨行記錄等操作。客戶還可以在線上的檢查表中發送圖片和影片，為代理商和服務技術人員提供所需的訊息，以便於他們提供最有效的支援服務。截至 2022 年 2 月，代理商和客戶已經通過這一應用程序完成了 600 萬次設備檢查，利用所提供的數據，代理商可便捷獲得客戶所需要的零部件和服務。[4]

Cat Connect 使用來自配備技術的機器的數據，以獲得機器設備訊息並深入了解此設備和操作。[5]

Cat 服務訊息系統 SIS 2.0 具備遠程故障排除能力和無縫電子商務整合體驗，目的在讓客戶和服務工程師更輕鬆地獲得維修指示和預訂正確的零部件。

4 資料來源：開拓重工簡中官網 https://www.caterpillar.com/zh/news/caterpillarNews/2022/ar-big-data.html

5 資料來源：開拓重工官網 https://www.cat.com/en_GB/support/operations/cat-connect-solutions.html

而開拓重工藉助 AI 機器學習和先進分析技術，可以幫助客戶提升設備運行時間和運營效率。在工程專長和數據的支持下，這些技術能夠助力客戶避免零部件故障發生，好為每台設備提供附加價值。利用機器學習建立的「故障模型」可監測設備中的運作模式並發現潛在問題，幫助客戶避免零部件故障的發生。舉例而言，借助機器學習，開拓重工將客戶設備的稀釋度檢測由 10 天縮短至 2.4 小時，可幫助客戶減少 36 萬美元的預估維修成本。另一類故障模型可以監測輪胎滑移量，此類故障會導致剎車失靈，並減少輪胎和車軸組件的壽命。借助狀態監測，可以向代理商預警客戶設備的輪胎滑移量問題，然後由代理商通知客戶。而其分析模型可以識別容易導致輪胎滑移的糟糕路況，幫助客戶減少 50 萬美元預估停機成本。[6]

10.2.2 元宇宙

我們現在談元宇宙，常常會以 Web 3.0 [7] 的概念來討論。2022 年 1 月美國貨幣監理署前代理署長 Bitfury Group 執行長布萊恩・布魯克斯（Brian P. Brooks）在美國國會聽證會上表示，Web 3.0 是「可讀」、「可寫」、「可擁有」的網際網路。有 Web 3.0 一定有 Web 1.0 及 Web 2.0。接下來從 Web 1.0 及 Web 2.0 的狀況來推估 Web 3.0 的做法。

根據 Wikipedia 的說明：「Web 1.0 是一個返璞詞，指的是全球資訊網發展的第一階段，時間大約從 1991 年到 2004 年。根據科莫德和克里希納穆綴的說法，『在 Web 1.0 中，內容創作者很少，絕大多數使用者只是內容的消費者』」。

由此可知 Web 1.0 是單向傳輸，透過全球資訊網可以提供網頁內容做傳播，在那個階段，入口網站和搜尋網站是重點。

而 Web 2.0，在 Wikipedia 上的說明「Web 2.0 是一種新的網際網路方式，通過網路應用（Web Applications）促進網路上人與人間的資訊交換和協同合作，其模式更加以使用者為中心。典型的 Web 2.0 站點有：網路社群、網路應用程式、社群網站、部落格、Wiki 等等」。

---

6 資料來源：開拓重工簡中官網 https://www.caterpillar.com/zh/news/caterpillarNews/2022/ar-big-data.html

7 Web 3.0，在 Wikipedia 的解釋，其概念主要與基於區塊鏈的去中心化、加密貨幣以及非同質化代幣 NFT 有關，由以太坊聯合創始人 Gavin Wood 於 2014 年提出。Web 3.0 還有一些其他專家提及應有的顯著特徵：(1) 擁有 10M 的平均帶寬。(2) 提出個人門戶網站的概念，提供基於用戶偏好的個性化聚合服務。(3) 讓個人和機構之間建立一種互為中心而轉化的機制，個人也可以實現經濟價值。

由此可知 Web 2.0 強調人與人之間的資訊交換與協同合作，而社群媒體及雙向溝通成了重點。

2021 年被稱爲是元宇宙元年，其實在區塊鏈開始作用時很多人就認為是 Web 3.0 的開端，但是 Web 3.0 一定要比 Web 2.0 更豐富，而體驗變成這時代的重點。因為 AR/VR/MR、人工智慧、物聯網、區塊鏈機制與其對應的虛擬貨幣 / 分散式金融 / 資產認證技術都發展日益強大，特別在新冠肺炎疫情期間，人們大大地接受了數位生活以及以數位做遠距溝通的方式，但是體驗不佳也是大家共同的心聲，而這時利用虛擬實境，利用遊戲化提高體驗，在虛擬空間中的可能做法成了元宇宙發展的主要方向。也就是說，以強化體驗為核心，透過元宇宙來實現。

就如號稱元宇宙第一股的 Roblox 的 CEO David Baszucki 提出了元宇宙的八個基本特徵：「身份」、「朋友」、「沉浸感」、「低延遲」、「多元化」、「隨地」、「經濟系統」，和「文明」。[8]

❶ **身份**：平行於真實世界中的身份。

❷ **朋友**：社交、協作、交流的基礎。

❸ **沈浸感**：讓體驗完整。

❹ **低延遲**：體驗即時感受才好。

❺ **多元化**：虛擬空間，是另一個生活空間，多樣的功能是必要的。

❻ **隨地**：通過移動終端、PC、VR/AR 等入口均可以。

❼ **經濟系統**：在這樣的空間，人們交互及參與活動，需要有對應的貨幣，打通其中各類功能。

❽ **文明**：基於元宇宙中的豐富內容和社會制度對應。[9]

基於 Baszucki 的標準，元宇宙讓人們在虛擬空間中實現深度體驗，因此會有「創造」、「娛樂」、「展示」、「社交」和「交易」五大核心要素，而且利用 AR/VR/MR、人工智慧、物聯網、區塊鏈機制等科技為底層基礎來發展，而虛擬世界不只是虛擬，透過跟實體世界的對應「數位孿生」來實現。而這樣的沈浸體驗，會很像「莊

---

8 資料來源：MBA 智庫百科 https://wiki.mbalib.com/zh-tw/%E5%85%83%E5%AE%87%E5%AE%99

9 資料來源：《元宇宙：始于遊戲，不止於遊戲》報告。

周夢蝶」的情境，夢對應虛擬世界，而在沈浸虛擬世界中，有可能會以為現實才是夢。而這樣現實與虛擬彼此交織，可能會是元宇宙時代的日常。

而元宇宙系統的系統架構如圖 10.5 所示。

系統層	元宇宙系統統合
應用層	個人展示、社交、遊戲、NFT/DeFi/DAO 為核心的元宇宙經濟、內容創造
平台層	人工智慧、區塊鏈、遊戲引擎、其他雲端運算 (如 3D 物件、創造內容工具…等等)
網路層	網路通訊、5G/6G
感測層	腦波感測、眼球位置感測、手部動作感測、生理特徵感測、聲音感測、其他感測
實體層	物聯網終端設備 (如智慧衣、智慧手套、智慧襪…等等)、VR/AR 頭盔及眼鏡、腦機、PC/ 智慧型手機

圖 10.5 元宇宙的架構以 AIoT 的架構衍生思考

圖片來源：裴有恆製

接下來談各個使用人工智慧投入元宇宙的各個廠商案例。

案例（六）：Meta

2004 年 2 月 4 日 Facebook 成立，成立初期原名為「thefacebook」，名稱的靈感來自美國高中提供給學生包含相片和聯絡資料的花名冊之暱稱「face book」[10]。華人習慣叫 Facebook 中文為臉書，發展至今是台灣人最熟悉的社群媒體。Facebook 後來又購入 Instagram，現在全球用戶約有 30 億。在 2021 年 10 月，Facebook 創辦人馬克．祖克柏（Mark Zuckerberg）對外宣告將公司更名為 Meta，並高調宣佈了其元宇宙藍圖。

Facebook 在 2014 年收購了 2012 年成立的 Oculus，2016 年發表了「Oculus Rift」。之後出了獨立機 Oculus Quest 1，2020 年出了 Oculus Quest 2。其中 Quest 2 很受歡迎，讓 Oculus 市占率在 VR 裝置中超過 60%。之後在 2017 年推出 3D 虛擬社群世界 Facebook Space，但是在 2019 年 10 月 25 日停止服務。而在 2020 年開始公測 Horizon Worlds 的新版 3D 虛擬社群，並於 2021 年 12 月 9 日正式推出。

10 資料來源：Wikipedia

在 2019 年 9 月起，包括 Oculus 在內的 AR/VR 團隊被重新命名為 Facebook Reality Labs，而 2021 年 7 月 27 日，宣佈將成立元宇宙團隊，隸屬於 Reality Labs。並且在同年 9 月投資 5000 萬美元成立 XR 計劃和研究基金，用於元宇宙生態規則的探索和研究，通過和行業夥伴、民權組織、政府、非營利組織以及學術機構等建立合作，分析元宇宙中存在的問題和機會。[11]

馬克．祖克柏提到「Horizon 裡有各種不同的服務，涵蓋社交、遊戲、工作、協作和生產力。我們非常專注於為創作者和開發者提供開發工具。……我們不只是將它構建為單個應用程式或體驗，我們正在將其構建為一個平臺。……我認為它將在說明建立這個廣闊的元宇宙方面發揮重要作用。」

同年發表虛擬化身系統 Codec Aatar，在特殊攝影棚內用 171 台照相機取樣被取樣者的臉部畫面資訊，之後在 VR 裝置中即時繪製其臉部 3D 模型。[12]

其最近兩年又收購 6 家 VR 公司和遊戲工作室，以豐富 VR 場景的內容製作能力，包括提供虛擬居家場景的 Horizon Home，虛擬遠端會議和辦公的 Horizon Workrooms，以及具有使用者自主創作功能的遊戲社交平臺 Horizon Worlds（圖 10.6）。

圖 10.6 Horizon Worlds

圖片來源：YouTube（https://www.youtube.com/watch?v=02kCEurWkqU）

---

11 資料來源：中國元宇宙白皮書。

12 資料來源：數位時代雜誌 2022 年 6 月號。

Horizon Workrooms 於 2021 年 8 月推出，重新定義了「辦公空間」，用戶可以在 Workrooms 中的各類虛擬白板上表達自己的想法，並且可以將自己的辦公桌、電腦和鍵盤等帶進 VR 虛擬世界中並用它們進行辦公。Workrooms 提供各類辦公場景和陳設，用戶可以根據需求選擇不同的會議室和辦公室。

2019 年 6 月其發佈了 Libra 數位貨幣白皮書，初衷是在安全穩定的開源區塊鏈基礎上創建一種穩定的貨幣。2020 年 Libra 正式更名為 Diem，Diem 設定為穩定幣，是一種與美元或歐元等法定貨幣掛鉤的加密貨幣。Diem 專案運行在自己的區塊鏈上。目前 Diem 協會會員由 26 家公司和非盈利組織構成，包括 Shopify、Uber、Spotify 等具有大量支付場景的公司。[13]

2022 年 1 月 25 日 Meta 執行長祖克柏（Mark Zuckerberg）在臉書發文說：「我們為元宇宙打造的體驗需要巨大電腦能力（每秒數以百萬兆次計）且 RSC 將啟用新的 AI 模式，可以從數以兆計個範例中學習，了解數以百計種語言等等。」。而 Meta 與 NVIDIA、PureStorage Inc 及 PenguinComputing Inc 團隊合作打造這台執行 AI 的超級電腦。

2022 年 5 月 6 日 Meta 宣佈在台灣與資策會合作設立亞洲第一座「元宇宙 XR Hub」，表示希望藉由此場域盼促進各界人才交流，創造更多 AR、VR、XR 生態系的可能性。[14]

案例（七）：Microsoft 微軟

2021 年 11 月初，繼 Facebook 宣布更名 Meta 不久，微軟就在 Ignite 秋季大會上發表全新會議視訊服務「Mesh for Microsoft Teams」，宣告進軍元宇宙。[15]

微軟的元宇宙佈局主要體現在辦公和遊戲行業。例如「Mesh for Microsoft Teams」就是要在其協作辦公軟體 Teams 內部建立虛擬世界，利用 3D 化的卡通人物造型，通過語音、體感等智慧技術，提升體驗，降低會議的疲勞度，使人們彼此能夠更好的溝通。

---

13 資料來源：中國元宇宙白皮書。

14 資料來源：Inside https://www.inside.com.tw/article/27593-xr-hub

15 資料來源：數位時代雜誌 2022 年 3 月號。

另外旗下遊戲《當個創世神》已經在一定程度上接近元宇宙。之前 Berkeley 學生還在其中做了個畢業典禮的世界（如圖 10.9），而微軟在元宇宙的願景是希望將不同的元宇宙連接起來。[16]

微軟驅動元宇宙有多種技術和產品支撐，涉及物聯網、數位孿生、混合現實等技術領域，以及在人工智慧的說明下，以自然語言進行互動，並用於視覺處理的機器學習模型等技術儲備；主要產品包括 Microsoft HoloLens、Microsoft Mesh、Azure 等。[17] Microsoft HoloLens 現在到第二代，是目前市面上最好的混合實境裝置。企業將可以在 Teams 內部建立自己的虛擬空間或元宇宙。例如微軟與埃森哲共同打造支援 Mesh 的沉浸式空間。疫情爆發之前，埃森哲就建立了一個虛擬園區，來自任何地方的員工都可以聚集在這裡喝咖啡、聽講座、參加聚會和其他活動。而疫情爆發後，這個沉浸式空間的重要作用便突顯出來，特別是在幫助新員工進入新職場方面。[18]

圖 10.7 在 Minecraft Berkeley 中舉辦畢業典禮的校園

圖片來源：YouTube（https://www.youtube.com/watch?v=51SjTdnb0aM）

微軟為了強化其遊戲上佈局，在 2022 年 1 月收購 Activision Blizzard，現在已經成為全世界第三大遊戲商。當然，這也是為了往元宇宙佈局。

---

16 資料來源：中國元宇宙白皮書

17 資料來源：中國元宇宙白皮書

18 資料來源：中國元宇宙白皮書

案例（八）：NVIDIA

1993 創立的 NVIDIA，在 3D 與人工智慧都是著名的硬體解決方案 GPU 的提供者。

在 2021 年 8 月，NVIDIA 首席執行官黃仁勳在 NVIDIA 年度發佈會 GTC 2021 的一段公開演講影片中，黃仁勳用了 14 秒的「虛擬替身」，因為太過逼真，所以無人察覺，造成了轟動。這是利用 NVIDIA 的基礎設施平臺 Omniverse 完成的。

Omniverse 是用於創造虛擬空間的軟體平臺，它集合了語音 AI、計算機視覺、自然語言理解、推薦引擎和模擬技術方面的技術。它是 NVIDIA 開發的專為虛擬協作和即時逼真類比打造的開放式雲平臺，其能賦能創作者、設計師、工程師和藝術家創作，可以即時看到進度和工作效果。[19]

Omniverse 基於 Pixar 的 USD（Universal Scene Description；通用場景描述技術），具有高度逼真物理模擬引擎和高性能渲染的能力。Omniverse 包含五個重要元件：Connector、Nucleus、Kit、Simulation，以及 RTX。USD 是傳遞場景描述資訊的檔格式，主要被用來合成場景和即時解析場景中的數值，並且 USD 的 API 支援複雜屬性、分層、延遲載入和多種其他功能。基於 USD，NVIDIA 想要創造整合各個 3D 軟體平臺的 3D 資產，構建開放式創作和共享平臺。圖 10.8 是使用 NVIDIA Studio 在 Omniverse 創建車與環境的例子。

Omniverse 的願景非常符合元宇宙的重要理念之一：「不由單一公司或平台運營，而是由多方共同參與的、去中心化的方式去運營」。[20]

2022 年 1 月 5 日 NVIDIA 推出免費版 Omniverse，讓藝術家、設計師與創作者即時 3D 設計協作，構築商業、娛樂、創意與工業互連的世界。發展 3D 市集商業生態。[21] 而其中的 Audio2Face 是 AI 生成人物嘴型的工具。[22]

---

19 資料來源：中國元宇宙白皮書

20 資料來源：《元宇宙：人類的數位化生存，進入雛形探索期》報告

21 資料來源：《元宇宙全球趨勢與臺灣產業機會》報告

22 資料來源：《從認知到落地 元宇宙應用實踐 2022》報告

圖 10.8 使用 NVIDIA Studio 在 Omniverse 創建車與環境例

圖片來源：YouTube（https://www.youtube.com/watch?v=ElF53kfHrYc）

案例（九）：Amazon Web Service

AWS 為 Linux 基金會提供開源的 3D 引擎（O3DE, Open 3D Engine）成立一個新的開源基金會。O3DE 是一個平台開源遊戲引擎，其目標為「每個為行業提供一個開源、高保真、即時的 3D 引擎，用於構建遊戲和類比。」O3DE 可以通過提供開發人員實現 3D 環境需求來擴展遊戲的 3D 開發。該引擎在 Apache2.0 允許下，任何人都可以建設和保留他們的智慧財產權，並選擇性回饋專案。AWS 希望藉此創建一個成功的生態系統，並推動創新，包括支援雲整合的遊戲開發平臺、雲渲染、遠端遊戲開發工作室以及 O3DE 引擎的開發等，開發人員可以靈活地使用。

AWS 也推出了 Amazon Sumerian 這個建立和執行以瀏覽器為基礎的 3D、擴增實境（AR）和虛擬實境（VR）應用程式。[23] Amazon Sumerian 編輯器提供了現成的場景範本和直觀的拖放工具，使內容建立者、設計師和開發人員都可以輕鬆構建互動式場景（見圖 10.9）。其採用最新的 WebGL 和 WebXR 標準，可直接在 Web 瀏覽器中創建沉浸式體驗，並可通過簡單的連接 URL 進行訪問，同時能夠在適

23 資料來源：Wikipedia

用於 AR/VR 的主要硬體平台上運行。[24] AWS 也上架了 Luna 雲遊戲服務平台，讓玩家用訂閱制的方式在手機或電視上玩遊戲，不需要價格高昂的硬體設備。

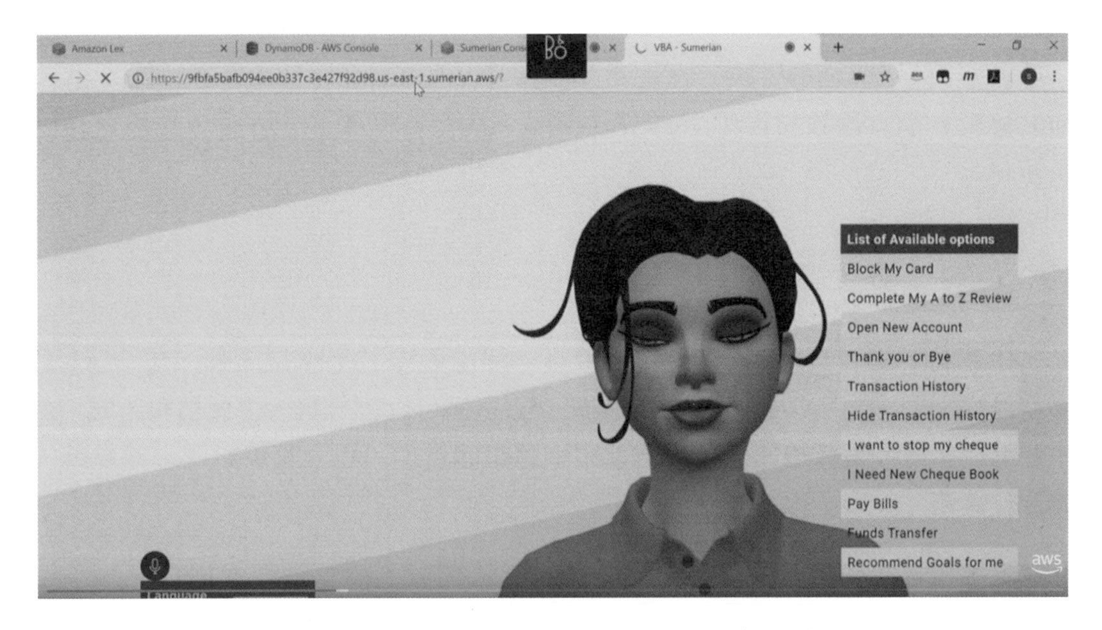

圖 10.9 使用 Amazon Sumerian 編輯器例

圖片來源：YouTube（https://www.youtube.com/watch?v=dnZbtPNeZTo&t=891s）

其旗下的 Amazon GameLift 是可為多人遊戲部署、操作並擴展雲端伺服器的專用遊戲伺服器託管解決方案。GameLift 利用 AWS 提供低延遲、低玩家等待時間 [25]，以提供玩家最沉浸的體驗，這也代表著 AWS 跟遊戲社群的強力連結。

AWS 的 Managed blockchain 服務，也支持著如雀巢、Sony Music 等大型企業應用區塊鏈進行供應鏈管理、音樂版權保護等服務。

2022 年 AWS 收購 MGM，這代表了 AWS 提供元宇宙內容的決心。而 2014 年收購的 Twitch 遊戲直播服務，也是跟遊戲社群連結的重要里程碑。

AWS 於 2019 年在台北成立大中華區第一家 IoT Lab，提供由 AWS Partner Network (APN) 合作夥伴建構的合格硬體和軟體解決方案，幫助客戶加速裝置軟硬體設計和部署物聯網應用設計。這個 Lab 的目的包括結合區域地理優勢與全球技術的中轉站，強化 IoT 軟硬體生態系發展，加速 IoT 解決方案部署。

---

24 資料來源：《從認知到落地 元宇宙應用實踐 2022》報告

25 資料來源：AWS 官網

AWS 在元宇宙概念下的數位孿生與智慧建築相關解決方案，可以讓大型企業運用元宇宙的概念與成熟技術加速產品掌握、佈建監控與應對措施。例如波音在今年即宣布與 AWS 合作，運用雲端相關技術加速其產品設計發展。

最近 Meta（臉書母公司）也宣布了選擇 AWS 作為其長期策略雲端服務夥伴，把他們最重要的深度學習模型 PyTorch 放在 AWS 的服務上，讓開發虛擬互動場景更為便利。

案例（十）：集仕多

集仕多於 2020 年 8 月成立，是台灣第一個主要產品是虛擬人偶，包含 AI 主播及導覽員的公司，使用 GAN [26] 的 AI 技術，AI 主播可以代替真人去做播報新聞、去訪談，著重在採訪互動採訪的部分。目前跟網路媒體合作，包含雅虎新聞、蕃薯藤……等等合作夥伴。

在元宇宙平台的部分，集仕多選擇不自己去開發，而是去授權把自己的產品擺上去，例如 AI 主播會擺在元宇宙的空間裡面，其中展示間的牆上就是有很多的電視牆，電視牆播報的就是我們想要傳達的訊息。在 2022 年 6 月份城市博覽會有五大展區，其中做 20 分鐘導覽的導覽員是叫邱小莫的 AI 人偶，她會帶著進來觀展的人從一樓走到二樓，會從元宇宙虛擬空間一樓的每一個展品到二樓的每個展品一一做介紹，所以這樣子的體驗，跟實際看展的體驗都可以類比上，不會完全跟現實生活脫節。

另外在 AI 主播的部分也一樣可擺入了元宇宙的空間，在一個元宇宙空間裡面，用 AI 主播來介紹跟你這個展覽相關的一些重要的 3D 的展品，AI 主播在上面可以去製作你的內容，成本會較其他的做法大幅降低。

---

26 Generative Adversarial Network，中文為生成對抗網路，是非監督式學習的一種方法，通過讓兩個神經網路相互博弈的方式進行學習。最終目的是使判別網路無法判斷生成網路的輸出結果是否真實。資料來源：wikipedia。

圖 10.10 集仕多展示 2022 城市博覽會元宇宙的 AI 導遊

圖片來源：集仕多提供

10.2.3 產業 AI 化進階

隨著 AI 的技術發展越來越強大，以及 AI 發展進入各產業之後獲取了更多的產業數據，讓其建立了更好、更適用的模型，現有提出的各種產業做法，未來可能有更多新的發展。而像是 RPA 的大量減輕並加速例行工作的執行，以及大型語言模型軟體聊天機器人（如 ChatGPT [27]），在客戶服務、程式設計，以及在深入各個產業後成為產業基本建議顧問，未來都被強烈看好。我們以微軟的 BING 結合 ChatGPT 強化搜尋為例來做說明。

---

27 ChatGPT（全名：Chat Generative Pre-trained Transformer）是由 OpenAI 開發的一個人工智慧聊天機器人程式，於 2022 年 11 月推出。該程式使用基於 GPT-3.5 架構的大型語言模型並透過強化學習進行訓練。資料來源：Wikipedia https://zh.wikipedia.org/zh-tw/ChatGPT

案例（十一）：微軟結合 ChatGPT 強化搜尋引擎 BING

微軟在 2023 年 2 月 7 日宣布 OpenAI 的 ChatGPT 強化的新版 Bing 搜尋引擎。新版 Bing 支援傳統關鍵字、自然語言，或是語音輸入。

其搜尋功能針對簡單事物提供了關聯性更高的答案，如運動比賽分數、股價或氣象。針對較複雜內容，則會整理成重點，此外新增側邊欄，列出蒐羅到的相關資訊，如圖 10.11。

圖 10.11 整合 ChatGPT 的 Bing 搜尋案例

圖片來源：裴有恆擷取

而且和 ChatGPT 一樣，這一版 Bing 可協助用戶產生所需要的內容，例如寫電子郵件、規劃旅遊行程，或是準備工作面試等。在提供內容同時，它也會標註內容來源連結，而其聊天機器人（chatbot）模式讓用戶可像 ChatGPT 的介面和 Bing 互動。[28] Bing 使用 GPT 4.0 的內容，跟 ChatGPT 付費版相同的版本，在內容的正確性高於免費的 ChatGPT（使用 GPT 3.5）。微軟也導入 GPT 4.0 在其 MS365，協助使用者有更好的微軟軟體使用便利性與體驗。

---

28 資料來源：ITHome 新聞 https://www.ithome.com.tw/news/155429

10.3 結論

隨著聯合國的 2030 的永續目標的達成而努力，以及許多國家元首的承諾淨零碳排，使用 AI 及 AIoT 達成永續已經成為現在開始，未來必然持續發展的過程，而這是為了我們自己的生活環境，為了我們存在的社會，一定要努力的方向。

而元宇宙的是 IT 科技的發展終極整合模式，為了提供好的體驗，往這個方向的發展是必然的，只是終極樣貌我們先在不可得知，但是人工智慧必然在其中扮演重要的角色，特別是世界中的物件與人物的運作，都有賴於人工智慧。[29]

另外，隨著人工智慧技術的發展，獲取的數據與情境越多，各個產業必然會有更深入的應用，產業 AI 化也會更為徹底，當然，這也代表著有些工作必須升級其工作內容，而使用 AI 也將成為各行業必須的技能。

未來已來，只是尚未流行！[30]

---

29 本章元宇宙內容參考作者裴有恆另兩本書《AIoT 人工智慧在物聯網的應用與商機》，以及《從穿戴運動健康到元宇宙，個人化的 AIoT 數位轉型》。

30 威廉．吉布森 的名言“The future is already here – it's just not evenly distributed.”的衍生講法。

APPENDIX

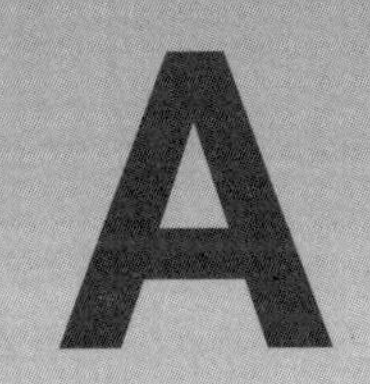

AI 技術的未來走向

AI 的技術日新月異，在基礎的技術之外，它也有特殊的發展趨勢，這裡我們針對三大發展趨勢來討論。這三大發展趨勢有「可信賴 AI」、「個人數據的隱私權（My Data)」，以及「超巨大深度學習模型」，以下分別展開討論。

A.1 可信賴 AI

人工智慧現在的蓬勃發展，是由於機器學習，特別是深度學習的發展，而機器學習是由數據中學習到模型的參數，對於越大的人工智慧模型，人類越不能明白為什麼這個模型會產生好或壞的結果，也因為不明白，就不敢信賴這樣的人工智慧模型。而產生可信賴的人工智慧模型，是讓人類擺脫對人工智慧模型因為未知而產生的恐懼的重要做法。

根據資策會科法所網站上的文章說明，歐盟在 2019 年 4 月 9 日，歐盟議會發布《可信賴人工智慧倫理準則》。內容要求人工智慧須遵守行善、不作惡、保護人類、公平與公開透明等倫理原則，共計七面向概述如下：

人類自主性和監控

AI 是為強化人類能力而存在，使人類使用者能夠做出更明智的決策並培養自身的基礎能力。而 AI 應有相關監控機制以確保 AI 系統不會侵害人類自主性或是引發其他負面效果。監控機制應可透過人機混合[1]的操作方法來實現。

技術穩健性和安全性

為防止損害擴張與確保損害最小化，AI 系統需具備準確性、可靠性和可重複性等技術特質，同時也必需在出現問題前訂定完善的備援計劃。

隱私和數據治理

除了確保充分尊重隱私和數據保護之外，還必須確保適當的數據治理機制，並且慮到數據的品質和完整性，並確保合法使用數據為可行。

透明度

數據、系統和 AI 的商業模型應該是透明的。透過可追溯性機制可以幫助實現此目標。此外，應以利害關係人能夠理解的方式解釋 AI 系統的邏輯及運作模式。人類參與者和用戶需要意識到他們正在與 AI 系統進行互動，並且必須了解 AI 系統的功能和限制。

保持多樣性、不歧視和公平

AI 不公平的偏見容易加劇對弱勢群體的偏見和歧視，導致邊緣化現象更為嚴重。所以 AI 系統應該設計為所有人皆可以使用，達成用戶多樣性的目標。

社會和環境福祉

AI 應該使包含我們的後代在內的所有人類受益。因此 AI 必須兼顧永續發展、環境友善，並能提供好的社會影響。

問責制

應建立機制以妥當處理 AI 所導致的結果的責任歸屬，演算法的可審計性是其中關鍵。此外，應確保補救措施是無障礙設計。[2]

---

1 一種整合人工智慧與人類協作的系統。

2 資料來源：資策會科法所 https://stli.iii.org.tw/article-detail.aspx?no=64&tp=1&d=8248

A.2 個人數據的隱私權與 AI 發展的平衡

AI 的深度學習需要大量數據，而大量數據跟個人有關的往往涉及個人數據的隱私權，例如像醫療方面的數據，因為往往涉及患者的隱私，而在利用人工智慧建模往往會有需要拿到夠多患者的數據，但是這是很隱私的數據，所以就引起了很大的爭議，之前在台灣就有人權團體，為了健保大數據是否可以使用，而跟政府爭訟多年，後來是使用已故人士的加密數據才減少了相關的問題。而 IBM 的 Watson 健康部門也因為拿不到足夠的健康數據，而造成進展緩慢，最後甚至傳出要出售部分業務。

這個部分也是 A.1 中歐洲議會提出的七面向的第三項「隱私和數據治理」，而這個部分如何跟 AI 發展達成平衡，也是接下來必然考慮的重點。

A.3 超巨大深度學習模型

深度學習一直有數據越多，AI 模型越大，模型可能越精確，能力可能越強的趨勢，OpenAI [3] 所發展，基於 GPT 3.5 語言模型的 ChatGPT 測試版，在 2022 年 11 月釋出，讓一般人可以試用，其效果讓大家感到震撼，使用者對 ChatGPT 發問，會得到很不錯的答案，完全不遜於現在的大學剛畢業的學生的回答。由以下 A.1、A.2、A.3 圖內容大家可以感受到。

3 OpenAI 是美國一個人工智慧研究實驗室，由營利組織 OpenAI LP 與母公司非營利組織 OpenAI Inc 所組成，目的是促進和發展友好的人工智慧，使人類整體受益。OpenAI 成立於 2015 年底，總部位於加利福尼亞州舊金山，組織目標是通過與其他機構和研究者的「自由合作」，向公眾開放專利和研究成果。資料來源：Wikipedia https://zh.wikipedia.org/zh-tw/OpenAI

人工智慧在行銷零售上的應用

人工智能在行銷零售上有許多應用，包括自動建立廣告組合、個人化建議、預測顧客購買行為等。例如，商家可以利用人工智能來分析顧客購物習慣，並根據這些分析結果向特定顧客推薦適合他們的產品。人工智能還可以幫助商家建立數據模型來預測顧客的購買行為，並提供有關顧客反應的及時反饋，以便商家可以及時調整自己的行銷策略。

人工智慧在金融上的應用

人工智能在金融領域有許多應用。例如，銀行可以利用人工智能來處理大量的交易數據，幫助他們預測市場趨勢、評估投資風險、提供個人化的金融建議等。此外，人工智能還可以用於自動執行金融交易，幫助金融機構提高效率並降低運營成本。在信用卡欺詐防治方面，人工智能也可以通過分析大量的交易數據，幫助金融機構識別潛在的欺詐活動。

圖 A.1 ChatGPT 的回答 AI 在行銷、金融的應用

圖片來源：裴有恆節取自網路

人工智慧在工業上的應用

人工智能在工業領域有許多應用。例如，人工智能可以用於自動化生產流程，幫助工廠提高生產效率並降低成本。此外，人工智能還可以用於預測設備故障，幫助工廠提前采取措施維護設備，降低停機損失。在物流領域，人工智能可以用於優化運輸路線，幫助企業提高運輸效率並降低運輸成本。此外，人工智能還可以用於分析大量的數據，幫助工廠改善生產流程，提高產品質量。

人工智慧在農業上的應用

人工智能在農業領域有許多應用。例如，人工智能可以用於測量土壤濕度和溫度，幫助農民精確掌握農田情況，提高種植效率。此外，人工智能還可以用於監測作物生長情況，幫助農民及時發現異常情況，采取適當措施。在畜牧業方面，人工智能可以用於監控牲畜健康狀況，幫助畜牧業者提高生產效率並降低生產成本。此外，人工智能還可以用於分析大量的數據，幫助農民改善農田管理方式，提高農作物品質。

圖 A.2 ChatGPT 的回答 AI 在工業、農業的應用

圖片來源：裴有恆節取自網路

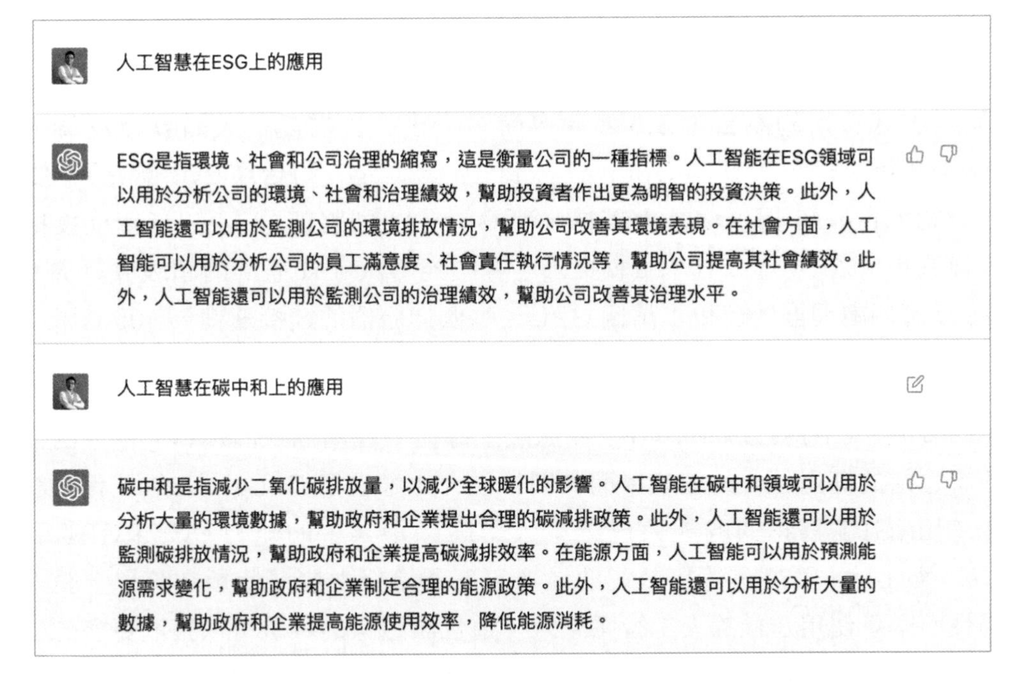

圖 A.3 ChatGPT 的回答在 ESG、碳中和的應用

圖片來源：裴有恆節取自網路

以下簡述 OpenAI 發展的歷史：

2018 年 6 月，OpenAI 的 Generative Pre-training，簡稱 GPT，第一代誕生。基於預訓練模式，且加入了第二階段微調的訓練，在第一階段訓練好的模型基礎上，使用少量標註數據，針對具體的 NLP 任務來做調整。且在用來提取語義特徵的特徵提取器上採用 Google 研發的 Transformer [4]。GPT 在預先訓練階段設計了 12 層 Transformer，並且使用「單向語言模型」作為訓練任務。此模型有 1.17 億個參數。

2019 年 2 月 OpenAI 推出了 GPT-2，GPT-2 模型基本上採用非監督學習，減小了微調階段有監督學習的比重，嘗試在一些任務上不進行微調。OpenAI 用 800 萬個互聯網網頁的相關數據（大小 40GB）去訓練，幾乎覆蓋所有領域。而 GPT-2 模型的參數為 15 億。

4 Google 在 2017 年推出 Transformer。是一種採用自注意力機制的深度學習模型，這一機制可以按輸入資料各部分重要性的不同而分配不同的權重。該模型主要用於自然語言處理（NLP）與電腦視覺（CV）領域。資料來源：Wikipedia https://zh.wikipedia.org/zh-tw/Transformer%E6%A8%A1%E5%9E%8B

2020 年 5 月 OpenAI 更推出了 GPT-3。2020 年 7 月，其推出了 API（應用程式介面），讓更多開發者可以調用 GPT-3 的預先訓練模型。GPT-3 的模型參數為 1750 億，訓練費用約為台幣 3.5 億元。而 OpenAI 也需要很大的算力及資金來做 GPT，2019 年 7 月，微軟向 OpenAI 注資 10 億美元（約台幣 293 億元）。雙方協定，微軟給 OpenAI 提供演算力支持，而 OpenAI 則將部分 AI 知識產權授權給微軟進行商業化。2020 年 5 月，微軟推出了專門為 OpenAI 設計的超級計算機。包含超過 28.5 萬個處理器內核和 1 萬個 GPU，每個伺服器的連接速度為 400 Gbps/s。

從 GPT-1 有 1.17 億個參數到 GPT-2 有 15 億個參數，到 GPT-3 到達 1750 億個參數的發展。GPT-3.5 ChatGPT 測試版上線後，在兩個月內達到一億人的使用，超越所有之前的應用程式的速度，而其問答能力也通過了 Google 三級工程師認證，意味著 ChatGPT 寫程式的能力已經有大學應屆畢業生的能力。ChatGPT 引起了 Google、Apple、百度…等等公司的注意，而開始努力發展此類系統。一般人因為其好用性而樂意使用這樣的人工智慧系統，這也讓這樣的系統可以獲取更多的數據，讓它的模型學習成長成更高參數量的巨大模型，而原有的聊天機器人（chatbot）的系統不論是工作導向或是聊天導向的都將可以使用這樣的系統強化。由此可知具備高參數量的巨大模型將成為發展的重大趨勢，特別是針對自然語言的巨大語言模型 (Large Language Model，LLM)。

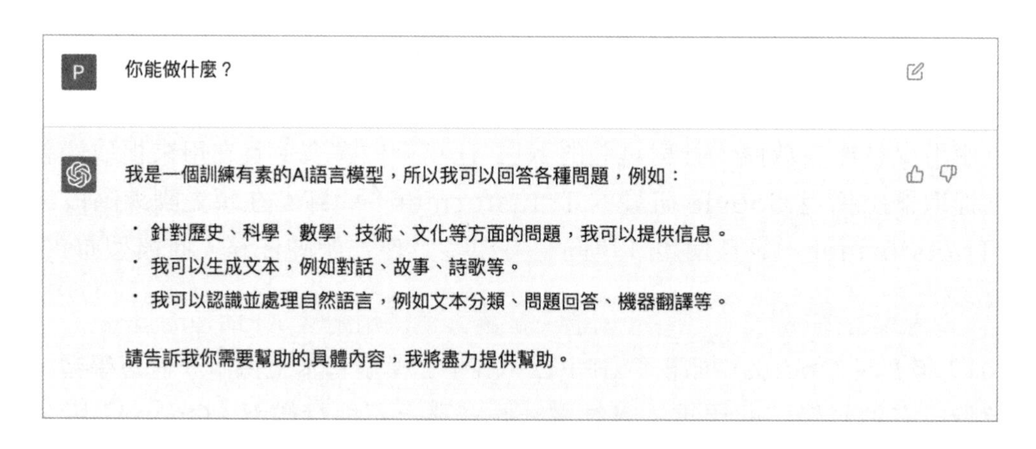

圖 A.4 ChatGPT 回答它可以完成的工作

圖片來源：裴有恆節取自網路

而 Open AI 在 2023 年 3 月推出了全新模型 GPT-4，GPT-4 的參數數有一百兆個。相較於 ChatGPT 原本使用的語言模型 GPT-3.5，具有以下新特性：

- **能處理圖片輸入**

  GPT-4 可以讀取圖片，進行解讀並生成相應的文字內容。

- **更高的解答能力與正確率**

  GPT-4 在多項主流檢定測驗上表現優於 GPT-3.5。

- **輸入 Token 數量增加**

  GPT-4 支持多達 32,768 個 Token 的輸入，相當於約兩萬多字中文。

- **更強的操控性（Steerability）**

  GPT-4 可以根據用戶需求，調整回答的用語、風格和語調等。

- **加強對 AI 濫用的防範**

  GPT-4 針對敏感指令和不良行為指令的攔截能力得到提升。

- **解讀圖片**

  例如解釋組合圖、解讀圖表內容、看圖回答問題等。

另外 GPT-4 在 Uniform Bar Exam（美國統一律師考試，簡稱 UBE）拿到 PR90，GPT-3.5 只有 PR10；GPT-4 在生物奧林匹亞拿到 PR99，GPT-3.5 只有 PR31。

從 ChatGPT（GPT 3.5）推出到 GPT-4 只有 3 個半月，這也表示大家要試著習慣 AI 帶來的極速科技列車時代了！接下來，微軟、Google、Meta、百度…等等各大人工智慧公司的紛紛加入，將會創造一個更方便使用這樣 AI 助理的世界。

APPENDIX

B AIoT 的創新思考

真正賣得好的產品和服務，通常要考慮三大構面，技術、商業模式，以及客戶體驗：技術要能做得到，商業模式要能讓公司賺到錢，客戶體驗好才會買單，三者缺一不可。

要在 AI 上有成功的產品或服務，不是只要有好的技術就好，要以領域專業知識出發，結合數據，選出適合的組合，才能用人工智慧建立適合的模型，以針對客戶的痛點及需求提供好的價值主張，然後提供好的服務，讓客戶擁有好的體驗（如 B2C 的客戶滿意，B2B 客戶賺錢或省成本），則客戶就會心甘情願掏錢出來，如圖 B.1，為技術、商業與體驗的三圈，彼此獨立，卻有交集，但成功的創新是三圈的共同交集。

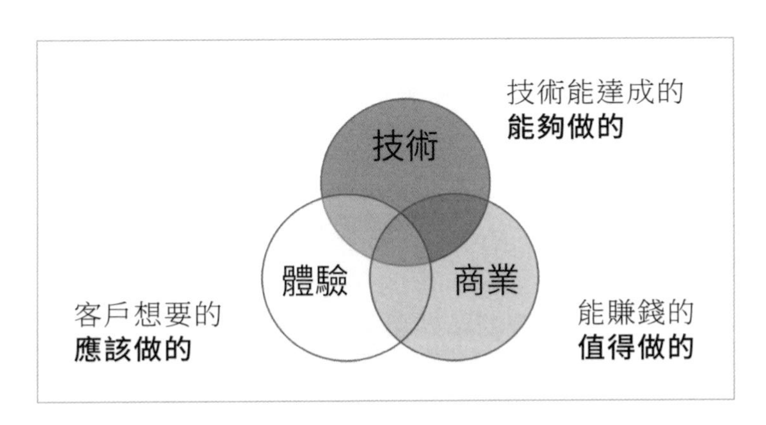

圖 B.1 賣的好的產品 / 服務必須具備技術、體驗、商業模式的特性交集

圖片來源：裴有恆製圖

提到技術，在 AI 時代，數據為王。而在應用時就要考慮到使用到什麼樣數據建模？這些數據的來源是什麼？怎麼得到？特別在各種產業中，需要使用感測器來獲取真實世界的數據，例如我們常見的數位監視器的攝影數據、所在空間的溫濕度、智慧手錶量測到的生理數據、智慧工廠的機器震動狀況數據…等等。而使用到感測層的感測器獲取數據，然後在雲端平台層的伺服器使用 AI 分析，這就是 AIoT 的系統做法。而數據需要實體設備內的感測器收集，數據分析後決定採取的行動也需要實體設備真正作用，實體層就是用來表示終端的實體設備；而實體層與平台層中間的網路數據傳輸透過網路層；而應用方式則在應用層設定。如圖 B.2 所示。

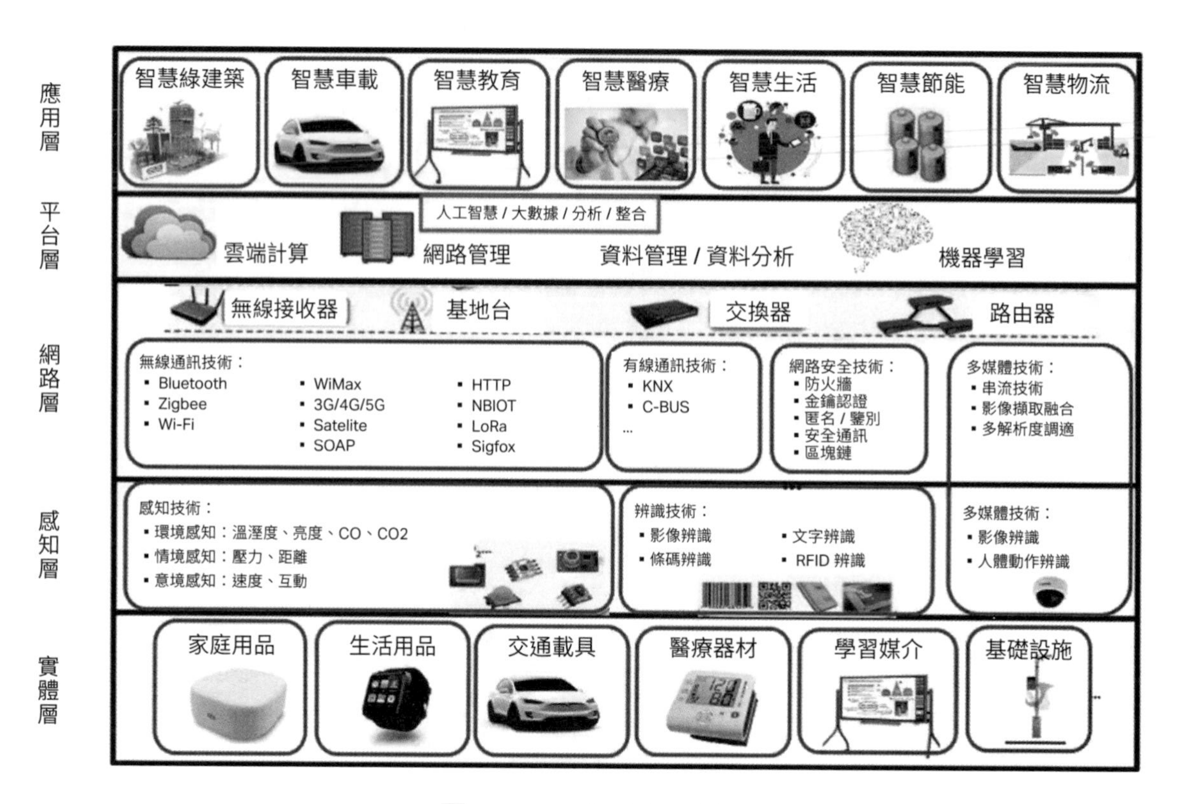

圖 B.2 AIoT 五層架構圖

圖片來源：裴有恆製圖

AIoT 五層架構圖同時也代表的是參與生態系廠商的合作架構。換句話說，這不是一家公司可以全部只靠自己做完的，必須要整個生態系的相關價值鏈的公司一起跨領域的協作來提供。而企業如何跟其他生態系的成員一起合作，發揮自己在生態系中的價值，則是其中成功的要素。

接下來是談到商業，這就要講到商業模式。商業模式就是要找出公司賺錢的方式，這邊利用《獲利世代》一書提出的「商業模式圖」來講解商業模式。

<table>
<tr><td rowspan="2">關鍵夥伴：</td><td>關鍵活動：</td><td rowspan="2">價值主張：</td><td>客戶關係：</td><td rowspan="2">客戶區隔：</td></tr>
<tr><td>關鍵資源：</td><td>通路：</td></tr>
<tr><td colspan="3">成本：</td><td colspan="2">獲得：</td></tr>
</table>

圖 B.3 《獲利世代》一書提的商業模式圖

圖片來源：裴有恆製圖

在商業模式圖製作時，首先要選定客戶區隔，確定客戶是誰；然後針對選定的客戶提供價值主張，客戶會買單是因為產品 / 服務能提供他的需求、解決他的痛點，或是完成他想完成的任務。而這需要透過客戶關係維護，也就是行銷的吸力；通路是能將訊息或產品推到客戶端的推力；客戶因此可以購入 / 租賃產品或服務（獲得），這其實就是獲得金錢的方式。

要成就這樣的價值主張，需要行銷的吸力與推力，好讓客戶認同買單，這需要組織內部有對應的關鍵資源與對應的關鍵活動。而在 AIoT 時代要成就，必須要有合作的關鍵夥伴，尤其關鍵夥伴在 AIoT 系統中包含到物聯網五層架構圖的價值鏈成員。

最後談到體驗，體驗是可以使用服務流程的優化來強化的。針對 AIoT，本書作者裴有恆設計了「AIoT 情境旅程圖」，現在到第二版，這是根據已故的 AI 大師 John McCarthy 提出的人工智慧三大概念 ——「感知」、「認知」（現在分為邊緣運算的認知與雲端運算的認知，以「E 認知」與「C 認知」分別表示）、「行動」以結合 AIoT 系統後以情境方式思考呈現的流程圖。而將其對應到 AIoT 五層架構圖，「感知」對應到「感知層」的感知設備，「E 認知」對應到「感知層」連接到「網路層」的邊緣運算分析，「C 認知」對應到「平台層」的雲端設備運算、分析與學習，「行動」對應到「實體層」的動作。

情境	步驟一	步驟二	步驟三	步驟四	步驟五
感知					
E 認知					
C 認知					
行動					

圖 B.4 AIoT 情境旅程圖 (ver 2)

圖片來源：裴有恆製圖

為了讓大家了解，以下以 Amazon 案例說明 B.2、B.3、B.4 這三張圖的運作方式。

案例（一）：Amazon Go 的 ABS 運作方式

之前在第七章案例三提到了 Amazon Go。分析其做法如下：客戶進零售商店的門口，首先要打開智慧型手機 App，此 App 呈現了 Prime 會員的 QR Code，刷此 QR Code 進入店鋪。然後選購物品則是在店中把東西從架上拿下來，這時虛擬系統就會把此物品新增到購物籃內清單上；而放回去這物品到原架上就會從購物籃清單移除；當最後消費者離開實體店時，系統會直接就購物籃清單上有哪些購買物品來進行扣款，這就像在網路上對購物籃結帳扣款。其對應的 AIoT 五層架構圖如圖 B.5：

應用層	智慧零售：客戶購物籃、智慧零售：客戶軌跡
平台層	• 由 QRcode 確定是 Prime 客戶 • 影像辨識被客戶取走 / 放回產品 • 計算購物籃金額 • 影像辨識：客戶行動軌跡 / 客戶離場 / 熱點分析 / 客戶情緒
網路層	Wi-Fi、4G、專線
感測層	• QR Code 識別 • 影像識別 • 重力感測
實體層	QR Code 感應器、攝影機、重力貨架、客戶智慧型手機

圖 B.5 以文字表示的 Amazon Go 的 AIoT 物聯網五層架構 [1]

圖片來源：裴有恆製圖

而對應的商業模式為圖 B.6。Amazon Go 的系統目的在提高客戶體驗：透過讓消費者快速通過結帳區的結帳流程，以及消費者在店內行為被感測器（主要是數位攝影機）收集到的數據，結合其他的數據做分析，以協助消費者的精準行銷，促使消費者買更多的產品或服務。[1]

<table>
<tr><td rowspan="2">KP:
租用產品公司</td><td>KA:
● 程式開發
● 服務提供
● 設備製造管理
● 製造
● 行銷</td><td rowspan="2">VP:
1. 讓消費者可以很快速的結帳
2. 利用消費者在店內產生的數據，做消費者精準行銷</td><td>CR:
1. 透過購買方便不用等待讓費客戶有好的體驗</td><td rowspan="2">CS:
不想等待的消費者</td></tr>
<tr><td>KR:
● 程式設計人員
● 平台維護人員
● 硬體研發人員
● 管銷人員
● 製造人員</td><td>CH:
使用 Amazon GO 系統的實體店鋪</td></tr>
<tr><td colspan="3">C$:
1. 薪資
2. 設備
3. 其他費用 (管銷、合約)</td><td colspan="2">R$:
1. 販賣商品盈餘
2. Amazon Go 服務租用費用</td></tr>
</table>

圖 B.6 Amazon Go 的商業模式圖

圖片來源：裴有恆製圖

1 Amazon Go 最早的版本是具備重力感測器的，現在已經拿掉，只使用數位攝影機。

而服務的流程做法可透過「AIoT 情境旅程圖」說明，根據上述的流程，可以對應到圖 B.7。

Amazon Go	入口處掃 APP QR 碼	從貨架上拿 取物品	放物品回到 貨架上	客戶離開 零售店	顯示扣款 金額
感知	QR 碼 登入感測	影像紀錄 客戶取物	影像紀錄客 戶放回物品	感知客戶 位置	
E 認知	QR 碼 感測器 傳出訊號	影像確認 傳輸後台	影像確認 傳輸後台	確認客戶 離開零售店 傳出資訊	
C 認知	確認並紀錄 客戶登入	確認拿取物 記在購物車	確認放回物 移除購物車 相關紀錄	總結購物車 購買物品總 金額	
行動				傳回 App 相關訊息	

圖 B.7 Amazon Go 的 AIoT 情境旅程圖

圖片來源：裴有恆製圖

一般 AIoT 的系統，可以拆解成圖 B.2、B.3，以及 B.4 的組合，也可以利用 B.2、B.3，以及 B.4 的圖來做設計這樣的創新系統。相關的內容在台北聯合大學系統共構磨課師「AIoT 數位創新」課程中有更進一步的說明。[2] 而本書中應用的很多案例，也可以在《AIoT 人工智慧在物聯網的應用與商機》一書找到「商業模式圖」及「AIoT 情境旅程圖」例子的對應做法。

2　附錄 B 內容主要參考作者裴有恆的《AIoT 人工智慧在物聯網的應用與商機》一書。

APPENDIX

C 生成式 AI 的 Prompt 構成

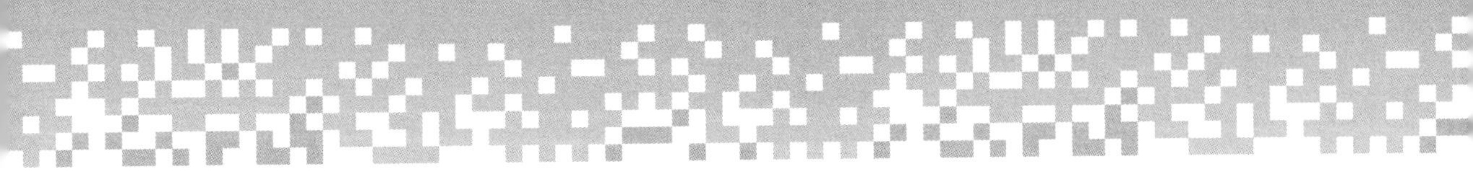

在生成式 AI 中，最常用的有自然語言處理的 ChatGPT (GPT) 系列軟體，以及算圖用的 DALL-E、Midjourney、Stable Diffusion 系列軟體，想要在使用時得到好的結果，需要好的提示（Prompt），在這裡介紹提示的建議寫法。如果提示詞不夠好，也可以透過多次迭代獲得想要的結果，但是用好的提示詞，可以減少迭代的次數。

C.1 ChatGPT (GPT) 系列的 Prompt

ChatGPT (GPT) 的 Prompt 是指用戶所提供的問題或主題，用以啟動 ChatGPT 的對話。以下是一些常見的 Prompt 做法：

基礎 Prompt

1. 問候語：可以使用常見的問候語，例如：「你好」、「嗨」、「早安」、「晚安」等等。
2. 簡單問題：可以問一些簡單的問題，例如：「今天天氣如何？」、「你是哪個國家的？」等等。
3. 主題問題：可以問一些特定主題的問題，例如：「你對環保有什麼看法？」、「你喜歡什麼樣的音樂？」等等。

挑戰 Prompt

1. 請你講一個笑話。
2. 請你分享一個令人感動的故事。
3. 請你描述一個你最喜歡的旅行經驗。
4. 你對…有什麼意見？
5. 你對…的看法是什麼？
6. 你認為…的好處和壞處是什麼？
7. 你會怎麼做才能…

情境 Prompt

1. 你現在在哪裡？
2. 你正在做什麼？
3. 你過去做過最難忘的事情是什麼？

挑釁 Prompt

1. 你有沒有做過什麼傻事？
2. 你為什麼會問這個問題？
3. 你覺得你比別人聰明嗎？

對話引導 Prompt

1. 能不能再詳細地說一下…？
2. 你覺得這個問題怎麼解決比較好？
3. 有沒有其他的問題想要問？

開放式 Prompt

1. 跟我聊聊你的想法吧。
2. 你想聊些什麼？
3. 說說你最近在忙些什麼。

輕鬆 Prompt

1. 你有什麼好玩的故事嗎？
2. 你最近有看過什麼好看的電影或電視劇嗎？
3. 你最喜歡哪個季節？

情感 Prompt

1. 最近你感覺如何？
2. 你對什麼事情最感興趣？
3. 你有遇到什麼困難嗎？

專業 Prompt

1. 你對…的看法是什麼？（根據用戶的專業領域）
2. 你有什麼建議可以給我嗎？（根據用戶的專業領域）
3. 可以幫我解決一個技術問題嗎？（根據用戶的專業領域）

詢問 Prompt

1. 你可以介紹一下你自己嗎？
2. 你喜歡什麼樣的音樂或電影？
3. 你覺得自己的長處和短處是什麼？

關注 Prompt

1. 你覺得我們應該關注哪些社會問題？
2. 你認為現在最需要解決的問題是什麼？
3. 你對經濟、政治等問題有什麼看法？

以上的 Prompt 做法分別涵蓋了各種不同的類型，包括基礎、挑戰、意見、情境、對話引導、開放式、輕鬆、情感、專業、詢問和關注等 Prompt。可以根據用戶的需求和對話的目的選擇適合的 Prompt 方式。[1] 而由上述 Prompt 做法內容可知，Prompt 為命令或問句形式，再次強調，提對了 Prompt，ChatGPT 等 App 才能回答出好的答案。如果 ChatGPT 回答到一半就停了，可以以「繼續」一詞要求它繼續沒回答完的部分。而角色扮演「你是 xxx（職業）」可以獲得更專業的回答。

1　以上提示內容由 ChatGPT 提供，再作部分修改。

C.2 DALL-E、Midjourney、Stable Diffusion 系列等算圖用的 Prompt

算圖要算出好的結果，可以使用 Prompt 來做精細的描述，以下是精細描述的 Prompt 4 階段做法：

❶ **內容類型**：當您開始創作一件藝術品時，首先要考慮的是您想要實現的藝術品類型是什麼，是照片、繪圖、素描還是 3D 渲染？比如：A photograph of...。

❷ **描述說明**：指定義主題、主題屬性和環境 / 場景。使用形容詞的描述性越強，輸出就越好。

  ① 舉例說明一下書寫過程…：主題是什麼：一個美女。

  ② 什麼樣的美女：一個台灣的美女 -A photograph of an Taiwanese beauty。

  ③ 這個台灣美女在哪裡：在沙灘上 - A photograph of an Taiwanese beauty on the beach。

  ④ 這個台灣美女在什麼樣的沙灘上：在小島前的沙灘上 - A photograph of an Taiwanese beauty on the beach in front of small island。

❸ **風格**：藝術風格在 AI 繪畫中具有關鍵性的影響，可以將風格分為燈光、細節和藝術風格三個子類別。在一些軟體上，可以用選擇對應風格達成，也可以是在 Prompt 上以描述達成。

  ① **燈光**：描述燈光的詞可以是：accent lighting、backlight、blacklight、blinding light、candlelight、concert lighting、crepuscular rays、direct sunlight、dusk、Edison bulb、electric arc、fire、fluorescent、glowing、glowing radioactively、glow-stick、lava grow、moonlight、natural lighting、neon lamp、nightclub lighting、nuclear waste glow、quantum dot display、spotlight、strobe、sunlight、ultraviolet、dramatic lighting、dark lighting、soft lighting…等等。

❷ **細節**：作品的細節不僅與清晰度有關，還來自特定的相機鏡頭或數字渲染引擎。描述細節的詞可以是：highly detailed、grainy, realistic、unreal engine、octane render、bokeh、Vray、Houdini render、Quixel Megascans、arnold render、raytracing、cgi、lumen reflections、CGSociety、lumen reflections、cgsociety、cinema4d、studio quality…等等。

❸ **藝術風格**：藝術風格可以是對不同技術的描述，也可以定義為歷史藝術流派。描述歷史藝術風格的詞可以是：Abstract、Medieval art、Renaissance、Baroque、Rococo、Neoclassicism、Romanticism、impressionism、post-Expression、Cubism、Futurism、Art Deco、Abstract Expressionism、Contemporary、pop art、surrealism、fantacy…等等。

而藝術技巧和材料的詞可以是：Digital art、digital painting、color page、featured on pixiv、trending on Artstation、precise line-art、tarot card、character design、concept art symmetry、golden ration、evocative、award winning、shiny、smooth、surreal、divine、celestial、elegant、oil painting、soft fascinating、fine art…等等。

還可以使用藝術家名字對應風格的提示詞。

❹ **參數元素的組合**：在一些軟體上，可以用選擇對應參數達成，也可以是在 Prompt 上以描述達成。

❶ 長寬比如 --ar 1:1、--ar 1:2、--ar 2:3、--ar 3:4…等等。

❷ 相機視角的詞可以是：ultra wide-angle、wide-angle、aerial view、massive scale、street level view、landscape、panoramic、bokeh、fisheye、Dutch angle、low angle、extreme long-shot、close-up、extreme close-up…等等。

❸ 解析度可以是：highly detailed、depth of field(or dof)、4k、8k、uhd、ultra realistic、studio quality…等等。[2]

---

2 資料來源：知乎 https://zhuanlan.zhihu.com/p/608139801

依此做法做出如下文的提示例：A photograph of an Taiwanese beauty on the beach in front of small island, realistic, 4k，然後透過以 DALL-E 2 為引擎的 Image Creator 創造出來如下的圖：

這些提示語是可以改變順序組合的，而越是前面的提示詞往往越被算畫軟體系統重視，而有的算圖軟體可以提供選項來調整跟提示文字的相關度，相關度越大，算圖結果會跟文字描述越像。

APPENDIX

D 參考書籍

- 《AIoT 人工智慧在物聯網的應用與商機》
  裴有恆、陳玟錡著 碁峰資訊股份有限公司
- 《從穿戴運動健康到元宇宙，個人化的 AIoT 數位轉型》
  裴有恆著 碁峰資訊股份有限公司
- 《AIoT 數位轉型在中小製造企業的實踐》
  裴有恆、陳泳睿著 博碩文化股份有限公司
- 《寫給中學生看的 AI 課：AI 生態系需要文理兼具的未來人才》
  蔡宗翰著 三采文化出版事業有限公司

AI+AIoT 概論：寫給大學生看的 AI 通識學習

作　　者：蔡宗翰 / 裴有恆
企劃編輯：江佳慧
文字編輯：王雅雯
設計裝幀：張寶莉
發 行 人：廖文良

發 行 所：碁峰資訊股份有限公司
地　　址：台北市南港區三重路 66 號 7 樓之 6
電　　話：(02)2788-2408
傳　　真：(02)8192-4433
網　　站：www.gotop.com.tw
書　　號：AEN005500
版　　次：2023 年 07 月初版
建議售價：NT$580

國家圖書館出版品預行編目資料

AI+AIoT 概論：寫給大學生看的 AI 通識學習 / 蔡宗翰, 裴有恆著.
-- 初版. -- 臺北市：碁峰資訊, 2023.07
面； 公分
ISBN 978-626-324-534-1(平裝)
1.CST：人工智慧　2.CST：物聯網　3.CST：產業發展
312.83　　112008262